污染源数据治理的方法与实践

毛庆国　徐怀洲　尹　民　等/著

中国环境出版集团·北京

图书在版编目（CIP）数据

污染源数据治理的方法与实践 / 毛庆国等著. —北京：中国环境出版集团，2023.12
ISBN 978-7-5111-5751-5

Ⅰ. ①污… Ⅱ. ①毛… Ⅲ. ①数据处理—应用—污染源治理—研究 Ⅳ. ①X505

中国国家版本馆 CIP 数据核字（2023）第 247063 号

出 版 人 武德凯
责任编辑 丁莞歆
封面设计 宋 瑞

出版发行 中国环境出版集团
（100062 北京市东城区广渠门内大街 16 号）
网 址：http://www.cesp.com.cn
电子邮箱：bjgl@cesp.com.cn
联系电话：010-67112765（编辑管理部）
010-67147349（第四分社）
发行热线：010-67125803，010-67113405（传真）
印 刷 北京建宏印刷有限公司
经 销 各地新华书店
版 次 2023 年 12 月第 1 版
印 次 2023 年 12 月第 1 次印刷
开 本 787×1092 1/16
印 张 19.25
字 数 420 千字
定 价 156.00 元

著者名单

毛庆国　徐怀洲　尹　民

钟义龙　李佳聪　蒋　宇

前 言

数据被誉为“21 世纪的石油”。人类无时无刻不在制造数据，数据也反映了个人的行为偏好。企业利用数据开发、推广和优化商品，引导消费行为，以此获得巨额的商业利益。作为最基本的环境信息，污染源数据在生态环境治理中具有广泛的应用前景和巨大的应用潜力。

2020 年 3 月 30 日，《中共中央　国务院关于构建更加完善的要素市场化配置体制机制的意见》发布，这是我国数字化转型的标志性文件。该文件明确提出，生产要素包括土地、劳动力、资本、技术、数据五大类，数据不仅是战略资源，而且首次成为五大生产要素之一。

2023 年，中共中央、国务院印发《数字中国建设整体布局规划》，明确指出数字中国建设按照“2522”的整体框架进行布局，即夯实数字基础设施和数据资源体系“两大基础”，推进数字技术与经济建设、政治建设、文化建设、社会建设、生态文明建设“五位一体”深度融合，强化数字技术创新体系和数字安全屏障“两大能力”，优化数字化发展国内国际“两个环境”。其中，数据资源体系作为“两大基础”之一，其重要性不言而喻。

深圳作为中国特色社会主义先行示范区，于 2021 年 7 月 6 日颁布了《深圳经济特区数据条例》，该条例于 2022 年 1 月 1 日起施行。作为国内首部涵盖个人信息数据、公共数据、数据市场、数据安全等方面的基础性、综合性立法，该条例率先明确提出“数据权益”的概念，强化个人信息数据保护，并探索建立“数据交易”制度，力图在确保数据安全的基础上最大限度地激发数据作为生产要素的经济价值。

同时，数据在推进生态文明建设中的地位和作用也受到广泛关注。《生态环境大数据建设总体方案》和《2018—2020 年生态环境信息化建设方案》提出，要构建生态环境大数据、大平台、大系统，健全完善生态环境信息化工作体制机制，推动跨部门生态环境信息共享，强化数据分析和应用。第二次全国污染源普查结果显示，至 2017 年年末，我国各类污染源共达 358.32 万个（不包括移动源）。为了对数量如此庞大的污染源进行有效监管，全国各地积极推动污染源信息化管理体系建设，利用信息化技术赋能，推动精准治污、科学治污、依法治污。随着污染源信息化管理体系的广泛应用，与之相关的诸多问题也逐步显现。首先，由于建设初期缺乏整体规划，不同部门或同一部门在不同时期基于自身业务需求开发了大量的污染源信息化管理系统，导致部分污染源数据在不同系统中重复填报，无法实现“一数一源”。其次，不同污染源信息化管理系统的开发架构、代码语言、数据库结构相异，导致系统间数据共享困难，易造成“信息孤岛”。最后，对于污染源数据，我国尚缺乏规范的管理体系、统一的数据标准和有效的管理工具，导致全国各地污染源数据质量参差不齐。在这种情况下，开展污染源数据治理显得尤为紧迫。

目前，已出版的有关数据治理的书籍大多是关于数据治理的理论研究和方法论研究的，缺乏针对生态环境领域数据治理的书籍，尤其是缺乏针对污染源数据治理实践的研究专著。本书聚焦于污染源数据治理的具体方法与实践，基于深圳市生态环境智能管控中心在污染源数据治理方面的探索成果，将数据治理理论有效地运用于污染源数据治理的实际工作中，可供全国其他城市开展污染源数据治理工作时参考借鉴。

本书共分 3 个部分。第 1 部分主要介绍了数据治理及相关术语、核心内容、标准与框架，厘清了数据治理的相关概念，归纳了目前主流的数据治理模式，提炼了数据治理的核心要点，可为读者提供较为完整的数据治理逻辑框架。第 2 部分除概述外，重点从顶层设计、现状调研和分析、元数据管理、数据标准管理、主数据管理、数据质量管理 6 个方面阐述了污染源数据治理的基本方法。第 3 部分基于深圳市污染源信息化管理建设现状，运用第 2 部分的方法理论介绍了污染源数据治理的具体实践，总结了深圳市污染源数据治理的做法和经验，提出了可复制、可推广的“深圳样板”。

本书在写作过程中参考了大量的国内外相关文献，引述了众多学者的研究成果，深圳市生态环境智能管控中心为本书的写作提供了便利条件，深圳深态环境科技有限公司为本书的案例整理提供了协助，在此一并表示感谢。

虽然本书的作者都是经验丰富、工作在一线的生态环境信息化领域的从业人员，但是由于我国的污染源数据治理尚处于起步阶段，很多工作仍需不断探索，书中的错误和不足之处敬请读者批评指正。

本书作者

2023 年 6 月

目　录

第1部分

认识数据治理

第1章 数据治理概述

在“互联网+”的大背景下，数据已经成为各行各业普遍关注的关键要素。合理利用数据可以提高公共部门和企业的竞争力、生产力和服务水平，乃至企业的核心竞争力。然而，目前仍有部分行业机构和管理部门对数据价值认识不足，对数据资源开发利用缺乏重视，导致出现数据质量差、规范缺、管理弱等方面的问题，难以实现数据价值。因此，亟须开展数据治理，提升数据质量，以实现数据的有效应用和开放共享。

1.1 数据治理定义

不同机构对数据治理的定义不尽相同：

- 国际数据管理协会（Data Management Association International，DAMA）给出的定义是，数据治理是对数据资产管理行使权力和控制的活动集合；
- 国际数据治理研究所（Data Governance Institute，DGI）给出的定义是，数据治理是一个通过一系列与信息相关的过程来实现决策权和职责分工的系统，这些过程按照达成共识的模型来执行，该模型描述了谁（who）能根据什么信息，在什么时间（when）和情况（where）下，用什么方法（how），采取什么行动（what）；
- 《信息技术 大数据 术语》（GB/T 35295—2017）给出的定义是，数据治理是对数据进行处置、格式化和规范化的过程；
- 《信息技术服务 治理 第5部分：数据治理规范》（GB/T 34960.5—2018）给出的定义是，数据治理是数据资源及其应用过程中相关管控活动、绩效和风险管理的集合。

本书认为，数据治理是为了让数据得到有效利用而开展的一系列管理、业务和技术活动。这些活动可有效提升数据质量和数据价值，为数据的应用、共享和开放服务。其中，管理活动是数据治理实施的保障，业务活动是数据治理的目标，技术活动是数据治理落地的支撑，三者缺一不可。

数据治理根植于IT治理，但两者之间又有明显的区别。IT治理的对象是IT系统、设备和相关基础设施，而数据治理的对象是可记录的数据，其范围较IT治理更为广泛和深入。

《信息技术服务 治理 第5部分：数据治理规范》将数据管理定义为数据资源获取、控制、价值提升等活动的集合，容易与数据治理的概念相混淆，实际上两者具有明显的区别。《DAMA数据管理知识体系指南（原书第2版）》将数据治理作为数据管理的一部分。国内学者包冬梅等（2015）专门厘清了数据治理和数据管理的区别，认为治理和管理是完全不同的活动，治理是对有关管理活动的指导、监督和评估，而管理则是根据治理制定的决策来执行具体的计划、建设和运营。

1.2 数据治理相关术语与名词

1.2.1 数据（data）

根据《信息技术 词汇 第1部分：基本术语》（GB/T 5271.1—2000），数据是指信息的可再解释的形式化表示，以适用于通信、解释或处理。通俗地讲，数据是指对客观事件进行记录并可以鉴别的符号，是对客观事物的性质、状态及相互关系等进行记载的物理符号或这些物理符号的组合。它不仅指狭义上的数字，还可以是具有一定意义的文字、字母、数字符号的组合及图形、图像、视频、音频等，也是客观事物的属性、数量、位置及其相互关系的抽象表示。例如，“0，1，2，…”“姓名、性别、年龄、联系方式”等都是数据。在计算机系统中，数据以二进制信息单元0、1的形式表示。

1.2.2 数据元（data element）

根据《信息技术 元数据注册系统（MDR） 第1部分：框架》（GB/T 18391.1—2009），数据元是由一组属性规定其定义、标识、表示和允许值的数据单元。一个数据元由数据元概念和表示两部分组成：数据元概念是指能以一个数据元的形式表示的概念，其描述与任意特定表示法无关；表示由值域、数据类型、计量单位（如果需要）、表示类（可选）组成。其中，数据元概念又由对象类和特性组成。

对象类：可以对其界限和含义进行明确的标识，且特性和行为遵循相同规则的观念、抽象概念或现实世界中事物的集合，分为一般概念和个别概念。一般概念包括汽车、人、家庭、订单等，每个对象类都有两个或多个元素，如汽车可包括小轿车、面包车、大货车，人可包括男人和女人。个别概念包括“某区域自然人集合”“某区域服务行业公司集合”，其对象类里仅有一个元素。

特性：指一个对象类中所有成员共有的特征，分为一般概念和个别概念。一般概念包括颜色、收入、地址、价格等；个别概念包括平均收入、总收入等。

简言之，数据元就是将现实中的事物抽象为模型。例如，污染源是一个数据元，它的对象类包括不同规模的排污单位，它的特性包括污染物种类、排放浓度、排放速率、排放量等，它的表示类包括污染源名称、地理坐标、监测数值等。

1.2.3　元数据（metadata）

根据《信息技术 元数据注册系统（MDR） 第 1 部分：框架》，元数据是定义和描述其他数据的数据，如描述“检测值”这个数据时，需要明确样本类别、检测时间、检测机构、检测方法、检测人员等数据，以上这些数据称为“检测值”的元数据。

元数据对数据质量管理起着至关重要的作用。信息技术领域通常将元数据分为 3 类，即业务元数据、技术元数据和操作元数据。业务元数据描述数据的业务含义和业务规则，技术元数据描述数据的存储结构、血缘关系、约束信息等，操作元数据描述数据的访问权限、访问限制、访问时间等。根据不同的业务需要，这 3 类元数据并没有清晰的界限，但都须遵循简单性、准确性、互操作性、可拓展性、用户需求等原则。

《环境信息元数据规范》（HJ 720—2017）将元数据项的属性分为标识类、声明类、定义类、关系类、表示类、内容类、分发类、数据质量类、覆盖范围类、限制类、维护类、管理类、附加类共 13 种。从内容上看，标识类、声明类、定义类、关系类、表示类、内容类主要属于业务元数据，分发类、数据质量类、覆盖范围类主要属于技术元数据，限制类、维护类、管理类、附加类主要属于操作元数据。业务元数据、技术元数据、操作元数据的分类方式基本涵盖了元数据的所有类型且适用于不同的业务部门（业务部、IT 部、管理部），以便于后续的元数据管理。然而，在实际操作过程中，元数据由不同人员用于不同的场景，《环境信息元数据规范》过于细致的划分可能会增加检索难度、管理难度和分类出错的概率。因此，本书选用当前主流的元数据分类方式。

1.2.4　主数据（master data）

不同机构对主数据的定义略有差异。DAMA 字典（2009）将主数据定义为“以与业务活动相关的通用和抽象概念形式提供业务活动语境的数据，包括业务交易中涉及的内部和外部对象的详细信息（定义和标识符），如客户、产品、雇员、供应商和受控域（代码值）”。国际标准化组织（International Organization for Standardization，ISO）在《数据质量 第 2 部分：词汇表》（ISO 8000-2：2018）中将主数据定义为“描述了对组织起到基础作用的实体，这些实体是独立的，并且是组织进行事务处理需要参与的数据实体”。甲骨文（Oracle）公司指出：“主数据是支持企业业务和分析的关键业务数据。”《大数据时代的智慧城市与信息安全》一书对主数据的定义为“定义企业核心业务对象（如客户、产品、地址等）的数据，主数据一旦被记录到数据库中，需要经常对其进行维护，从而确保其时效性和准确性；

主数据还包括关系数据，用以描述主数据之间的关系，如客户与产品的关系、产品与地域的关系、客户与客户的关系、产品与产品的关系等”。2018 年，中国信息通信研究院（以下简称中国信通院）牵头编写的《主数据管理实践白皮书（1.0 版）》将主数据定义为“满足跨部门业务协同需要、反映核心业务实体状态属性的组织机构的基础信息”。DAMA 字典（2009）的定义简单地将主数据视为与业务相关的数据元素，仅回答了什么是主数据；《数据质量 第 2 部分：词汇表》的定义对主数据的特性进行了详细描述，但在概念上存在一定的局限性；甲骨文（Oracle）公司的定义重点描述了主数据的功能，但没有描述主数据的范围和特性；《大数据时代的智慧城市与信息安全》一书的定义主要阐述了如何保证数据的时效性和准确性，但对主数据的内涵功能描述还不够全面。因此，综上所述，本书从《主数据管理实践白皮书（1.0 版）》的概念出发，识别、分析和管理污染源主数据。

1.2.5 业务数据（business data）

根据《一本书讲透数据治理：战略、方法、工具与实践》，业务数据是业务活动过程或系统自动产生的既定事实的数据，也称交易数据。企业中，业务数据来自 3 个方面：①业务交易过程中产生的数据，如计划单、销售单、生产单、采购单等，这类数据多数是手动生成的；②系统产生的数据，包括硬件运行状况、软件运行状况、资源消耗状况、应用使用状况、接口调用状况、服务健康状况等；③自动化设备所产生的数据，如各类物联网设备的运行数据、生产采集数据等。污染源数据包括生态环境主管部门数据、行业数据、相关部门数据和互联网数据 4 类，数据来源广、体量大，为了区分业务数据，将具有较高价值的业务数据称为核心业务数据。

1.2.6 参考数据（reference data）

《数据管理能力成熟度评估模型》（GB/T 36073—2018）将参考数据定义为对其他数据进行分类和规范的数据。该定义较为抽象，具体来说，参考数据就是定义其他数据字段使用的一组允许的值的集合，其中包含附加的文本描述。例如，数据字典就是一种参考数据，该类型数据的主要作用是用来增强数据的一致性、可读性和解释性，如状态编码、性别、产品维表、地理信息等。

1.3 数据治理核心内容

数据治理的核心内容是数据治理过程中需要重点关注的任务或持续遵守的原则，是数据治理工作的根本方向。有些文献把核心内容称为“关键要素”，对于其内涵，学者们存在一定分歧。本书整理了一些主流观点，具体见表 1-1。

表 1-1 数据治理关键要素

研究人员	研究内容概述
G. Marinos	数据治理的若干要素：职责与战略责任、标准、管理盲点、迎接复杂性、跨部门问题、计量、合作、战略控制点的选择、合规监测、意识与培训
S. Stockdale	数据治理的 5 个要素：治理结构，角色和职责，数据分类，政策、标准、指南，实施
P. Sonia	数据治理的 6 个关键要素：强劲启动、快速制胜、领导支持、设置资助、效果度量、坚持不懈
周湘龙等	生态环境数据治理体系的 5 个关键要素：治理文化、治理目标、治理主体、治理工具、治理过程
祝守宇和蔡春文	完整的数据治理包括战略、组织、制度、流程、绩效、标准、工具及数据价值、数据共享、数据变现
王兆君等	完整的数据治理项目通常包括目标、组织、制度、工具、标准 5 个关键要素，这 5 个关键要素缺一不可

不同行业、不同规模、不同发展阶段、不同数据基础都可能导致数据治理的核心内容发生侧重或偏移。本书基于污染源数据治理的具体实践经验，结合有关文献和实例，归纳出数据治理的六大核心内容。

1. 顶层设计

顶层设计主要指数据治理的政策指引，包括指导思想、配套制度、战略规划，以及由此建立并完善的组织架构和可以满足应用需求与可拓展性的数据架构。

指导思想：贯穿数据治理的始终，通常为某个愿景或价值判断。以污染源数据治理为例，其指导思想为国家与地方的政策性文件，如习近平生态文明思想，“保护生态环境就是保护生产力，改善生态环境就是发展生产力”“形成绿色发展方式和生活方式”。指导思想能够让人们明白“为什么要这样做”，能够凝聚业务成员、汇聚业务结果，形成一个有机整体。

配套制度：数据治理过程中必须遵守的行动准则。王兆君等（2019）认为，配套制度主要包括流程化控制、合规性控制和工具化控制。以深圳市污染源数据治理为例，其配套制度包括《深圳市生态环境数据治理工作方案》（深环办〔2019〕20 号）等相关文件。这些配套制度明确了数据治理工作的指导思想、工作目标、工作内容、工作计划和保障措施，形成了详细的文本描述，并规定了责任单位和完成期限。

战略规划：对短期目标和长期目标的统筹协调。周湘龙等（2022）将短期目标定为“近期业务需求，实现数据价值最大化”，将长期目标定为“数据源头治理，持续推动数据治理向数据生产环节移动”。

组织架构：数据治理团队的职责分工。对于小型组织，其组织架构可能是一到两名数据负责人，也可能延展到每一位产生数据的员工。对于大型组织，其组织架构往往呈金字塔形，以首席数据官为首，下设数据负责人和数据治理小组。周湘龙等（2022）将治理主体分为数据治理领导团队、数据治理协调团队、数据治理业务团队和数据治理技术团队，对完善数据治理体系构建具有重要的参考价值。

数据架构：对组织当前的数据状态进行整体描述，是组织机构策略和技术执行的桥梁。其目的是“确保各类数据在企业各业务单元间高效、准确地传递，上下游流程快速地执行和运作”。数据模型是数据架构的核心构件，数据流的合理设计可以确保各子领域能够高效地沟通。

2. 技术路线

技术路线可以理解为任务执行的计划表，包括任务的执行顺序、使用的技术手段、具体的人员安排及提交的时间节点。相较于配套制度，技术路线更注重数据梳理、数据清洗、数据共享等技术层面的细节。

3. 执行标准

执行标准是实现数据标准化、规范化的首要前提，是保证数据质量的必要条件。最常见的是法律法规、国家标准、地方标准、行业规范等，如环境基础信息编码规范、环境信息共享交换规范、环境信息接口管理规范等。

4. 治理工具

治理工具是数据治理使用的信息化手段。《DAMA 数据管理知识体系指南（原书第 2 版）》列举了 30 多种数据管理工具。周湘龙等（2022）列举了 4 种治理工具，分别为数据资产管理、数据图谱、数据质量管理和数据安全管理。选择合适的治理工具能降低人力成本和时间成本，提升数据治理的效能。

5. 日常运营

日常运营是将已治理数据运用到实际的业务活动中，让数据发挥效能。以主数据管理为例，其日常运营包括主数据管理优化、主数据推广、主数据质量提升、主数据价值衡量等。

6. 成效评估

成效评估可以有效厘清当前数据治理的现状和不足，总结数据治理的经验和教训，为数据治理方向与策略的调整提供参考。通常包括对数据资产管理、数据质量控制、数据价值实现、数据安全管理的评估。

1.4 数据治理标准与框架

1.4.1 国外数据治理标准与框架

1. ISO 数据治理标准

2008 年，ISO 推出第一个 IT 治理国际标准——ISO/IEC 38505。2017 年 4 月，ISO 发

布了《信息技术·IT 治理·数据治理　第 1 部分：ISO/IEC 38500 在数据治理中的应用》（ISO/IEC 38505-1）。基于 IT 治理的原则和模型，ISO/IEC 38505-1 明确了数据治理的任务，提供了数据治理的目标、6 个基本原则和数据治理模型，为组织的数据治理主体提供了实践指南。

ISO/IEC 38505-1 首先介绍了良好的数据治理收益，明确了治理主体的责任和监控机制，然后介绍了治理中数据特有的方面，包括数据价值、数据风险和限制因素，接下来引入数据责任地图来介绍数据治理中的主要活动，包括收集、存储、报告、分发、决策和删除，之后将 ISO/IEC 38500 应用到数据治理，得到数据治理的 6 个原则（责任、战略、采购、绩效、合规、人员行为）和数据治理模型，最后针对治理中数据特有的 3 个方面给出了治理指南。

ISO/IEC 38505-1 数据治理模型如图 1-1 所示，该模型又称“E（评估）-D（指导）-M（监督）”模型。

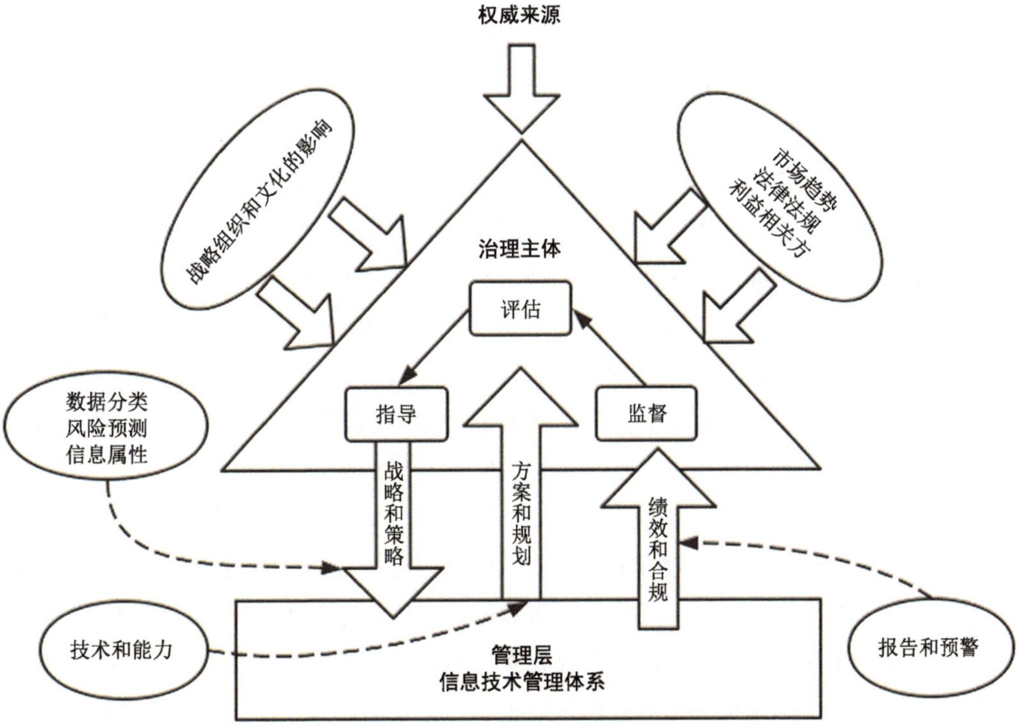

图 1-1　ISO/IEC 38505-1 数据治理模型

下面从内部需求、外部压力、评估、指导和监督 5 个方面来描述 ISO/IEC 38505-1 数据治理模型。

（1）内部需求

为确保数据治理策略达到其总体目标，治理主体应该塑造数据文化。因为数据的价值仅取决于依靠它所做出的决策，所以这种数据文化也会推动组织行为向数据访问、良好的数据处理实践与决策过程靠拢。

（2）外部压力

组织可能需要调整战略和政策，以适应外部市场对其造成的压力。外部市场的压力包括客户对可用数据的可用性、质量和交互的期望，以及竞争对手利用数据改进或扩展其产品、服务或流程。同时，法律法规及利益相关者（客户、雇员和对这一领域感兴趣的监管者）的要求可能会因市场而异，治理主体需要确保适用于其当前和未来数据使用的策略和政策可以广泛应用于这些市场。此类约束和义务可适用于不同的数据问责活动，如如何收集数据，包括关于收集和使用个人信息的隐私通知和同意要求，适当处理偏见、歧视和定性的决策义务，以及关于共享或复用数据的知识产权问题。

（3）评估

在评估组织的数据治理时，治理主体应考虑组织的内部要求和外部压力。此外，治理主体应审查和判断数据目前和未来的使用情况，其中包括内部使用数据及相关技术和程序，竞争对手、其他组织、政府和个人使用的数据，评估一套不断发展的立法、规章、社会期望，控制和影响数据使用的其他因素。

数据管理技术正在迅速变化，治理主体应该征求管理人员的建议，解释这些技术及其对组织的潜在影响。这些技术可以对数据的所有方面产生重大影响，包括成本、洞察力和隐私。在许多情况下，这些影响可能超出数据治理的范围，为组织提供新的业务机会，并可能带来更大的风险。如果不利用这些机会，治理主体可能会使组织面临来自逐渐增加的竞争对手的风险、市场预期的变化和合规问题。管理机构也应了解组织的数据管理能力，如该组织在多大程度上可以从数据泄露中获得赔偿，如何以正确的格式传递正确的信息以辅助各级决策，是否可以利用云计算等新技术来增强自己的能力。只有当组织拥有执行此类政策的必要资源和能力时，才能实施数据战略和策略的治理。

（4）指导

治理主体应分配责任，并指导战略和政策的编制与执行。组织当前和未来使用数据的战略及政策应着眼于 3 个方面。①将组织对数据的投资价值最大化。与组织中的任何资产一样，无论是从组织外部收集的或是存储在第三方的，还是用作服务的数据都需要投资。与任何投资一样，组织希望确保从数据投资中获得良好的回报。数据的最终价值在于如何使用它来改进决策，但是一个组织也可以出售数据给其他人使用。②根据数据风险偏好管理与数据相关的风险。例如，产品研究或未披露的股票市场的盈利数据具有很高的商业价值，需要应用适当的资源来利用和保护这些数据。管理这些数据的价值和风险高于其他类型的数据，战略和政策应通过数据分类来反映这一点。③确保数据管理的正确水平。治理主体对数据及其使用负责，包括根据这些数据做出决策。因此，数据问责活动应在组织内部得到适当授权。

这些要素都有助于组织的“信息态度”及其将数据应用于组织业务目标的有效性，这反映了组织的数据文化、整体战略、风险偏好、感知的安全级别、基于知识的工作量、对数据及其使用的衡量标准和价值。

（5）监督

治理主体首先应通过合适的测量系统来监控组织中数据使用的绩效，以确保数据战略被准确实施，数据的使用和管理符合内部政策和外部要求，如满足法规和数据管理的要求。其次，需要测量决策使用到的报告和分析工具，以便了解数据的价值，优化决策的流程。最后，由于战略或合规要求，治理主体需要监督的其他领域包括个人身份信息的使用（个人隐私、同意条款要求、数据透明化使用），有效的信息安全管理系统（如 ISO/IEC 27001）及需要扩展到第三方的数据及云计算下的数据管理，数据的保留和处置要求，数据的再利用、共享或出售及其相关权利、许可或版权，决策中涉及的文化准则、偏见、歧视等。

2. DAMA 数据管理框架

《DAMA 数据管理知识体系指南（原书第 2 版）》一书中形成了 DAMA 数据管理知识体系（以下简称 DMBOK），DMBOK 中的 2 张核心图是 DAMA 车轮图（图 1-2）和 DAMA 环境因素六边形图（图 1-3）。

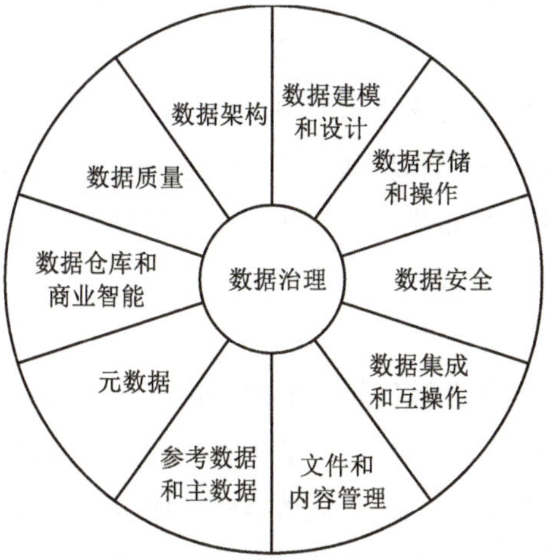

图 1-2　DAMA 车轮图

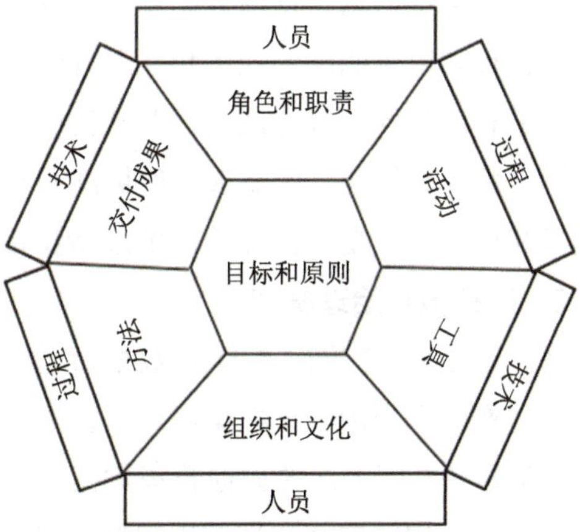

图 1-3　DAMA 环境因素六边形图

DAMA 车轮图总结了数据管理的 11 个职能领域，主要包括数据治理、数据架构、数据建模和设计、数据存储和操作、数据安全、数据集成和互操作、文件和内容管理、参考数据和主数据、元数据、数据仓库和商业智能、数据质量，其中数据治理被置于核心位置。数据治理指通过建立一个能够满足企业需求的数据决策体系，为数据管理提供指导和监督。数据架构定义了与组织战略相协调的管理数据资产的“蓝图”，指导组织基于战略目标制定出符合战略需求的数据架构。数据建模和设计是以数据模型的精确形式发现、分析、展示和沟通数据需求的过程。数据存储和操作是以数据价值最大化为目标，包括存储数据的设计、实现和支持活动，以及在整个数据生命周期中从计划到销毁的各种操作活动。数据安全指为确保数据隐私和安全，在数据的获得和使用方面提供安全保障。数据集成和互操作指与数据存储、应用程序和组织之间的数据移动及整合相关的过程。文件和内容管理用于管理非结构化媒体的数据和信息的生命周期过程，包括计划、实施和控制活动，尤其是指支持法律法规遵从性要求所需的文档。参考数据和主数据指对核心共享数据的持续协调和维护，使关键业务实体的真实信息以准确、及时和相关联的方式在各系统间得到一致使用。数据仓库和商业智能包括计划、实施和控制流程，用来管理决策支持数据，并使知识工作者通过分析报告从数据中获得价值。元数据包括规划、实施和控制活动，以便能够访问高质量的集成元数据，包括定义、模型、数据流和其他至关重要的信息（对理解数据及其创建、维护和访问系统有帮助）。数据质量指规划和实施质量管理技术，以测量、评估和提高数据在组织内的适用性。

DAMA 环境因素六边形图总结了数据治理的六大环境要素，以目标和原则为中心，包括角色和职责、活动、工具、组织和文化、方法、交付成果，显示了人、过程和技术之间的关系。目标和原则指每个职能在自身主题领域里的方向性目标，以及职能指标量化的基本原则。活动指每个职能都是由一个或多个活动组成的，其中有部分活动能被细化为子活动。交付成果指信息、物理数据库，即各职能在管理过程中最终输出的文档。角色和职责指参与执行和监督职能的业务角色和 IT 角色，以及其各自职能中承担的具体责任。方法包含常见和流行的实践方法，以及交付成果的执行过程和步骤。工具指各种配套支撑技术的类别、标准和规范、产品选择的标准和常见的学习曲线。组织和文化主要包括管理的度量指标和标准、成功与商业价值的度量指标和标准等因素。

3. DGI 数据治理框架

DGI 于 2004 年推出了 DGI 数据治理框架，为企业数据管理的战略决策和采取的行动提供最佳实践和指南。该框架考虑了数据战略专家、数据治理专业人员、业务利益相关者和 IT 领导者共同关注的如何管理数据、实现数据价值、最小化数据管理成本和复杂性、管理风险及数据的安全合规使用问题，提出了企业在操作层面进行数据治理的框架体系，包括数据治理的概念、内容、流程和方法等，促使数据管理活动更加规范有序、高效权威。

DGI 数据治理框架的设计采用“5W1H”法则，即“what”（治理什么）、“why”（为什么治理）、“who”（谁来治理）、“when”（何时治理）、“where”（在哪里治理）和“how”（怎样治理），从组织、规则、流程 3 个层面提出了数据治理的十大关键要素，展示了 10 个基本组件间的逻辑关系，描述了谁可以采取什么行动来处理什么信息，以及何时在何种情况下使用何种方法（图 1-4）。3 个层面指的是人员和组织机构、规则和参与规则，以及过程。十大关键要素包括愿景、核心领域、数据规则与定义、决策权、职责、控制、数据利益相关者、数据治理办公室、数据管理员和数据治理流程。

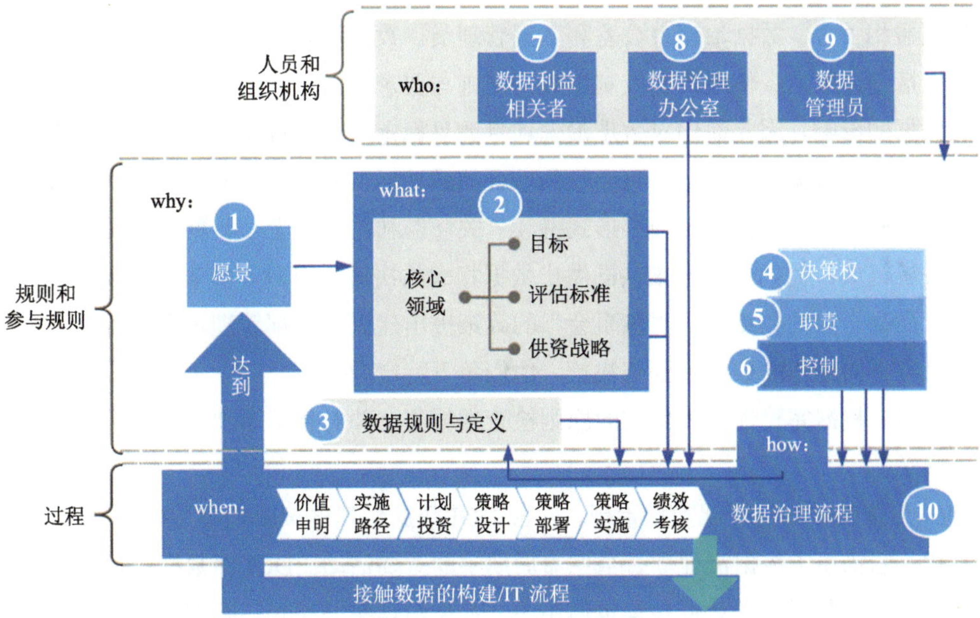

图 1-4　DGI 数据治理框架

“why”指的是为什么要做数据治理，对应 DGI 数据治理框架中的第 1 个组件，即数据治理的愿景。DGI 认为，在最高层次上，数据治理通常有 3 个任务：①主动的规则定义与一致性调整；②为数据利益相关者提供持续的跨职能的保护和服务；③解决因违反规则而产生的问题。

“what”指的是数据治理究竟治什么，对应 DGI 数据治理框架中的第 2 个至第 6 个组件，即核心领域、数据规则与定义、决策权、职责和控制。核心领域包括目标、评估标准和供资战略。有的方案目标需要实现的可能是一些“软”指标，难以对其进行衡量评估，有些目标则是具体的、可衡量的、可操作的、相关的和及时的。要想确定自己的方案目标，首先应根据方案、项目、专业工作和个体来预估治理会产生的影响；其次应思考给高端项目带来的好处，以及该方案将如何促进架构、数据质量、应用开发或其他专业工作，思考一个强大的数据治理方案能够帮助具体某个关键人员解决什么关键问题或能够为他提供什么附加价值；最后不能忽略数据本身产生的影响，以及如何对这种影响进行评估。数据治理项目中的每个人都应该明确项目目标与评估标准，创建价值申明，价值明确后能够帮助优化资金筹集的决策。数据规则与定义侧重业务规则的制定，如相关策略、数据标准、合规性要求等；数据的决策权侧重数据的确权，明确数据归口和产权为数据标准定义、数据管理制度、数据管理流程的制度奠定基础；数据职责侧重数据治理职责和分工的定义，明确谁应该在什么时候做什么；数据控制侧重采用什么样的措施来保障数据的质量和安全，以及数据的合规使用。

“who”指的是谁参与数据治理，对应DGI数据治理框架中的第7个至第9个组件，即数据利益相关者、数据治理办公室和数据管理员。数据利益相关者可能来自企业的多个部门，包括创建数据、使用数据或制定数据规则与要求的团队。因为利益相关者会影响数据或受数据的影响，因此他们对数据治理项目的目标定位更加准确。数据治理办公室的职责是促进并支持数据治理活动。它会收集项目的成功标准并向数据利益相关者汇报，以交互、信息访问、记录保留、培训等形式持续“关怀”利益相关者。数据管理员由所有数据利益相关者组成，他们聚集起来共同做出数据相关的决策，有时可能制定具体化的政策、标准或对更高一级的数据治理“董事会”的政策提出建议。数据管理员会被拆分成多个工作组，处理不同类型的数据问题与决策。他们负责特定业务域，向业务部门或数据质量管理团队汇报，根据完整性与正确性的原则检查数据集，并对数据治理办公室提出修改意见或其他问题。

“how”指的是如何开展数据治理，对应DGI数据治理框架中的第10个组件，即数据治理流程，它描述了数据治理项目全生命周期中的重要活动。DGI将数据治理项目的生命周期划分为7个阶段，即数据治理价值申明、数据治理实施路径、数据治理计划投资、数据治理策略设计、数据治理策略部署、数据治理策略实施、数据治理绩效考核。

“when”指的是什么时候开展数据治理，对应DGI数据治理框架中的第10个组件，用来定义数据治理的实施路径，回答数据治理的时机和优先级问题。

“where”指的是数据治理位于何处，虽然没有包含在10个组件之列，但十分重要。它强调要明确当前企业数据治理的成熟度级别、找到企业与先进标杆的差距是确定数据治理目标和策略的基础。

在理想状态下，数据治理过程应该是标准化、文档化且可重复的，用于支持数据管理、隐私、安全、访问管理中的合规要求。每家企业可自行决定数据治理过程中的结构与形式。DGI就可重复的标准化过程建议如下：调整策略、需求和控制，确立决策权，确立职责，履行管理职责，管理变更，定义数据，提供问题解决方案，制定数据质量要求，将治理构建到技术中，对利益相关者给予关怀和支持，与利益相关者进行沟通，测量和报告价值。

1.4.2　国内数据治理标准与框架

1.《信息技术服务　治理　第5部分：数据治理规范》

《信息技术服务　治理　第5部分：数据治理规范》中的数据治理框架（以下简称GB/T 34960.5数据治理架构）由顶层设计、数据治理环境、数据治理域、数据治理过程4个部分构成（图1-5）。其中，顶层设计包含与数据相关的战略规划、组织构建和架构设计，是数据治理实施的基础；数据治理环境包含内外部环境及促成因素，是数据治理实施的保障；数据治理域包含数据管理体系和数据价值体系，是数据治理实施的对象；数据治理过程包含统筹和规划、构建和运行、监控和评价、改进和优化，是数据治理实施的方法。

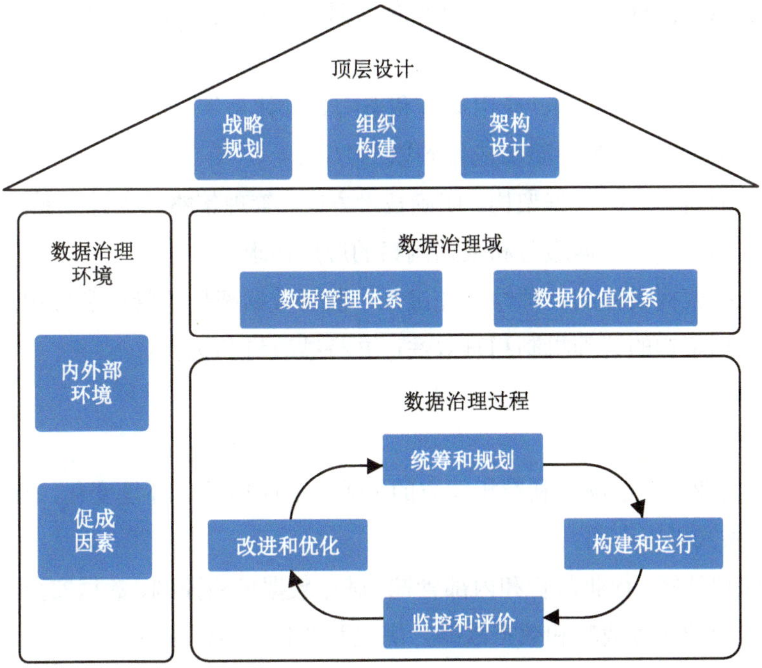

图 1-5　GB/T 34960.5 数据治理架构

（1）顶层设计

①战略规划

数据的战略规划应保持与业务规划、信息技术规划相一致，并明确战略规划实施的策略，至少应做到以下方面：

- 理解业务规划和信息技术规划，调研需求并评估数据现状、技术现状、应用现状和环境；
- 制定数据战略规划，包含但不限于愿景、目标、任务、内容、边界、环境和蓝图等；
- 指导数据治理方案的建立，包含但不限于实施主体、责权利、技术方案、管控方案、实施策略和实施路线等，并明确数据管理体系和数据价值体系；
- 明确风险偏好、符合性、绩效和审计等要求，监控和评价数据治理的实施并持续改进。

②组织构建

组织构建应聚焦责任主体及责权利，通过完善组织机制获得利益相关方的理解和支持，制定数据管理的流程和制度以支撑数据治理的实施，至少应做到以下方面：

- 建立支撑数据战略的组织机构和组织机制，明确相关实施原则和策略；
- 明确决策和实施机构，设立岗位并明确角色，确保责权利一致；
- 建立相关的授权、决策和沟通机制，保证利益相关方理解、接受相应的职责和权利；

- 实现决策、执行、控制和监督等职能，评估运行绩效并持续改进和优化。

③架构设计

架构设计应关注技术架构、应用架构和架构管理体系等，通过持续的评估、改进和优化以支撑数据的应用和服务，至少应做到以下方面：

- 建立与战略一致的数据架构，明确技术方向、管理策略和支撑体系，以满足数据管理、数据流通、数据服务和数据洞察的应用需求；
- 评估数据架构设计的合理性和先进性，监督数据架构的管理和应用；
- 评估数据架构的管理机制和有效性，并持续改进和优化。

（2）数据治理环境

①内外部环境

组织应分析业务、市场和利益相关方的需求，适应内外部环境变化，支撑数据治理的实施，至少应做到以下方面：

- 遵循法律法规、行业监管和内部管控，满足数据风险控制、数据安全和隐私的要求；
- 遵从组织的业务战略和数据战略，满足利益相关方的需求；
- 识别并评估市场发展、竞争地位和技术变革等变化；
- 规划并满足数据治理对各类资源的需求，包括人员、经费和基础设施等。

②促成因素

组织应识别数据治理的促成因素，保障数据治理的实施，至少应做到以下方面：

- 获得数据治理决策机构的授权和支持；
- 明确人员的业务技能及职业发展路径，开展培训和能力提升；
- 关注技术发展趋势和技术体系建设，开展技术研发和创新；
- 制定数据治理实施流程和制度，并持续改进和优化；
- 营造数据驱动的创新文化，构建数据管理体系和数据价值体系；
- 评估数据资源的管理水平和数据资产的运营能力，不断提升数据应用能力。

（3）数据治理域

①数据管理体系

组织应围绕数据标准、数据质量、数据安全、元数据管理和数据生存周期等开展数据管理体系的治理，至少应做到以下方面：

- 评估数据管理的现状和能力，分析和评估数据管理的成熟度；
- 指导数据管理体系治理方案的实施，满足数据战略和管理要求；
- 监督数据管理的绩效和符合性，并持续改进和优化。

②数据价值体系

组织应围绕数据流通、数据服务和数据洞察等开展数据资产运营和应用的治理，至少应做到以下方面：

- 评估数据资产的运营和应用能力，支撑数据价值转化和实现；
- 指导数据价值体系治理方案的实施，满足数据资产的运营和应用要求；
- 监督数据价值实现的绩效和符合性，并持续改进和优化。

（4）数据治理过程

①统筹和规划

明确数据治理目标和任务，营造必要的治理环境，做好数据治理实施的准备，具体包括以下内容：

- 评估数据治理的资源、环境和人员能力等现状，分析与法律法规、行业监管、业务发展及利益相关方需求等方面的差距，为数据治理方案的制定提供依据；
- 指导数据治理方案的制定，包括组织机构和责权利的规划、治理范围和任务的明确及实施策略和流程的设计；
- 监督数据治理的统筹和规划过程，保证现状评估的客观、组织机构设计的合理及数据治理方案的可行。

②构建和运行

构建数据治理实施的机制和路径，确保数据治理实施的有序运行，具体包括以下内容：

- 评估数据治理方案与现有资源、环境和能力的匹配程度，为数据治理的实施提供指导；
- 制定数据治理实施的方案，包括组织机构和团队的构建、责权利的划分、实施路线图的制定、实施方法的选择及管理制度的建立和运行等；
- 监督数据治理的构建和运行过程，保证数据治理实施过程与方案的符合、治理资源的可用和治理活动的可持续。

③监控和评价

监控数据治理的过程，评价数据治理的绩效、风险与合规性，保障数据治理目标的实现，具体包括以下内容：

- 构建必要的绩效评估体系、内控体系或审计体系，制定评价机制、流程和制度；
- 评估数据治理成效与目标的符合性，必要时可聘请外部机构进行评估，为数据治理方案的改进和优化提供参考；
- 定期评价数据治理实施的有效性、合规性，确保数据及其应用符合法律法规和行业监管的要求。

④改进和优化

改进数据治理方案，优化数据治理实施策略、方法和流程，促进数据治理体系的完善，具体包括以下内容：

- 持续评估数据治理相关资源、环境、能力、实施和绩效等，支撑数据治理体系的建设；

- 指导数据治理方案的改进，优化数据治理的实施策略、方法、流程和制度，促进数据管理体系和数据价值体系的完善；
- 监督数据治理的改进和优化过程，为数据资源的管理和数据价值的实现提供保障。

2.《数据管理能力成熟度评估模型》

《数据管理能力成熟度评估模型》（以下简称 DCMM）是在国家标准化管理委员会指导下，由全国信息技术标准化技术委员会编制的一份国家标准，于 2018 年发布并实施。DCMM 是我国首个正式发布的数据管理国家标准，旨在帮助组织和机构利用先进的数据管理理念和方法评估数据管理的现状和能力，持续完善数据管理组织、流程和制度，充分发挥数据的价值，促进企业向信息化、数字化、智能化方向发展。

DCMM 按照组织、制度、流程、技术 4 个方面对数据管理能力进行分析和总结，定义了数据战略、数据治理、数据架构、数据应用、数据安全、数据质量、数据标准和数据生存周期 8 个核心能力域，并细分为 28 个能力项和 445 条能力等级标准，详见表 1-2 和图 1-6。

表 1-2　DCMM 核心能力域和能力项

核心能力域	能力项
数据战略	数据战略规划
	数据战略实施
	数据战略评估
数据治理	数据治理组织
	数据制度建设
	数据治理沟通
数据架构	数据模型
	数据分布
	数据集成与共享
	元数据管理
数据应用	数据分析
	数据开放共享
	数据服务
数据安全	数据安全策略
	数据安全管理
	数据安全审计
数据质量	数据质量需求
	数据质量检查

核心能力域	能力项
数据质量	数据质量分析
	数据质量提升
数据标准	业务术语
	参考数据和主数据
	数据元
	指标数据
数据生存周期	数据需求
	数据设计和开发
	数据运维
	数据退役

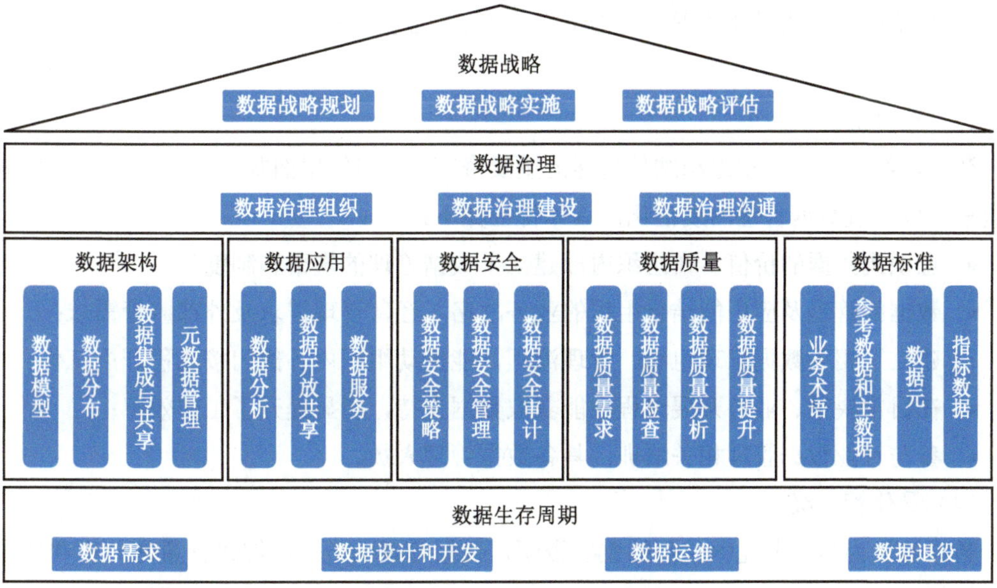

图 1-6　DCMM 数据框架

DCMM 将组织的数据能力成熟度划分为初始级、受管理级、稳健级、量化管理级和优化级共 5 个发展等级，以帮助组织进行数据管理能力成熟度评价。5 个发展等级呈阶梯状，越往上成熟度等级越高。

（1）初始级

数据需求管理主要是在项目级体现，没有统一的管理流程，主要是被动式的管理，具体特征如下：

- 组织在制定战略决策时未获得充分的数据支持；
- 没有正式的数据规划、数据架构设计、数据管理组织和流程等；
- 业务系统各自管理自己的数据，各业务系统之间的数据存在不一致现象，组织未意识到数据管理或数据质量的重要性；
- 数据管理仅根据项目实施的周期进行，无法核算数据维护、管理的成本。

（2）受管理级

组织已经意识到数据是资产，并且根据管理策略的要求制定了管理流程，指定相关人员进行初步的管理，具体特征如下：

- 意识到数据的重要性，并制定部分数据管理规范，设置了相关岗位；
- 意识到数据质量和“数据孤岛”是一个重要的管理问题，但目前没有解决问题的办法；
- 进行了初步的数据集成工作，尝试整合各业务系统的数据，设计了相关数据模型和管理岗位；
- 开始进行一些重要数据的文档工作，对重要数据的安全、风险等方面设计了相关管理措施。

（3）稳健级

数据已经被当作实现组织绩效目标的重要资产，在组织层面制定了一系列的标准化管理流程，以促进数据管理的规范化，具体特征如下：

- 意识到数据的价值，在组织内部建立了数据管理的规章和制度；
- 数据的管理及应用能结合组织的业务战略、经营管理需求及外部监管需求；
- 建立了相关数据管理组织、管理流程，能推动组织内各部门按流程开展工作；
- 在日常决策、业务开展过程中能获取数据支持，明显提升了工作效率；
- 参与行业数据管理相关培训，具备数据管理人员。

（4）量化管理级

数据被认为是获取竞争优势的重要资源，数据管理的效率能够进行量化分析和监控，具体特征如下：

- 组织层面认识到数据是组织的战略资产，了解到数据在流程优化、绩效提升等方面的重要作用，在制定组织业务战略时可获得相关数据的支持；
- 在组织层面建立了可量化的评估指标体系，可准确测量数据管理流程的效率，并及时优化；
- 参与国家、行业等相关标准的制定工作；
- 组织内部定期开展与数据管理、应用相关的培训工作；
- 在数据管理、应用的过程中充分借鉴了行业最佳案例及国家标准、行业标准等外部资源，促进了组织本身数据管理、应用水平的提升。

（5）优化级

数据被认为是组织生存的基础，相关管理流程能够实时优化，并在行业内进行最佳实践的分享，具体特征如下：

- 组织将数据作为核心竞争力，利用数据创造更多的价值和提升改善组织的效率；
- 能主导国家标准、行业标准等相关标准的制定工作；
- 能将自身数据管理能力建设的经验作为行业最佳案例进行推广。

1.4.3　数据治理框架对比分析

数据治理是从数据管理演进而成的一个知识体系，历经了 3 个阶段，逐步发展至今。

第一阶段：探索阶段（1988—2002 年）。麻省理工学院 Stuart Madnick 教授和 Richard Wang 教授于 1988 年发起全面数据质量管理计划（TDQM）。TDQM 系统地梳理了数据质量管理框架，提出了数据制造的概念和数据质量的三大管理要素——度量体系、分析体系和改进体系，认为要从经济、技术和组织 3 个层面来管理和提升数据质量，这被视为数据治理的雏形。同年，DAMA 正式成立。直到 2002 年，数据治理概念第一次进入学术界，美国学者 Hugh J. Watson、Celia Fuller 和 Thilini Ariyachandra 发表了题为《数据仓库治理》的研究，探讨了 Blue Cross 和 Blue Shield of North Carolina 两家公司的最佳实践，阐述了在一个数据仓库项目里进行数据治理的过程，这是历史上第一次公开记录系统化开展数据质量管理的文章，由此拉开了“数据治理”在企业管理中的大幕。

第二阶段：理论研究阶段（2002—2009 年）。2003 年 DGI 成立，对数据治理的理论架构进行了研究，并与 ISO 共同界定了数据管理和数据治理。DAMA 在 2009 年发表了 DMBOK 的指导方针，阐述了数据治理的六大核心要素，从此形成了该领域的理论架构。

第三阶段：广泛认可与运用阶段（2009 年至今）。在建立了数据仓库、主数据管理和商业智能之后，我国也逐渐引入数据治理理念，并在实践中进行了推广。我国的数据治理道路在 DMBOK 的基础上得到了进一步拓展，其中具有里程碑意义的事件如下：2015 年 5 月，中国代表团在巴西圣保罗召开的 SC40/WG 1 第三次工作组会议上，正式提交了《数据治理白皮书》国际标准研究报告；2018 年 6 月，《信息技术服务　治理　第 5 部分：数据治理规范》发布实施；金融等行业在实践过程中形成了本行业的治理体系，如 2018 年《银行业金融机构数据治理指引》的出台是我国银行业金融机构全面实施数据治理的一个重要标志；2020 年，《DAMA 数据管理知识体系指南（原书第 2 版）》全球首发，由 DAMA 车轮图和环境因素六边形图共同构成了 DMBOK，明确了数据管理的核心是数据治理，解决了数据治理各项功能与环境要素的匹配问题。

数据治理现在是企业格外重视的数字化转型的基础性工作，也是国家非常重视的战略工作之一。在过去的 10 年中，数据治理框架已经被不断地改进，从仅支持传统数据使用

（商业智能、文件和内容管理）和运营职能（建模、体系结构、存储和操作等）的领域到支持新兴的数据管理（大数据存储）和数据运用（数据科学、预测分析等）领域，从只关注技术本身到关注政策、文化变革、战略、原则和道德等非技术要素，数据治理领域日趋成熟。主流的数据治理模式也在逐步演变，并呈现出多元化的趋势（表 1-3）。

表 1-3　主流数据治理框架对比

体系分类	模型名称	构成要素	架构优势	架构不足
国际标准	ISO/IEC 38505-1 数据治理模型	进一步明确了“E（评估）-D（指导）-M（监督）”方法论，确定了治理主体应该重点关注的 3 项主要任务：①评估数据当前和未来的使用情况；②编制和执行数据战略和政策，以确保数据的使用服务于业务目标；③根据数据治理策略监控与绩效目标的一致性。可以从内部需求、外部压力、评估、指导和监督 5 个方面来描述数据治理	治理主体在开展数据治理的过程中主要通过制定数据战略来指导数据管理活动，而管理层需要通过管理活动来实现战略目标。同时，治理主体需要通过建立数据政策来保障数据管理活动符合数据战略的需要，进而满足企业的战略目标	介绍了好的数据治理需要的流程和方法论，但离真正的实施还有距离
国内标准	GB/T 34960.5 数据治理架构	由顶层设计、数据治理环境、数据治理域、数据治理过程 4 个部分构成。顶层设计包含与数据相关的战略规划、组织构建和架构设计，是数据治理实施的基础；数据治理环境包含内外部环境及促成因素，是数据治理实施的保障；数据治理域包含数据管理体系和数据价值体系，是数据治理实施的对象；数据治理过程包含统筹和规划、构建和运行、监控和评价、改进和优化，是数据治理实施的方法	评估现状和需求，指导治理体系和治理域的建立、数据治理的实施落地，解决了国际治理标准不易落地的缺点	指出了数据治理体系应该包含的内容和实施路径，但缺乏具体的实施办法，在数据治理工作中仍需将架构内容进行细化
	DCMM	按照组织、制度、流程、技术 4 个方面对数据管理能力进行分析和总结，定义了数据战略、数据治理、数据架构、数据应用、数据安全、数据质量、数据标准和数据生存周期 8 个核心能力域，并细分为 28 个能力项和 445 条能力等级标准	量化评估企业数据管理的能力水平，实操性和通用性较高，能够较好地指导企业根据标准对数据管理核心能力域数据进行评估	只提出了数据管理应该具备哪些能力，但未指明如何具备这些能力

体系分类	模型名称	构成要素	架构优势	架构不足
专业组织	DAMA 车轮图和环境因素六边形图	总结了数据治理、数据架构、数据建模和设计、数据存储和操作、数据安全、数据集成和互操作、文件和内容管理、参考数据和主数据、数据仓库和商业智能、元数据和数据质量 11 个职能领域，以及活动、交付成果、角色和职责、工具、方法、组织和文化 7 个环境要素，并建立了 11 个职能领域和 7 个环境要素之间的对应关系	充分考虑了职能领域和环境要素对数据本身的影响，并建立了对应的关系，解决了数据治理各项功能与环境要素的匹配问题	若 11 个职能领域全部建设，其复杂性和难度较高，落地实施性较低，并且随着数字化和智能化的不断发展，DAMA 框架的这 11 个功能显然不能满足未来数据管理和治理的需求
	DGI 数据治理框架	采用“5W1H”法则进行设计，从数据治理组织、数据治理规则、数据治理流程 3 个层面提出了数据治理的十大关键要素，展示了 10 个基本组件间的逻辑关系，描述了谁可以采取什么行动来处理什么信息，以及何时在何种情况下使用何种方法。它以一种非常直观的方式，形成了一个从方法到实施的自成一体的完整系统	在组织、规则和流程 3 个方面给出了指南级说明，帮助企业实现数据价值，最小化数据管理成本和复杂性，以及数据的安全合规使用。相比 DAMA 框架，DGI 框架认为数据治理独立于数据管理，完全从数据治理的角度出发，更加独立、完整和系统化	虽然实操性较强，但缺乏相应的顶层设计

尽管国内外研究机构在数据治理领域进行了广泛且深入的研究和探索，也贡献了大量卓有成效的数据治理体系理论和实践，但仍存在一些差异和矛盾，侧重点也有所不同。因此，在进行数据治理的过程中应结合自身特点，引入数据治理专业机构，构建统一的原则、促成因素、关键域和框架，形成具有针对性的数据治理体系和数据治理方案，从而形成组织数据治理的驱动力，使组织的数据资源得到充分利用，引领组织在数据化转型的正确道路上前进。

参考文献

[1] MARINOS G. We’re not doing what? The top 10 corporate oversights in data governance[J]. Information Management，2004，14（9）：62.

[2] STOCKDALE S. Deconstructing data governance [EB/OL]. [2017-03-10]. https://repository.unm.edu/handle/1928/31583.

[3] SONIA P. Six critical success factors for data governance-viewpoints on innovation[EB/OL]. [2017-06-15].

http://viewpoints.io/entry/six-critical-success-factors-for-data-governance.

[4] 国际标准化组织. 数据质量 第 2 部分 词汇表：ISO 8000-2—2018[S]. 瑞士：国际标准化组织版权办公室，2018：7.

[5] 国际标准化组织，国际电工委员会. 信息技术·IT 治理·数据治理 第 1 部分：ISO/IEC 38500 在数据治理中的应用：ISO/IEC 38505-1[S]. 瑞士：国际标准化组织版权办公室，2017：12-15.

[6] 中国电子技术标准化研究所. 信息技术 词汇 第 1 部分：基本术语：GB/T 5271.1—2000[S]. 北京：中国标准出版社，2000：156.

[7] 全国信息技术标准化技术委员会. 信息技术 元数据注册系统（MDR） 第 1 部分：框架：GB/T 18391.1—2009[S]. 北京：中国标准出版社，2009：3.

[8] 全国信息技术标准化技术委员会. 信息技术服务治理 第 5 部分：数据治理规范：GB/T 34960.5—2018[S]. 北京：中国标准出版社，2018：2-5.

[9] 全国信息技术标准化技术委员会. 信息技术 大数据 术语：GB/T 35295—2017[S]. 北京：中国标准出版社，2017：5.

[10] 全国信息技术标准化技术委员会. 数据管理能力成熟度评估模型：GB/T 36073—2018[S]. 北京：中国标准出版社，2018：1-5.

[11] 中华人民共和国生态环境部. 环境信息元数据规范：HJ 720—2017[S]. 北京：中国环境科学出版社，2017：3.

[12] 包冬梅，范颖捷，李鸣. 高校图书馆数据治理及其框架[J]. 图书情报工作，2015，59（18）：134-141.

[13] DAMA 国际. DAMA 数据管理知识体系指南（原书第 2 版）[M]. 北京：机械工业出版社，2020.

[14] 范渊. 大数据时代的智慧城市与信息安全[M]. 北京：电子工业出版社，2018.

[15] 刘桂锋，钱锦琳，卢章平. 国内外数据治理研究进展：内涵、要素、模型与框架[J]. 图书情报工作，2017，61（21）：137-144.

[16] 王兆君，王钺，曹朝晖. 主数据驱动的数据治理：原理、技术与实践[M]. 北京：清华大学出版社，2019.

[17] 用友平台与数据智能团队. 一本书讲透数据治理：战略、方法、工具与实践[M]. 北京：机械工业出版社，2021.

[18] 祝守宇，蔡春久. 数据治理：工业企业数字化转型之道[M]. 北京：电子工业出版社，2020.

[19] 张宁，袁勤俭. 数据治理研究述评[J]. 情报杂志，2017，36（5）：129-134.

[20] 周湘龙，李雅箐，曾铜炳，等. 省级生态环境数据治理体系研究与实践[J]. 企业科技与发展，2022，490（8）：124-126.

第2部分

污染源数据治理方法

人类进入工业文明时代以来，在创造巨大物质财富的同时，也加速了对自然资源的攫取，破坏了地球生态系统的平衡，使人与自然之间的深层次矛盾日渐突出。气候变化、生物多样性逐渐丧失、荒漠化加剧、极端气候事件频发对人类的生存与发展造成了严重威胁。促进人与自然和谐共生成为满足人民群众对美好生活向往的必然选择和推动建设清洁美丽世界的客观需要。党的二十大报告指出，要“推动绿色发展，促进人与自然和谐共生”。这就需要一手抓环境污染防治，一手抓绿色低碳发展，做到“两手抓、两手硬”，实现减污降碳协同增效。对于“减污”而言，核心在于污染源治理，而数据则是建设污染源治理体系的基础。

第二次全国污染源普查的数据表明，截至 2017 年年底，全国普查对象数量共有 358.32 万个（不含移动源），其中工业源 247.74 万个、畜禽规模养殖场 37.88 万个、生活源 63.95 万个、集中式污染治理设施 8.40 万个、以行政区为单位的普查对象 0.35 万个。面对如此复杂的污染源现状，全国各地积极推动污染源信息化管理体系建设，以数字化转型驱动监管方式的变革，实施污染源智能化监管。数据治理是数字化转型的基石，国内外在数据治理方面的研究涉及可持续智慧城市、环境、金融、医疗、教育、农业、图书馆服务、安全和商业等领域，但其研究主要集中在框架模型的设计、价值的探讨等理论层面，应用研究较少，目前较为成熟的数据治理研究多在图书情报、医疗等领域。污染源数据治理是污染源综合决策科学化、监管精细化和公共服务便民化的基础，开展污染源数据治理工作有助于全面提升污染源数据质量，深挖数据价值，促进数据融通，破除“数据孤岛”，提高信息化建设效率，优化业务流程，支持决策分析。

目前，我国污染源数据治理尚处于起步探索阶段，随着污染源数据量愈加庞大，亟须总结相关经验，摸索出一套适合我国的污染源数据治理方法，以提高治理效能，辅助科学决策。本部分参照国内外相关文献及研究，结合深圳市实践经验，提出了一套污染源数据治理方法，以解决涉及污染源数据的系统多、系统不关联、数据体量大、数据质量无保证等难点问题。

第 2 章 污染源数据治理概述

2.1 生态环境数据的定义

“生态环境”一词在 1982 年正式成为法定名词，并被载入《中华人民共和国宪法》正文当中，至今仍在使用。有些学者把“生态环境”界定为“以整个生物界为中心，可以直接或间接影响人类生活和发展的自然因素和人工因素的环境系统”，或“影响生态系统发展的各种生态因素”。《中华人民共和国环境保护法》（2014 年版）将“环境”定义为“影响人类生存和发展的各种天然的和经过人工改造的自然因素的总体，包括大气、水、海洋、土地、矿藏、森林、草原、湿地、野生生物、自然遗迹、人文遗迹、自然保护区、风景名胜区、城市和乡村”。本书所指的“生态环境”引自《中华人民共和国环境保护法》（2014 年版）中关于“环境”的定义。

目前，我国的生态环境数据具有以下特征：

一是来源广。我国生态环境数据按来源途径可分为生态环境主管部门数据、行业数据、相关部门数据和互联网数据。其中，生态环境主管部门数据包括指标性监测监控数据、状态性环境管理过程数据、非结构化影像数据、空间化遥感数据、类型多样的科研数据、二次加工产品数据等；行业数据包括环境基础设施管理运营数据、企业工况设备状态数据等；相关部门数据包括气象云图、水利管网、国土地图、工商法人、交通流量、能源消费等相关部门所拥有的与生态环境保护相关的数据；互联网数据涉及环境保护的舆情数据、与人类活动相关的亿级移动终端传感数据、多源公开数据、可交易数据等。

二是类型多。从生态要素来看，生态环境数据涉及水、大气、土壤、噪声、固体废物、辐射等；从更新频率来看，生态环境数据可分为按分、时、日、周、月、季度、半年等频率更新和不定期更新等；从数据格式来看，生态环境数据包括表格等结构化数据和文本、图像、视频等非结构化数据。

三是体量大。随着以 5G、云计算、大数据、人工智能、区块链等为代表的新一代信息技术的飞速发展，国家级、省级、市级及县区级生态环境主管部门根据业务分类和监管需求建设了不同的生态环境数据系统和数据库，拥有大量不同来源、不同类型和长时间跨度的数据，而且这些数据仍在不断地动态更新。

四是格式不一。由于前期缺乏统一的顶层设计，生态环境领域各部门根据自己的业务需求设定了不同的数据标准，数据分散在架构不统一、开发语言不一致、数据库多样化的系统中，造成数据格式多样化、数据质量参差不齐。例如，江西省地方标准《生态环境数据资源分类与目录编码规范》（DB36/T 1500—2021）按照生态环境要素将数据资源划分为水、大气、气候、声、土壤、固体废物、生态保护、核与辐射、污染源、环境污染防治和其他共 11 类。《生态环境统计管理办法》将生态环境数据分为生态环境质量、环境污染及其防治、生态保护、应对气候变化、核与辐射安全、生态环境管理及其他共 7 类。《生态环境大数据建设总体方案》（环办厅〔2016〕23 号）将生态环境数据分为生态环境质量监测、污染物排放、风险评估、自然生态和监察执法 5 类。张巍等（2022）根据内蒙古自治区现有生态环境数据基础，按照生态环境管理要素将生态环境数据分为环境质量、自然生态和污染源 3 类。

为了基于统一标准开展污染源数据治理，本书参考相关文献、行业标准及生态环境部发布的文件中的生态环境数据的分类方式和方法，结合深圳市生态环境数据分类的实际情况，从污染源监管及环境质量管理的角度出发，将生态环境数据分为污染源数据、环境质量数据、生态保护数据及其他 4 类（表 2-1）。

表 2-1　生态环境数据分类

一级类目	二级类目	三级类目	四级类目
1. 污染源数据	（1）固定源数据	①固定源基本数据	名称
			统一社会信用代码
			生产经营场所地址
			行业类别
			其他
		②固定源监测数据	在线监测数据
			手工监测数据
		③固定源监管数据	环境影响评价数据
			排污许可管理数据
			VOCs 污染源排放过程工况监控数据
			施工扬尘数据

一级类目	二级类目	三级类目	四级类目
1．污染源数据	（1）固定源数据	③固定源监管数据	移动执法数据
			行政处罚数据
			清洁生产审核
			环境信用评价
			固体废物监管
			核与辐射
			其他
		④固定源调查统计数据	第二次全国污染源普查数据
			环境统计年报数据
			其他
		⑤其他	—
	（2）移动源数据	①移动源基础数据	号牌号码
			号牌种类
			车辆型号
			车辆类型
			燃料种类
			其他
		②移动源监测数据	机动车尾气遥感监测数据
			机动车排放定期检测数据
			机动车点位监测数据
			其他
		③移动源监管数据	用车大户管理数据
			排放监督执法数据
			其他
		④其他	—
	（3）其他	—	—
2．环境质量数据	（1）水环境质量数据	①地表水	地表水监测数据
			地表水监管数据
			地表水功能区划数据
			其他
		②地下水	地下水监测数据
			地下水监管数据
			地下水功能区划数据
			其他

一级类目	二级类目	三级类目	四级类目
	(1) 水环境质量数据	③饮用水水源	饮用水水源监测数据
			饮用水水源监管数据
			饮用水水源功能区划
			其他
		④近岸海域	近岸海域监测数据
			近岸海域监管数据
			其他
		⑤其他	—
2. 环境质量数据	(2) 大气环境质量数据	①空气质量数据	空气质量监测数据
			空气质量监管数据
			空气质量预测数据
			其他
		②大气环境功能区划数据	区划分类
			区域范围
			区域面积
			其他
		③其他	—
	(3) 声环境质量数据	①噪声	城市功能区噪声
			交通噪声
			区域噪声
			其他
		②声环境功能区划数据	区划分类
			区域范围
			区域面积
			其他
		③其他	—
	(4) 土壤环境质量数据	①建设用地	土壤监测
			土壤监管
			其他
		②其他	—
	(5) 其他	—	—

一级类目	二级类目	三级类目	四级类目
3．生态保护数据	（1）自然生态	①生态功能区划	功能区类型
			功能区范围
			功能区面积
			其他
		②生态红线区划	区划类型
			区划范围
			区划面积
			其他
		③自然生态环境质量	行政区编码
			生态系统类型
			重要程度
			面积
			其他
		④自然生态环境评估	行政区编码
			重要程度
			面积
			其他
		⑤自然生态环境管理	生态环境站点监测数据
			生态风险源信息
			人类活动红线档案
			城市重点项目
			其他
	（2）生物多样性	①动物物种基本信息	物种名称
			物种全称
			拉丁学名
			中英文纲目科属
			国家重点保护级别
			中国物种红色名录
			其他
		②生态环境群落基本信息	群落生态学多样性指标
			群落名称
			分布点

一级类目	二级类目	三级类目	四级类目
			经纬度
	（2）生物多样性	③生态环境群落基本信息	乔木
			其他
		④其他	—
3．生态保护数据	（3）生物安全	①入侵物种信息	物种名称
			拉丁学名
			纲
			科
			经纬度
			分布地点
			其他
		②其他	—
	（4）其他	—	—
4．其他	—	—	—

2.2 污染源数据的定义

根据《全国污染源普查条例》，污染源是指因生产、生活和其他活动向环境排放污染物或者对环境产生不良影响的场所、设施、装置及其他污染发生源。污染源一般包括工业企业生产过程中产生的废气、废水、固体废物及噪声，居民日常生活中产生的油烟、污水、噪声及生活垃圾，燃油车辆排出的废气及噪声，使用化肥、杀虫剂及除草剂等化学物质灌溉农田后产生的废水废渣，矿山开采排出的废水、废气、废矸石等废弃物。

目前，生态环境部尚未对“污染源数据”作出明确界定，本书引用《深圳市生态环境局生态环境数据管理办法（试行）》（深环办〔2022〕30 号）对污染源数据的定义，即污染源数据是造成环境污染或向环境排放有害物质、对环境产生有害影响的发生源产生的数据。

2.3 污染源数据治理的概念

2.3.1 污染源数据治理的定义

目前，国内外尚未对污染源数据治理进行有效的界定。本书中的污染源数据治理是指基于“提升数据质量”的短期目标和“实现数据价值”的长期目标，对污染源数据进行主数据治理、元数据治理、核心业务数据治理等常规性数据治理工作，从技术性数据治理转向战略性数据治理，建立起长期、持续、有效的污染源数据治理机制，解决污染源数据存在的数据共享困难、数据质量参差不齐等问题，提升污染防治的数字化、智能化水平。

2.3.2　治理对象

为了实现对污染源的智能化监管，各级各地生态环境主管部门建立了大量的业务系统，其中包括污染源数据治理对象即组织机构内的已建成系统和在建系统数据库中的所有污染源数据。然而，污染源数据类型繁多、体量较大，在治理过程中必须明确各种类型数据的含义和联系，优先选择核心数据进行治理，对其余数据进行分期分批治理。

污染源数据按照移动性可分为固定源数据和移动源数据。其中，固定源数据包括固定源基本数据、固定源监测数据、固定源监管数据、固定源调查统计数据和其他，移动源数据分为移动源基础数据、移动源监测数据、移动源监管数据和其他（表 2-1）。在固定源数据和移动源数据的分类中，基础数据是核心，监测数据、监管数据和其他数据均通过基础数据实现连接，污染源数据质量的价值也在很大程度上取决于基础数据对其他 3 类数据的关联程度。因此，应优先治理污染源基础数据。

某一省市的污染源数据数量巨大，在治理过程中应综合考虑污染物的产生量、排放量、环境危害程度、影响程度等因素，从重点治理污染源类型入手，如选取该省市的排污许可发证单位和重点排污单位名录管理单位等污染源优先治理，或单独选取某一类污染物排放源，如涉 VOCs 排放污染源。

2.3.3　治理内容

数据治理的要素和关键点都围绕着数据展开，包括组织架构、数据质量监控、数据安全管理、数据交换和共享等，在组织机构数字化发展的不同阶段，治理内容也表现出显著的差异。

周湘龙等（2022）建立了“分析—设计—执行—评估”的数据治理闭环流程，包括数据梳理、数据清洗、数据共享工作。谢颖斯（2022）将生态环境数据资产治理服务流程分为数据资产目录整理、数据资产整理和数据资产质量管控，其中数据资产目录整理包括资源目录编制规划、元数据组织编制、信息资源目录编制，数据资产整理包括数据清洗转换、数据抖动偏移处理、数据去噪预处理、业务数据标准化处理，数据资产质量管控包括评估体系及分析报告、异常检测与问题发现、资产质量监测分析、资产质量规则管理。祝守宇等（2020）将治理内容分为数据管控、数据战略、数据架构、主数据管理、元数据管理、数据指标管理、时序数据管理、数据质量管理、数据安全管理、数据交换与服务、数据共享与开放和数据管理成熟度评估。段效亮（2020）提出了“八步走”的企业数据治理路径，即自查数据管理现状、做好项目启动工作、开展项目调研分析、重塑数据管理标准、解决已有质量问题、彻底打通“数据孤岛”、优化增量数据质量、保障高效的数据运维管理，并提出数据治理项目的风险管控。

总之，对于数据治理的内容，学术界虽然众说纷纭，但都是从战略、体系、管理、质量、共享、安全等角度进行分析的。本书结合具体的实践经验，从顶层设计、现状调研和分析、元数据管理、数据标准管理、主数据管理、数据质量管理共 6 个方面作进一步论述。

2.4 污染源数据治理与工业企业数据治理的比较

国内外在数据治理方面的研究涉及可持续智慧城市、环境、金融、医疗、教育、农业、图书馆服务、安全和商业等领域，如 Soma 等（2016）通过总结数据治理在环境科学领域的应用，揭示了数据治理对环境可持续发展的影响。污染源数据是最重要的基础环境数据之一，但污染源数据治理尚处于起步阶段，需要借鉴其他行业的数据治理理论与实践经验。虽然目前较为成熟的数据治理研究主要集中在图书情报、医疗等领域，但污染源数据治理的治理水平、发展速度与工业企业数据治理相当，且工业企业数据治理也取得了一定成效，因此厘清污染源数据治理与工业企业数据治理的共同点与差异，有利于借鉴工业企业的数据治理经验，为污染源数据治理工作添砖加瓦。

首先，两者的业务具有关联性。生态环境主管部门是工业污染源的监管单位，监管内容包括工业企业的环境影响评价信息、排污许可信息、VOCs 排放信息、核与辐射安全管理信息等，工业企业的数据治理直接影响着污染源的数据质量。

其次，两者的标准具有相通性。自 2017 年起，环境保护部（现生态环境部）发布并实施了百余部排污单位自行监测指南和排污许可证申请与核发技术规范，规定了排污单位的主要生产单元、主要工艺、生产设施及设施参数，以及污染治理设施、污染治理工艺等内容。工业和信息化部发布并实施的《电镀含铜废水处理及回收技术规范》（HG/T 5309—2018）、《挥发性有机物旋流吸附-催化燃烧装置》（HG/T 5998—2022）、《电磁式酸碱浓度计》（HG/T 6000—2022）等标准规范，对污染源数据质量规则的制定有借鉴意义。

再次，两者的发展具有同步性。《工业和信息化部关于工业大数据发展的指导意见》解读中指出：“相比于互联网服务领域大数据应用的普及和成熟，工业大数据更加复杂，还面临数据采集汇聚不全面、流通共享不充分、开发应用不深化、治理安全短板突出等问题，总体上仍处于探索和起步阶段，亟待拓展和深化。”李佳钰等（2023）认为，工业互联网需要更多地立足于国情，既要解决“自下而上”数据驱动的技术问题，又要解决“自上而下”流程再造的管理问题。从这两个角度来看，污染源数据治理和工业企业数据治理是相辅相成、互相影响的。

最后，数据治理概念兴起于企业数据治理部门，且工业企业的数据治理已初见成效。2018 年，区块链与数据治理高端研讨会在北京召开。2020 年，《工业和信息化部关于工业大数据发展的指导意见》指出："按照高质量发展要求，促进工业数据汇聚共享、深化数据融合创新、提升数据治理能力、加强数据安全管理，着力打造资源富集、应用繁荣、产业进步、治理有序的工业大数据生态体系。"2021 年 4 月，国家工业信息安全发展研究中心牵头编制了《区块链与数据安全治理白皮书》，对相关政策、法规、技术标准、行业现状进行了系统的梳理，并对其与数据安全治理的技术可行性进行了分析，探索利用区块链技术助力数据安全治理，为行业发展提供了参考，推动了数据安全治理工作的有序开展。2021 年，《信息技术 大数据 工业产品核心元数据》等 33 项大数据领域的国家标准立项研制，《智能制造 工业数据采集规范》《智能制造 工业数据分类原则》等 132 项与智能制造相关的国家标准草案编制完成。工业数据标准的制定使工业企业数据治理逐渐步入"快车道"。制造行业的数字化转型是世界各国数字经济发展的重要战略部署。紧跟工业企业数据治理的脚步是污染源数据治理的必然选择。

2.4.1 相同点

治理目标：从数据的视角来看，所有的数据治理都是以获取高质量数据为目的的；从管理的视角来看，搭建完整的数据地图和数据资源目录可以极大地提高管理效能；从服务的视角来看，数据治理能打破"数据孤岛"，实现数据共享，简化业务流程，提升服务质量；从决策的视角来看，数据治理能为战略决策提供有力支撑；从合规的视角来看，数据管理都要符合相关法律法规和标准规范。

治理对象：数据治理的对象都是重要的数据资源。对于污染源数据治理而言，其对象关乎污染源基础数据、污染源监测数据及污染源监管数据等；对于工业企业而言，其对象就是有关企业商业利益的数据。

治理工具：在提升数据质量方面，污染源数据治理和工业企业数据治理的工具都包括数据模型管理工具、元数据管理工具、数据标准管理工具、主数据管理工具、数据质量管理工具、数据安全管理工具和数据集成与共享工具等；在信息技术方面，生态环境主管部门和企业都能使用开源软件、商业软件、公共平台，也可将相关业务外包给专业服务机构。

治理流程：二者的数据治理都是从现状调研和需求分析开始的，先确定数据治理的优先级，再确定技术路径、建设步骤和实施保障，并在运行过程中持续优化，最终进行数据治理能力的成熟度评估。

治理标准：工业企业数据治理和污染源数据治理都必须符合国家和省市发布的相关数据标准，如信息安全技术相关标准、数据安全管理相关标准、隐私保护相关标准等。

2.4.2 不同点

数据来源：相较于企业，生态环境主管部门拥有更广泛的数据来源。企业的数据来源以公共服务平台、自主搭建的系统平台为主，生态环境主管部门的数据来源则包括市场监管、水务、交通、气象、自然资源等政府部门。数据源的复杂性给污染源数据治理带来了技术上的困难，也给系统的顶层设计带来了更大的挑战。

治理目标：对于企业，数据治理的最终目的在于实现经济利益；对于生态环境主管部门，数据治理的最终目的是产生更多的环境效益和社会效益。由于数据治理成效很难在短时间内通过环境效益和社会效益反映出来，这就给污染源数据治理效果的评估带来了困难。

控制力度：工业企业以财务为抓手控制主数据和业务数据提供方的数据质量，当发生数据问题时，可及时溯源，解决问题。但污染源数据的生产方较多，同一数据在不同部门和业务系统中的数据值不同，各个部门按照“三定方案”履职，缺少统一的强有力的数据质量约束手段，数据一旦出现问题，很难追究责任。

行业类型：工业企业是经营类单位，生态环境主管部门是监督管理类单位。相比企业，生态环境主管部门的管理体系更加复杂，需要在上下级、平级部门及生产经营单位间统筹协调，二者数据治理的方式方法有所差异。

投入资金：企业可以根据自身产值、经营收入、利润等来确定数据治理投入的资金。生态环境主管部门的资金主要来自政府的财政投入，包括环保专项资金和地方财政安排的预算资金两类，多用于污染防治、改善生态环境质量、加强生态环境保护和生态文明建设等工作。目前，污染源数据治理项目资金投入的强度和灵活性受限较多。

2.5 污染源数据治理的框架与流程

由于工业企业数据治理与污染源数据治理在数据来源、数据治理目标、数据治理抓手、数据治理投入等方面存在差异，如果照搬工业企业的数据治理方法开展污染源数据治理工作，就可能导致以下问题的发生：

一是对数据处理能力和治理难度的估计不足。这可能造成时间、人力、物力的消耗大大超出预计，从而影响后续工作，降低了治理的效率。

二是数据治理方式的运用不当。例如，适用于企业数据的方式和程序在污染源监管方面可能有明显缺陷，如果生搬硬套，那么不但可能达不到治理效果，反而会导致资源的浪费。

三是数据治理效果欠佳。污染源数据属于政务数据，对于政务系统，国家有统一的方针政策，如果不结合具体要求照搬方法，最终得到的数据可能无法满足上级管理部门的要求。

换言之，生态环境主管部门应在相关政策指引下，坚持“以需求为导向”的原则，围绕国家要求、社会需求及人民需要，立足本土化实际，制定污染源数据治理目标，设计治理流程和实施方案。

2.5.1 框架

本书参考 GB/T 34960.5 数据治理架构提出了污染源数据治理体系，包括顶层设计、数据治理环境、数据治理域和数据治理过程四部分内容（图 2-1）。其中，顶层设计包括指导思想、组织架构、数据战略和数据架构，从全局的角度对数据治理的各方面、各层次、各要素进行规划设计，以集中有效资源，高效快捷地实现数据治理目标。数据治理环境是指通过对各部门数据需求、数据现状的调查，对数据进行需求分析、数据分析，掌握污染源监管对数据的实际需求，以及系统现状、数据现状、数据管理成熟度等内容，支撑数据治理的实施。元数据管理、数据标准管理、主数据管理及数据质量管理构成了数据治理域，可以提升污染源数据质量。数据治理过程由统筹和规划、数据质量监控、反馈机制、整改和优化构成，由生态环境主管部门制订数据治理的方案和计划，根据各项任务对污染源数据进行全量监控，将发现的数据问题进行反馈，业务部门或技术部门进行整改或优化，最终形成完整的数据治理链条。

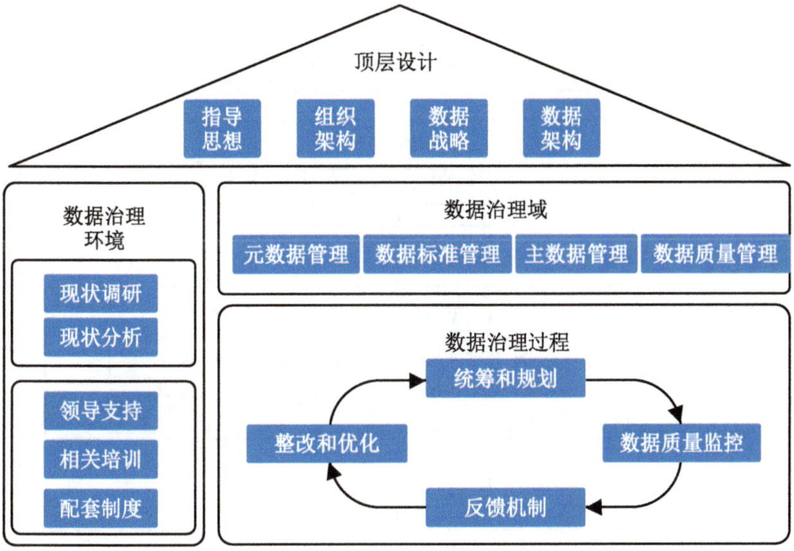

图 2-1　本书污染源数据治理框架

2.5.2　流程

污染源数据治理的流程主要包括顶层设计、业务需求、技术手段和数据应用 4 个方面。顶层设计统筹考虑数据治理的各个层次和各个要素，明确相关部门责权利和规范标准，是数据治理工作实施的全局部署；业务需求是指业务部门提出的数据应用需求和数据质量要求，是数据治理的目标；技术手段指提供数据治理的手段，它可以实现管理部门和业务部门的需求，是数据治理的技术支撑；数据应用赋能污染源业务监管，是数据治理的成果落地和检验。顶层设计应明确指导思想，制定组织架构、配套制度数据战略和数据架构；业务需求包括现状调研和分析等方面，以充分掌握当前各单位的系统现状、数据管理现状和数据质量现状，明确数据治理各阶段、各部门对污染源数据的需求；技术手段包括底层数据的标准化、操作过程的规范化和辅助工具的智能化，助力污染源元数据管理、数据标准管理、主数据管理和数据质量管理；数据应用是指总结数据治理成果，明确数据质量规则、数据标准和数据治理报告的应用（图 2-2）。

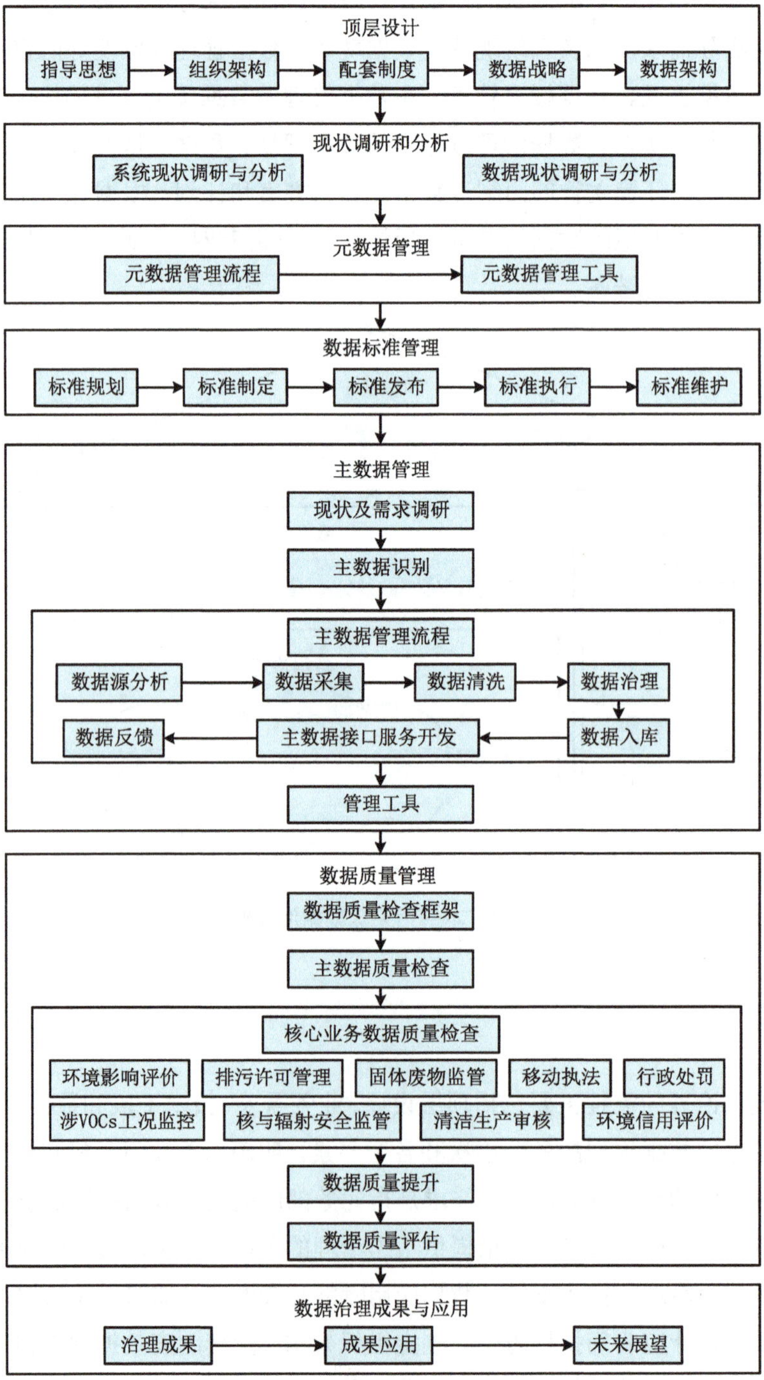

图 2-2　污染源数据治理流程

参考文献

[1] 全国信息技术标准化技术委员会．信息技术服务 治理 第 5 部分：数据治理规范：GB/T 34960.5—2018[S]．北京：中国标准出版社，2018：3-7.

[2] 全国信息技术标准化技术委员会．信息技术 大数据 工业产品核心元数据：GB/T 38555—2020[S]．北京：中国标准出版社，2020：1.

[3] 江西省生态环境厅．生态环境数据资源分类与目录编码规范：DB36/T 1500—2021[S]．北京：中国标准出版社，2021：5-9.

[4] 全国化学标准化技术委员会水处理剂分技术委员会．电镀含铜废水处理及回收技术规范：HG/T 5309—2018[S]．北京：化学工业出版社，2018：2-8.

[5] 全国化工机械与设备标准化技术委员会．挥发性有机物旋流吸附-催化燃烧装置：HG/T 5998—2022[S]．北京：化学工业出版社，2022：2-5.

[6] 化学工业专用仪器仪表标准化技术委员会．电磁式酸碱浓度计：HG/T 6000—2022[S]．北京：化学工业出版社，2022：2-7.

[7] SOMA K，TERMEER C J A M，OPDAM P. Informational governance-A systematic literature review of governance for sustainability in the Information Age[J]. Environmental Science & Policy，2016，56：89-99.

[8] 段效亮．企业数据治理那些事[M]．北京：机械工业出版社，2020.

[9] 李佳钰，黄甄铭，梁正．工业数据治理：核心议题、转型逻辑与研究框架[J/OL]．科学学研究：1-18. [2023-08-04]. https://doi.org/10.16192/j.cnki.1003-2053.20221102.005.

[10] 谢颖斯．生态环境数据资产治理研究[J]．资源节约与环保，2022，251（10）：141-144.

[11] 周湘龙，李雅箐，曾铜炳，等．省级生态环境数据治理体系研究与实践[J]．企业科技与发展，2022，490（8）：124-126.

[12] 祝守宇，蔡春久．数据治理：工业企业数字化转型之道[M]．北京：电子工业出版社，2020.

[13] 汪洋，王柯，张桃宁，等．工业数字化转型中的数据治理研究[J]．信息技术与网络安全，2022，41（4）：25-31.

[14] 张凯．金融数据治理的突出困境与创新策略[J]．西南金融，2021，482（9）：15-27.

[15] 陈煜波，马晔风．数字化转型：数字人才与中国数字经济发展[M]．北京：中国社会科学出版社，2020.

第 3 章 顶层设计

数据治理涉及业务梳理、标准制定、数据监控、数据集成等工作，复杂度高、探索性强，在治理过程中出现偏离或失误的概率较大，如不能及时纠正，其影响将难以估计，也会导致数据治理的效果不理想，甚至是彻底失败。因此，在进行数据治理时，要提前做好数据治理的顶层设计，紧紧围绕生态环境治理体系和治理能力现代化建设，开展污染源数据治理的顶层设计，确定指导思想、做好战略规划、制定配套制度、建立组织架构和数据架构。

数据战略的制定是为了实现数据与数据的生产者、使用者、管理者，以及支撑系统之间的有机联系，通过构建完整的数据视图统领协调各个层面的数据，提高数据的标准化程度，提升数据治理效率，确保机构内部各层级人员均能得到及时、准确的数据服务和支持。

配套制度包括办法、细则、流程和模板 3 个方面，对组织机构内部数据的质量管理过程和行为进行规范，及时发现并解决数据质量问题，提高数据的规范性、完整性、准确性、一致性、时效性和有效性，进而提高数据资产的价值。

数据治理“工程”的执行并不只是信息化部门的工作，一个部门无法处理全部的数据，需要从上到下构建一个专门的数据治理机构，界定数据的权限，制定相关治理机制和规范，以提高对数据的治理能力。统一数据架构有助于打破各机构之间的“信息孤岛”，构建一个连通共享的数据基础平台。

3.1 组织架构

3.1.1 组织机构

《组织机构类型》（GB/T 20091—2021）将组织机构定义为“法人和非法人组织的统称”。《教育大辞典》将组织机构定义为“组织发展、完善到一定程度，在其内部形成的结构严密、相对独立，并彼此传递或转换能量、物质和信息的系统”。

张涛（2021）认为，数据治理组织的设计和选择取决于公共部门现有的架构、数据治理目的和组织对集中与协作的文化倾向。数据治理的组织框架模式大致可以分为集中式治理、分布式治理、联合式治理 3 种基本类型（图 3-1）。我国政府数据治理的组织模式尚处于探索发展中，其现状既有集中式治理的特征，也有分布式治理的特征，可以称为联合式治理。

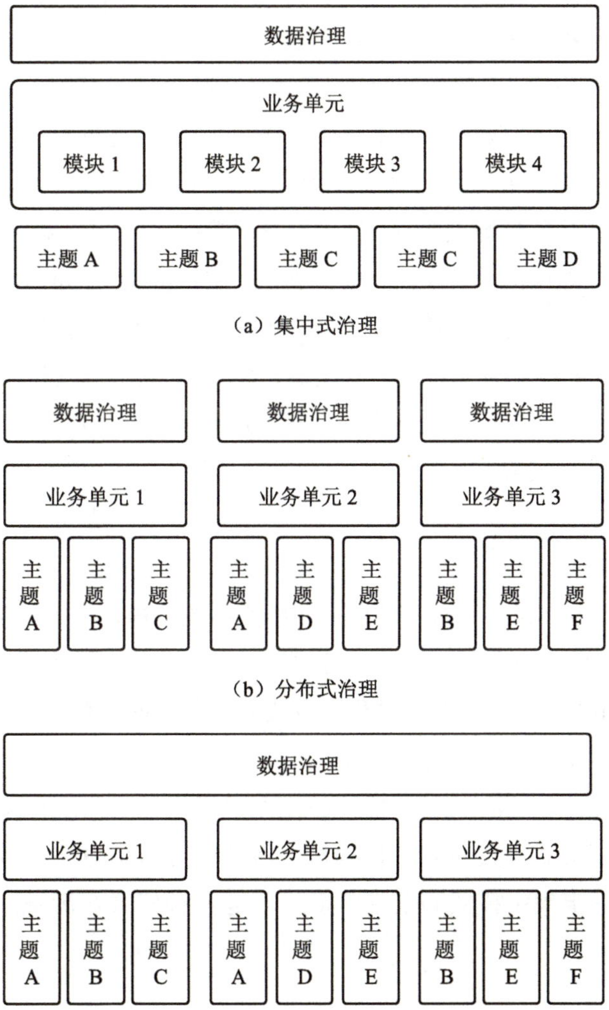

(c) 联合式治理

图 3-1　数据治理的组织框架模式

当前，政府首席数据官（chief data officer，CDO）制度能够很好地契合联合式治理的基本特征，已成为很多国家政府数据治理的重要组织保障。

《广东省首席数据官制度试点工作方案》（粤办函〔2021〕63 号）规定了首席数据官的

职责，包括推进数字政府建设、统筹数据管理和融合创新、实施常态化指导监督和加强人才队伍建设。政府通常还会设置数据治理指导委员会、数据治理委员会、数据治理办公室等部门，以协助首席数据官完成数据治理工作。

污染源数据治理工作需要由高层管理者驱动数据治理涉及的各个机构、业务部门和资源，自上而下地形成完整的组织体系。这种组织体系通常包括以下 3 层：

- 决策层，即数据治理委员会或领导小组，是数据治理的高级利益相关方，通常由首席数据官担任负责人，信息化部门、各业务部门的分管领导担任成员。
- 管理层，即数据治理管理小组/办公室，负责开展数据治理的日常工作，并对整个过程进行管理协调，一般由归口管理部门的领导担任负责人，各相关部门的数据治理负责人担任成员。数据治理的归口管理部门指的是组织机构内部负责构建数据治理体系并组织开展数据治理实施的责任部门。一般情况下，数据治理的归口管理部门是负责污染源数据管理、技术支撑的管控单位。各相关部门内部根据需求也可以自行成立相应的管理小组，负责统一组织和协调内部的数据治理工作。该管理小组一般由部门分管领导担任负责人，数据治理负责人作为成员。
- 执行层，负责数据治理工作的具体内容，听从决策层和管理层的工作安排。该团队可以由部门内部面向业务主题域的业务数据管理人员组成，也可以由外部合作单位的专业技术人员组成。

3.1.2 组织模式

组织模式是指产业在发展形成一体化的组织系统结构内，各组织参与主体之间利用不同的联结方式所构成的一体化组织模式。各主体根据产业从小到大、从简入繁、从低级到高级转化发展时遵循的原则、途径、过程和方式方法，依据自身的背景、经验、思维和行为探索出多元化的发展方向，形成不同的类型、规范与框架。

组织模式能明确定位决策层、管理层和执行层的职责分工。在实施数据治理的过程中，如何选择合适的组织形式至关重要。根据数据治理职责的集中性，组织模式分为分散模式、归口管理模式、半集中模式和全集中模式。这 4 种模式在污染源数据治理中的特征见表 3-1。

表 3-1 数据治理组织模式对比

组织模式	概述	特点	挑战
分散模式	各职能部门自行设置数据团队，负责本业务领域的数据应用需求整理、应用建设及报告与分析等工作	• 数据生产与运营最大限度地满足本业务单元的需求； • 无集中数据管理部门，跨部门信息整合难度高	• 有限的数据信息可视化与深度分析应用； • 没有跨部门数据信息整合、质量与管控机制

组织模式	概述	特点	挑战
归口管理模式	成立数据归口管理部门，各业务单元数据团队仍然归属业务单元，但同时报告给归属管理部门	• 强化满足业务单元的公共需求； • 在业务计划、财务预算、计划监控、绩效考核等领域得到深度应用	• 牵头部门的组织推动能力； • 数据时效性满足有难度
半集中模式	采用统一数据归口管理部门、面向业务单元派驻分团队的模式，构建与业务部门的合作关系，业务单元保留小部分专门的分析专家资源	• 在资源高效利用与业务应用效果间获取平衡； • 能够支持业务单元高效开展灵活分析应用，提供分析挖掘与策略建议	• 涉及组织转型挑战； • 重新调整数据运作流程
全集中模式	建立全集中的数据管理与数据服务部门，各业务单元数据团队全部整合到集中后的专职数据部门中	• 最大限度地共享和使用数据专业人力资源与技术资源； • 依据业务优先级排定数据需求/建设工作	• 整合阶段的需求响应速度下降； • 面向业务单元的数据应用服务优先度管理难题

1. 分散模式

该模式是指由组织的内设机构、直属机构、派出机构自行组建数据治理团队开展本单位业务领域的数据治理工作，不设置数据治理工作的统筹机构，各团队之间相互独立，基本不进行沟通和交流，不存在管理和被管理的关系，各自对本单位的数据质量负责。其特点是数据治理工作满足本单位的业务需求，但是由于缺乏跨业务和系统的协同管理，数据治理呈现碎片化，难以形成整体联动、协同共享、安全可控的数据治理体系。

2. 归口管理模式

该模式是指组织内部明确了数据治理的归口管理部门，其他相关部门各自组建数据治理团队，各数据治理团队听从归口管理部门的安排，团队负责人按要求向归口管理部门报告数据治理的任务进展等工作。其特点是归口管理部门可以统筹整个机构内部的数据治理工作，把握数据治理的大方向和整体进度，各相关部门也可以满足本单位数据治理的实际需求，但是这种模式需要归口管理部门有很强的专业知识和规划统筹、组织协调和决策等能力，各相关部门的数据治理团队也需要具备很强的执行能力。

3. 半集中模式

该模式是指组织内部有明确的数据治理归口管理部门，由归口管理部门安排数据治理团队到各相关部门进行数据治理工作，各相关部门提供业务专家与数据治理团队对接，构建与各相关部门的合作关系。其特点是归口管理部门可以统一调配数据治理的专业资源，严格把控数据治理过程的质量，全面掌握各相关部门数据治理的实际进展和现状，按计划推进数据治理的进度。但在此种模式下，各相关部门的配合度可能不高，数据治理团队难以获取实际的业务需求和专家帮助。

4. 全集中模式

该模式是指组织内部成立了高度集中的数据治理团队，该数据治理团队除了有 IT 部门专职负责数据治理的负责人及成员，还有各部门的业务专家、从事本部门数据治理的相关人员，接下来由该团队对整个组织的数据统一进行治理。其优点是可以将数据治理的专业力量和业务部门的专家力量的优势最大化，根据业务和管理的需求优先治理最紧迫的数据，合理安排各项工作，集中力量解决数据治理的痛点和难点。但在此种模式下，业务部门中除业务专家和数据治理专员外的其他人员对于数据治理工作完全置身事外，不利于数据治理的日常监控。

不论选择哪种组织模式，组织机构内部都必须组建包含决策层、管理层和执行层的数据治理团队，并明确分工，以确保数据治理工作积极、稳妥、系统地推进。

3.1.3 配套制度

为了保障污染源数据治理的长效运转，必须建立相应的支持体系，即必须从流程化控制和合规化控制两个方面进行制度规范和数据控制，明确数据采集、数据访问、数据维护和数据审批的职责分工、权限授予和流程管理等，以确保数据被安全、顺利、规范地使用。

1. 流程化控制

为了实现对数据的流程控制，必须对数据的业务、技术和逻辑进行控制。总体来看，要规范组织机构内部数据质量管理的过程和行为，从办法、细则、流程和模板 3 个层面进行规范，以保证数据质量。

（1）办法

办法主要包括章程、管理办法和考核机制。章程类似于管理条例，是组织机构内部进行数据管理的基本纲领和行动准则，包括数据治理的目标，数据相关方的责任、权力和利益及度量标准。管理办法是用来约束和规定数据管理活动如何落地和操作的规章制度。考核机制是保障制度落实的根本，因而需要定期评估组织机构内部各单位、各部门的数据质量管理水平，提升相关人员的数据质量管理意识，提高各单位、各部门的数据质量。

在国家层面上，2016 年 4 月，国务院印发《政务信息资源共享管理暂行办法》（国发〔2016〕51 号），之后各地纷纷成立了大数据管理局、大数据中心等数据治理专门机构，规范政府数据治理。2018 年，国务院办公厅发布《科学数据管理办法》（国办发〔2018〕17 号），提出要加强和规范科学的数据管理。2022 年 9 月，国务院办公厅发布《全国一体化政务大数据体系建设指南》（国办函〔2022〕102 号），要求加强数据汇聚融合、共享开放和开发利用，促进数据依法有序流动，积极开展政务大数据体系相关体制机制和应用服务创新，增强数字政府效能，营造良好的数字生态。

（2）细则

细则一般是指相关机关或部门为使下级机关或人员更好地贯彻执行某一办法，对其所作的详细、具体的解释和补充。细则与办法配套使用，其目的是堵住原办法条文中的漏洞，使原条文发挥出具体而微的工作效应。例如，《科学数据管理办法》颁布后，四川、山东、上海等地根据各自的具体情况进行了深入调研，并广泛征求意见，在全国范围内率先制定了《四川省科学数据管理实施细则》《山东省科学数据管理实施细则》《上海市科学数据管理实施细则（试行）》等实施细则，明确了数据管理的组织机构，加强和规范了科学数据管理，保障了科学数据的安全，提高了科学数据的开放、共享水平。

（3）流程和模板

流程包括流程目标、流程任务和流程分级，可以根据组织机构的数据治理工具、数据治理制度、数据治理单位等内容建立相应的流程。例如，数据质量管理流程和模板界定了数据质量各个方面的工作方法和步骤，规范了各项工作的开展，明确了各个部门在数据质量管理中的权责。配套的流程和模板主要包括数据质量规则制定流程和模板、数据质量问题处理流程和报告模板、数据质量问题分析和通报模板、数据质量监控流程和模板。

2. 合规化控制

国家不断加强对网络安全、数据安全、个人信息的保护，先后颁布了《中华人民共和国网络安全法》《中华人民共和国数据安全法》《中华人民共和国个人信息保护法》《关键信息基础设施安全保护条例》《网络安全审查办法》《数据出境安全评估办法》等法律法规，使数据监管的法律、法规逐渐完善。这充分说明在数字经济蓬勃发展的今天，数据的使用既要符合国内的需求，又要符合国家、地方的法律法规和行业规范的要求。对数据进行合法管制，有助于组织机构防范法律风险，保障机构的信息安全。

3.2 数据战略

3.2.1 数据战略规划

1. 数据战略的定义及作用

《数据管理能力成熟度评估模型》将数据战略定义为“组织开展数据工作的愿景、目的、目标和原则”。1962 年，钱德勒提出战略是“一个企业的基本长期目标，以及为了达到目标而进行的行动路线的调整和必要的资源分配”。安德鲁斯认为，战略是“目标或目的，以及实现这些目标的（而制定的）企业的重大政策和计划，并定义公司是在什么行业（竞争），或准备在什么行业（竞争），（在未来）公司将成为什么样的公司”。波特（1996）认为，战略最基本的内容是“选择与竞争对手不同的活动”，或是“获取竞争优势”，或是“创建一个独特的有价值的市场定位”，因此需要有洞察力和创造力。俞秀宝（2017）认为，任何一个完整的战略都包含 3 个最基本的内涵要素，即“长远目标”（也称战略目标）、“重大问题”（也称发展问题或战略问题）和“总体方略”（也称战略途径）。

2020 年 10 月 8 日，美国国防部发布了《国防部数据战略 2020》，提出数据绝不仅是 IT 资产，不能仅局限在 IT 信息系统领域范畴，应围绕文化、策略、流程、技术、工具、人才等全方位要素进行整体规划，关注点从“面向数据技术”转变为“面向数据本身”，其最终目标在于充分发挥数据作用，以提升军事作战能力。

2022 年 5 月，中共中央办公厅、国务院办公厅印发了《关于推进实施国家文化数字化战略的意见》，明确了“十四五”时期文化数字化的建设目标与 8 项重点任务，以及制定文化数据安全标准、研究制定扶持文化数字化建设的产业政策等具体任务的实施方向。

结合其他学者对于“战略”或“数据战略”的理解，本书认为“战略”至少包含对愿景、基本原则、目标、计划的描述和规定，而“数据战略”则是对组织机构数据资产的统筹规划，其根本目的是组织机构的数字化发展。

2. 愿景

建设污染源大数据，构建污染源数据治理体系，提升污染源数据质量，支撑减污降碳协同减排、环境与经济协调发展科学决策，助力打赢污染防治攻坚战、蓝天保卫战，推进生态环境治理体系和治理能力现代化。

3. 基本原则

一是数据战略与业务战略保持一致。业务战略影响数据战略的方向和设计，数据战略目标应与业务战略目标及组织机构内更高级的治理目标相一致，以信息技术辅助提升组织机构的业务数据价值。因此，了解组织机构的业务战略需求是制定合理的数据战略的前提。这就需要对组织机构内的业务进行深入的调查和分析，明确组织机构内所有业务的业务逻辑、内在关联及未来发展规划，根据核心业务环节明确数据治理的重点。

二是各级高度重视。数据战略并非仅由数据治理的领导者一人负责，组织内部的各个部门都应该重视数据战略，关注数据治理的进度和结果，定期向上级领导汇报，并及时调整数据治理的重点和方向。

三是业务高效协作。组织中的数据是由业务部门采集和分析的，低质量的数据直接影响到业务开展和业务人员的决策。因此，数据治理不仅是 IT 人员的技术实现，同样也需要业务人员的积极配合。由 IT 人员和业务人员共同组成数据治理项目组，业务人员根据自身对业务部门需求和业务的熟悉程度辅助 IT 人员从技术角度治理业务数据。

4. 战略目标

（1）战略目标制定原则

数据战略目标的制定需要与内外部环境相匹配，以便于日后随着环境的变化进行调整。在数据战略目标制定的过程中，需要遵循以下原则：

一是战略目标来源于并服务于业务应用。数据治理的需求始于数据所承载的业务价值，而非技术或 IT 因素。因此，制定战略目标要以业务应用为目标，结合业务需求来制定数据战略。例如，执法部门的数据战略是紧紧围绕污染源监管开展的，通过数据治理实现“提高执法信息化水平、加强非现场执法方式运用”的目标；而审批部门的数据战略更注重审批流程的优化、审批效率的提升等。

二是数据战略的制定要立足于组织现状。过高的战略目标难以企及，过低的战略目标轻易达到，只有结合组织的数据治理现状和特点制定出合适的总体目标和阶段目标，并将其拆解为可评估、可衡量、可操作的目标，才能按照目标有序地推进数据治理工作。

三是数据战略目标需要全员贯彻。现阶段，组织内部数据治理工作仍由少部分技术人员重视和推进，大部分人员仍是事不关己的态度。但数据战略是业务战略的支撑，数据战略成功实施的背后需要利益相关方的共同努力，而不是仅依靠部分技术人员的参与。组织内部需要宣传贯彻数据战略，让全体成员建立数据质量意识，规范数据操作，实现数据价值。

（2）战略目标的制定

数据治理是一个持续且动态的数据全生命周期监控过程，加强数据治理是提升政府信息化治理能力和智能化管理水平、提高环境监管效率和环境执法效能的重要途径。污染源数据治理的战略目标主要包括以下四点。

一是完善体系建设。通过统一规划设计污染源数据治理的组织、系统、框架、流程和策略，使污染源数据控制系统能够高效运行和优化，从而建立起一套行之有效的污染源数据治理体系。

二是提升数据质量。建立一套实用的数据质量监控系统，对日常发现的数据问题进行快速清洗、治理、入库和反馈，从而提高污染源数据的质量，充分发挥数据资源价值，辅助政务决策、业务分析和监管预警。

三是加强数据共享。通过制定数据标准化体系和数据共享体系，打破“数据孤岛”，促进组织机构内部的技术融合、业务融合和数据融合，满足各部门及系统对数据实时性和准确性的要求，提高工作效率。例如，一些国家级、省级平台的数据难以全部回流至市级平台，区级平台填报的数据无法直接同步至省级和国家平台，数据上行和下行的路径堵塞。通过数据共享可以实现数据互联，促进监管信息的高效整合，支撑相关业务的有序开展，打通污染源监管的制度链和业务链，激发管理效能。

四是数据赋能业务。数据治理的最终目标是通过数据赋能业务，从数据治理阶段各业务部门实际面临的数据应用需求出发，满足管理层和业务部门的数据需求，实现跨层级、跨区域、跨部门、跨业务的协同管理和服务，使已治理完成的污染源数据在业务中发挥价值，解决具体的数据痛点和难点。例如，真实、全面、准确地采集各类污染源数据，掌握污染源状况，建立污染源“一源一档”数据库，加强污染源信息评估分析，对不同维度的数据进行筛选、关联分析、趋势研判，将决策范围从末端监管治理转向源头预防和全过程控制，实现污染源全生命周期的智能化管理。

5. 辅助模型工具

常见的战略规划辅助工具有通用型战略地图、BSC 战略地图、差距分析、SWOT 分析、PEST 分析、波特五力分析、发展驱动力分析、波士顿 BCG 矩阵分析、麦肯锡三层面法、价值链分析、5W1H 分析等。本书引用 DAMA 数据管理知识体系中应用于企业的战略一致性模型和阿姆斯特丹信息模型，助力污染源数据决策机构制定数据战略。

（1）战略一致性模型

战略一致性模型（strategic alignment mode，SAM），也称战略对应模型、战略策应模型，抽象了各种数据管理方法的基本驱动因素（图 3-2）。该模型的中心是数据和信息之间的关系。其中，信息通常与业务战略和数据的操作使用相关，数据则与信息技术和流程相关，这些技术和过程支持可访问数据的物理系统。围绕这一概念展开的是战略选择的 4 个基本领域：业务战略、IT 战略、组织流程架构和 IT 基础设施。范玉顺（2007）认为，业务战略是指一个企业对产品和市场在竞争领域的定位选择问题，包括企业的经营范围、经营能力和管理机制 3 个方面。IT 战略是指企业在 IT 市场中的定位选择，包括企业对 IT 技术的范围、系统能力和管理机制方面的选择。组织流程架构是指企业的内部资源，它对企业所选择的市场竞争战略提供有效的支持，体现资源整合战略观，包括管理基础设施、业务流程、管理技能 3 个方面。IT 基础设施包括信息系统构架，是根据业务运作和 IT 战略来确定企业目前和未来的信息系统的应用需求，包括软硬件设施、通信系统的架构和技术基础设施的数据构架 3 个方面。

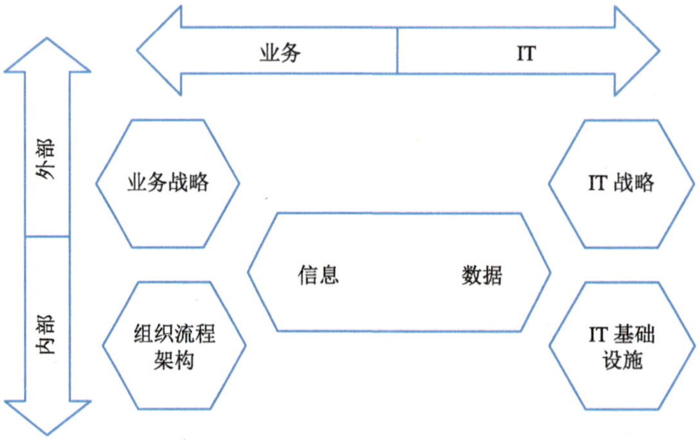

图 3-2 战略一致性模型

（2）阿姆斯特丹信息模型

阿姆斯特丹信息模型与战略一致性模型一样，是从战略角度看待业务和 IT 的一致性的，共有 9 个单元，包括业务战略和治理、信息战略和规划、IT 战略和规划、组织和流程、信息架构和规划、IT 架构和规划、业务执行、信息管理和使用、IT 服务和开发（图 3-3）。

阿姆斯特丹信息模型框架和战略一致性模型框架均从横轴和纵轴两个角度详细描述组件之间的关系，横轴为业务和 IT，纵轴为战略和运营。

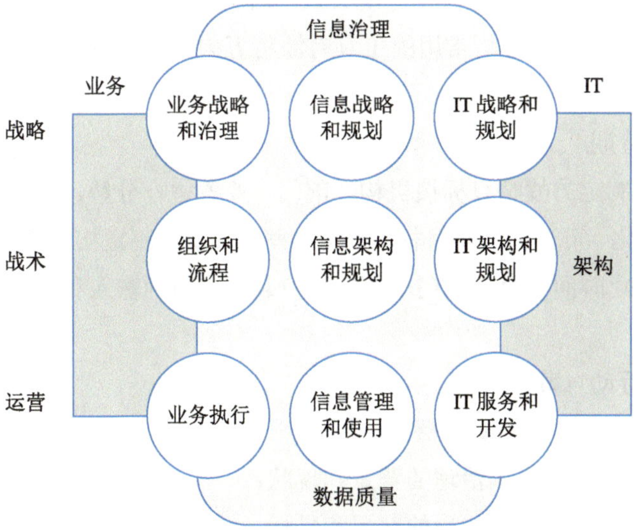

图 3-3 阿姆斯特丹信息模型

3.2.2 数据战略实施

《数据管理能力成熟度评估模型》指出，数据战略实施是组织完成数据战略规划并逐渐实现数据职能框架的过程，包括评估准则、现状评估、评估差距、实施路径、保障计划、任务实施、过程监控等过程描述。结合《数据管理能力成熟度评估模型》的战略实施指导及实践经验，本书将污染源战略实施分为制定评估准则、分析战略环境、战略目标分期、编制战略行动方案、落实保障措施 5 个步骤。

1. 制定评估准则

数据战略实施阶段的重点是落实执行好数据战略规划，以达到既定的数据治理目标。一方面，需要摸清当前数据治理工作的现状与数据战略规划目标愿景之间的具体差距，以便于找到当前的工作重点；另一方面，为了找到实际工作与目标之间的差距，需要建立数据战略规划实施评估标准，用于规范评估过程和方法。

2. 分析战略环境

制定数据战略时要综合考虑内外部环境的各个相关因素，使数据战略成为污染源数据治理不可分割的重要组成部分。影响数据战略的内部环境包含但不限于各业务的战略规划，各业务部门的系统现状、数据现状和管理现状，数据治理的成熟度，现行的数据治理对业务的支撑程度，高层领导和业务部门对数据战略的支持情况，各业务部门的业务需求、数据需求，各部门数据管理的痛点及难点等。影响数据战略的外部环境有社会、经济、法律、政治、文化、技术等方面的因素，以及以上各个因素可能发生的变化。例如，国家政策、监管要求、科技发展等。另外，组织需要具备随着内外部环境变化及时调整数据战略的能力，内部环境分析的工具常有波士顿 BCG 矩阵、通用矩阵、SWOT 分析、价值链分析、竞争分析等，外部环境分析常用的工具有波特五力分析、PEST 分析、EFE 矩阵、IFE 矩阵、CMP 矩阵等。

3. 战略目标分期

组织内部将已制定的战略目标按机构、部门、业务进行分解，将一个大目标分解成若干个可执行、可量化、可评估的小目标。根据这些小目标，制定实施节点和详细行动计划，确定每个阶段的起止时间、负责部门/岗位/角色/人员，明确输入和输出成果等，渐进地逼近终极目标。

4. 编制战略行动方案

数据战略实施行动方案主要包括以下要素：

- 数据战略基础，即数据治理的背景和现状；
- 数据战略目标，即数据治理的愿景和目标（总体目标、阶段目标）；
- 数据治理的任务分工，即规定各阶段的工作计划、工作时间、工作内容、责任单位、协助单位等；
- 配套机制和保障措施。

5. 落实保障措施

为实现数据战略而建立的保障措施主要包括管控体系和技术工具体系。

管控体系：为了实现数据战略目标，组织需要开展各项数据管理活动，而管控体系就是为这些活动所提供的各种保障。它主要包括 5 个部分：①数据治理组织，根据组织架构主要包括决策层、管理层和执行层，其职责是推动数据战略的实施；②数据标准规范体系，主要是规范数据资源的归集、整合、服务、应用等内容，对数据的业务要求、技术要求和管理要求等内容进行规范化定义，统一数据指标口径，消除数据二义性，解决部门间数据标准矛盾或者相互混淆的问题，打破部门间的数据壁垒，强化数据共享能力；③数据管理流程，即定义数据全生命周期，包括数据生产、采集、传输、汇交、提取、存储、处理、开放、共享、分析、应用、安全等环节的管理流程，通过该流程可以提升数据治理的工作效率，保证各业务系统的数据与管理规范和标准保持一致；④数据管理制度，即定义数据治理归口管理部门，明确数据管理的职责分工，数据的生产、汇交、更新、使用、安全与共享，外部数据管理及监督检查措施等；⑤绩效考核制度，建立一套奖惩有序的绩效考核制度，可以通过合理有效的激励问责机制规范数据管理流程，落实数据治理组织的职责，达到考核目标，实现数据战略。

技术工具体系：数据战略目标不同，对应的数据治理技术和工具也会有所不同。通常来说，数据治理技术和工具包括元数据管理、数据标准管理、主数据管理、数据质量管理等，详见本书第二部分和第三部分对应章节。

3.2.3　效能评估

1．战略评估优化

战略评估是以战略实施过程及其结果为对象，通过对影响并反映战略管理质量的各要素进行总结和分析，判断战略能否实现预期目标的管理活动。数据战略评估与优化主要包括 3 项基本内容：①事前评估，即对战略制定后的内外部环境的变化进行分析；②事中评估，即由管理层定义和批准数据战略业务案例与投资模型，以确定如何将数据治理工作落实到位，在整个数据战略实施过程中跟踪进度并做好记录，以供审计和评估使用；③事后评估，即对战略目标的完成情况进行分析、评价，及时发现问题和不足，采取有效的纠正措施，从而不断完善和优化数据战略。

2．绩效考核评估

数据治理的绩效考核不仅要考核结果，更要规范数据治理的过程，使业务人员和 IT 人员执行数据标准、提升数据治理操作规范，以有效提升数据质量，辅助业务部门精准决策，有效提升污染源管理水平。通过对数据治理过程的管控，将数据治理按照目标、部门、任务等多个维度来进行分解，形成可量化的考核指标，不断督促数据治理工作人员实施，加强对数据治理相关工作人员的培训，以达到数据治理的目标。

污染源数据治理普遍存在一个现象：当业务正常开展且没有出现数据问题时，数据治理的功劳就经常被忽略；当数据问题出现时，如数据准确率低、更新不及时等，就往往会被指责。为了解决这个问题，向业务部门和管理部门证明数据治理的努力和成效，需要对数据治理的目标进行分解，定义出可量化、可落地的数据治理指标体系。

污染源数据治理中常见的数据治理考核指标如下：

- 关于组织人员，其考核指标有数据治理例行会议的召开次数、参加人数、高层领导参会比例，数据治理工作报告的提交次数、查阅人数、领导批注等，数据治理流程在业务部门和 IT 部门的执行率，数据治理培训会议的召开次数、参加人数、高层领导参会比例，数据治理参与人员对数据治理理论知识、数据治理技术工具的掌握程度。
- 关于数据质量，其考核指标有数据的规范性，如数据符合相关标准的百分比；数据的完整性，如数据元素被赋予数值的百分比；数据的准确性，如数据集中“脏”数据的百分比；数据的一致性，如某项数据在业务系统和源系统中的数值是否相同，具有相同名称的数据实体在不同系统间的业务含义、数据结构、质量规则是否一致；数据的时效性，如数据从发送到获取的时间；数据的有效性，如数据的值或内容是否与业务规定相符合；一定时间内发生数据质量问题的比例；数据质量问题的影响范围，如部门内部、其他业务部门、其他机构等；数据质量问题的严重程度，是否影响到污染源所涉企业的营商环境，是否导致监管部门决策出现重大失误等；数据质量问题处理的及时性。

- 关于数据标准，其考核指标有接受数据标准的部门的数量占比，使用数据标准的业务流程的数量占比，使用数据标准评估数据质量并输出报告的数量占比，使用数据标准的工作人员的数量占比。
- 关于治理流程，其考核指标有数据治理流程在各部门的执行率，数据的安全合规使用天数，定期统计数据问题的数量，上报给数据管理层的问题数量，数据问题从发现到解决的时间，批准和实施的数据治理政策和流程的数量，发布的数据标准数量及数据标准被部门和工作人员使用的数量。
- 关于治理技术，其考核指标有数据问题修复的时间/成本，使用主数据的业务系统数量，主数据接口每日被调取的数量、失败的数量，从源到使用的可追溯的数据属性数量，源数据库和目的数据库验证的数据之间的差异数，映射到数据模型和对象的业务术语数量，血缘分析完成百分比，提高数据报告效率和准确性。
- 关于业务价值度量，其考核指标有让业务人员有数据用、数据能用、数据敢用、数据好用，数据可视化且让管理人员“看得见、看得清、看得远”，查询数据的时间加快，问题数据的占比降低，提升业务办理速度且可以使 1～2 人重新分配到其他高价值活动，业务部门和管理部门应用系统数据开展污染源监管非现场执法的次数和成功率占比提升。

3.3 数据架构

数据架构是组织机构策略和技术执行的桥梁，对上承接数据战略目标，对下连通数据战略实施计划。污染源数据体量较大，如果将其比作一棵树，基础数据就是树干，具有共享性、关联性和稳定性，是生态环境主管部门开展业务的基础，本书也称主数据，如污染源名称、污染源地址、污染源生产经营场所等；业务数据是树叶，指在各项业务活动过程中产生的数据，其变化频率较大，如污染源监测数据、污染源监管数据等，每时每刻都会有大量的新数据产生；指标数据是果实，用于统计分析，为管理部门做决策提供参考，如环境统计数据、污染物普查数据等。为了管理好庞大的数据体量，需要做好数据架构。

业界各方对数据架构都提出了各自的理解。《DAMA 数据管理知识体系指南（原书第 2 版）》将数据架构的组成分为数据模型和数据流设计两部分。《数据治理：工业企业数字化转型之道》认为，数据架构包括数据分布、数据主题域、数据关联关系和数据模型 4 个部分。《华为数据之道》认为，数据架构包括数据资产目录、数据标准、数据模型和数据分布 4 个部分。《数据管理能力成熟度评估模型》将数据架构分为数据模型、数据分布、数据共享、数据标准 4 个部分。以上所描述的数据架构的构成虽有不同，但可总结概括为数据模型、数据分布、数据共享和数据标准 4 个部分。本书将从这 4 个方面对污染源数据治理的数据架构进行介绍。

3.3.1 数据模型

根据《DAMA 数据管理知识体系指南（原书第 2 版）》中的概念，数据模型包含一组带有文本标签的符号，这些符号试图以可视化的方式展现数据需求，并将其传递给数据建模人员，以获得一组特别的数据。简单来说，数据模型是数据特征的描述，类似于售楼部里房屋模型对房屋特征的描述。

1. 数据模型的要素

通常来讲，数据模型主要包含 3 个要素：数据结构、数据操作和数据完整性约束。

（1）数据结构

数据结构是研究对象类型的集合，用来描述系统的静态特性。其所研究对象是数据库的组成部分。数据库对象类型的集合分为两类：一是与数据类型、内容、性质有关的对象，如关系模型中的域、属性、关系等；二是与数据之间联系有关的对象，如关系模型中的码、外码等。表示数据之间的联系分为隐式联系和显式联系。隐式联系是指通过数据本身关联或相对位置顺序表明联系，显式联系是指通过附加指针表明联系或直接表示。

数据结构是刻画一个数据模型性质最重要的方面。因此，数据库系统通常按照其数据结构的类型来命名数据模型，如层次结构、网状结构、关系结构的数据模型分别被命名为层次模型、网状模型和关系模型。

（2）数据操作

数据操作是指对数据库中各种对象（型）的实例（值）允许执行的操作的集合，包括操作及有关的操作规则，用来描述系统的动态特征。数据库主要有检索和修改（包括插入、删除、更新）这两大数据操作。数据模型必须定义这些操作的确切含义、操作符号、操作规则（如优先级）及实现操作的语言。

（3）数据完整性约束

数据完整性约束是一组完整性规则的集合。完整性规则是给定的数据模型中数据及其联系所具有的制约和存储规则，用于限制符合数据模型的数据库状态及其变化，防止不符合规范的数据进入数据库，以确保数据的正确、有效和相容。例如，限制一个表中污染源的名称不能为空。数据模型应该反映和规定本数据模型必须遵守的基本、通用的完整性约束。例如，在关系模型中，任何关系必须满足实体完整性和参照完整性这两类约束。

此外，数据模型还应该定义约束机制，以反映具体应用所涉及的数据必须遵守的特定的语义约束。例如，污染源基础信息中，若“生产经营场所地址”位于深圳市，则“经度”

属性的取值范围必须为东经 113°43′～114°38′，“纬度”属性的取值范围必须为北纬 22°24′～22°52′；污染源管理信息中，“排污许可管理类别”属性的值只能是重点管理、简化管理或登记管理。

2. 数据模型的类型

从模型覆盖的内容粒度来看，数据模型一般分为主题域模型、概念模型、逻辑模型和物理模型。主题域模型是最高层级的以主题概念及其之间的关系为基本构成单元的模型，主题是对数据表达事物本质概念的高度抽象；概念模型是以数据实体及其之间的关系为基本构成单元的模型，实体名称一般采用标准的业务术语命名；逻辑模型是在概念模型基础上的细化，以数据属性为基本构成单元；物理模型是逻辑模型在计算机信息系统中依托特定实现工具的数据结构。

从模型的应用范畴来看，数据模型分为组织级数据模型和系统应用级数据模型。组织级数据模型包括主题域模型、概念模型和逻辑模型 3 类，系统应用级数据模型包括逻辑模型和物理数据模型 2 类。

概念模型也称业务模型，数据模型是用来定义重要的业务概念及其关系的，其目的是建立业务概念层面的实体、属性及其关系。概念模型侧重业务逻辑，会重点描述体现业务概念的对象实体和关系，以确保概念详细，便于理解和分析。其包含 3 个基本元素：①实体，即现实世界中的事物；②属性，即实体的特征或属性；③关系，即两个实体之间的依赖或关联关系。例如，业务部门和污染源是两个实体；部门名称、部门人员和部门职责是业务部门实体的属性，污染源名称、污染源地址和污染源类别是污染源实体的属性；监管是业务部门和污染源之间的关系（图 3-4）。

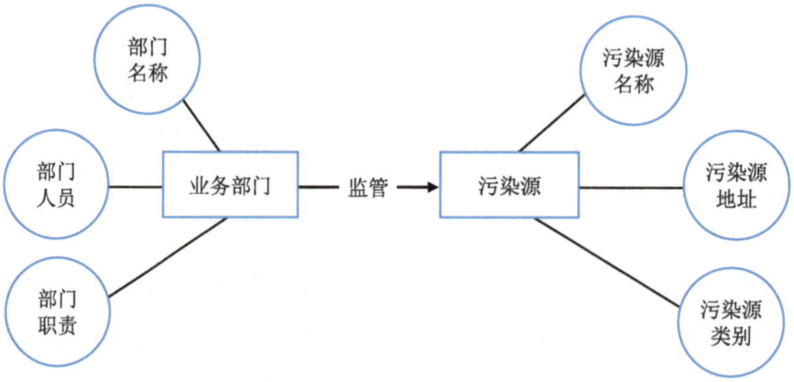

图 3-4　简单的概念模型

逻辑模型根据业务规则确定，是关于业务对象、业务对象数据项及业务对象之间关系的基本蓝图（图 3-5）。逻辑模型的内容包括所有的实体和关系。确定每个实体的属性，定义每个实体的主键，指定实体的外键，需要进行范式化处理。逻辑模型的目标是尽可能详细地描述数据，但不考虑数据在物理上如何实现。逻辑数据建模不仅会影响数据库设计的方向，还会间接影响最终数据库的性能和管理，倘若在实现逻辑模型时投入得足够多，在物理数据模型设计时就有诸多方法可供选择。

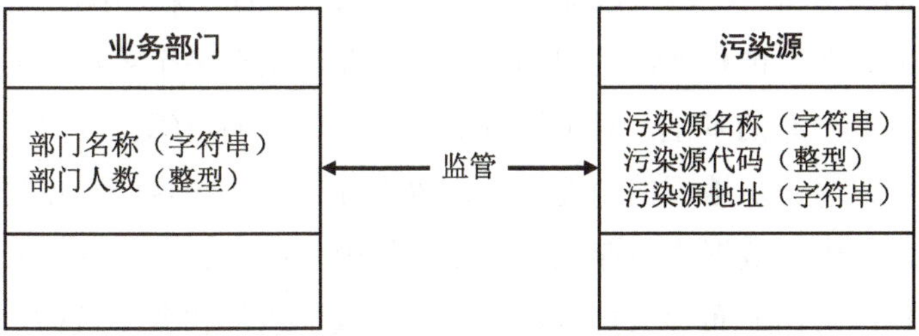

图 3-5　简单的逻辑模型

物理数据模型是在逻辑模型的基础上，考虑各种具体的技术实现因素生成的可视化的数据库结构。物理数据模型的目标是指定如何用数据库模式来实现逻辑模型，以及真正地保存数据。常用的设计范式是，在数据模型层面处理表之间主外键关系，主要将逻辑模型的各个业务对象之间的关系通过 E-R 模型（实体-关系模型）展示（图 3-6）。

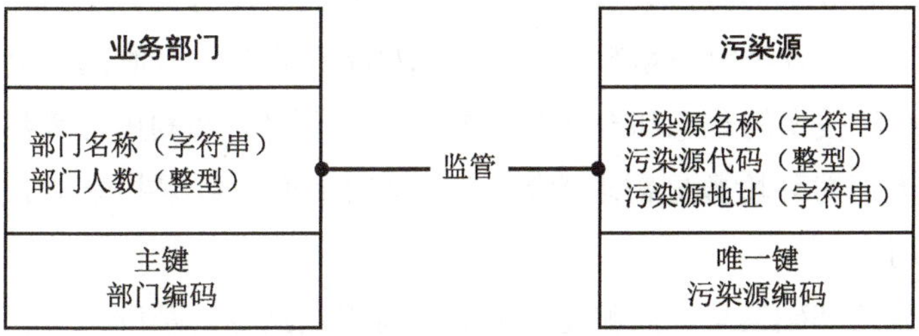

图 3-6　简单的物理模型

3.3.2　数据分布

数据分布指针对组织级数据模型中数据的定义，明确数据在系统、组织和流程等方面的分布关系，定义数据类型，明确权威数据源，为数据相关工作提供参考和规范。通过对数据分布关系的梳理，定义数据相关工作的优先级，指定数据的责任人，并进一步优化数据的集成关系。

数据分布包括数据目录、数据资源全景图和数据地图分布应用。数据目录作为数据共享交换的基础数据，其基本组成单元是目录项，用来描述数据内容及其他信息，包括数据集名称、含义、类型、格式、使用范围、来源、用途等，对促进组织内部数据的共享与交换、对外上报和公示相关信息都非常重要；数据资源全景图能全方位地反映组织的数据资产，既包括分布、流向和交互关系，又包括数据治理、数据服务和数据后期应用的完整视图；数据地图分布应用将数据资产划分为不同的数据域，每个数据域下都有其对应业务的核心数据主题，明确各个主题间的交互关系，将数据实体进行分类，形成数据地图。

数据分布设计指的是对数据关联、数据流转、数据结构的设计，一方面用于分析数据在业务各环节的创建、引用、修改或删除的关系；另一方面分析数据在单一应用系统中的数据结构与应用系统各功能模块间的引用关系，以及数据在多个系统间的引用关系。数据业务分布是数据系统分布的基础，对于拥有众多分支机构的组织，数据存放模式也是数据分布中的一项重要内容。从地域的角度来看，数据分布设计包含两种模式：数据集中存放和数据分布存放。其中，数据集中存放指将数据集中存放于总部数据中心，不在其分支机构放置和维护数据；数据分布存放指将数据分布存放于总部和分支机构，分支机构需要维护管理本机构的数据。这两种数据分布模式各具优劣，应根据自身需求综合考量，选取适合自身应用的存放策略。

3.3.3　数据共享

《环境信息　数据共享交换规范》（DB32/T 4373—2022）将数据共享定义为“市级或省级节点产生的数据被其他节点所访问和使用的过程”。王孟欣等（2022）认为，政务大数据共享一般是指信息数据资源在政府各部门之间相互提供的行为。刘新萍等（2018）则将环境数据共享定义为“各类对环境数据有需求的机构在平等、互利的前提条件下，通过合作与协调，利用科学技术的理念和合理有效的方法，来建设和利用环境数据（信息）共享平台，用以满足人们对环境数据需求的活动”。总的来说，数据共享指的是数据在不同部门间的流通和使用。

污染源数据包括基础信息、监测监控数据、监管数据等。基础信息包括名称、统一社会信用代码、生产经营地址、行业类别、生产规模等，是生态环境主管部门实施监管和制定规划的重要依据。监测监控数据包括大气污染物、水污染物等自动监控数据及手工监测数据，是生态环境主管部门判断污染源是否违法排污的事实基础。在清洁生产及节能减排的政策落实上，监测监控数据能提供有效指导。监管数据是对污染源进行环境管理的过程中办理业务的结果数据，如固体废物转移量、危险废物处理量、主要原料及辅料消耗量、主要产品生产量等，是判断污染源是否超量生产、是否变更生产工艺的辅助信息。

当前，数据共享主要通过数据共享平台实现。吴昊（2020）认为，建立大数据时代中国政府信息共享机制的着力点有理念先行打基础、结构支撑作保障、畅通路径保实施 3 个方面。理念先行打基础，即信息共享的自我发展理念和自我约束理念；结构支撑作保障，即信息共享机制的顶层设计、数据基础、平台建设和结构蓝图；畅通路径保实施，即信息共享机制的激励路径、制约路径和保障路径。

对于尚未建立数据共享平台的管理机构，可以通过顶层设计、需求分析、现状分析、模块设计、平台搭建、功能测试等步骤实现数据共享。但对于已有数据基础的管理机构，数据共享更多的是为解决“数据孤岛”问题。通过数据共享平台建立各业务系统间的数据交换（采集、分发），实现数据在各系统间的顺畅流动。

3.3.4　数据标准

中国信通院在《数据标准管理实践白皮书》中对数据标准给出了如下定义：“数据标准是指保障数据的内外部使用与交换的一致性和准确性的规范性约束。”简单来说，数据标准要求各部门使用统一化、标准化的语言描述数据，以此来满足一致性的要求。例如，“平均浓度”可以指日平均浓度、月平均浓度和年平均浓度，也可以指算术平均数、加权平均数、几何平均数和调和平均数，不同含义的平均浓度具有不同的意义，不具有可比性。数据标准就是为了统一衡量指标而形成的规范化描述语言。

数据标准并非孤立一体，而应该从业务视角、技术视角和管理视角统筹规划。业务视角包括业务定义、业务描述和业务规则等；技术视角包括数据项的类型、长度、引用基础、备注等；管理视角包括管理者、新增人员、修改人员、使用人员、数据源系统、使用系统等。对于业务人员，数据标准建设可提升业务的规范性，确保工作人员对数据业务含义的理解一致，支撑业务数据分析、挖掘及信息共享。对于技术人员，有数据标准作为支撑，可以提升系统实施的工作效率，保障系统建设符合规范，同时降低出错率，提升数据质量。对于管理人员，数据标准建设能够提供更加完整、准确的数据，可以更加有效地支撑污染源监管决策和精细化管理工作。

不同业务可能采用不同的数据标准，标准之间的不协调、不一致就可能导致数据交换壁垒，降低数据的使用价值。就污染源数据而言，建立统一的数据标准尤为重要，不仅能减少数据转换、促进系统集成，还能提高数据质量和使用效率。同时，数据标准可作为新建系统参考依据，为系统建设整体规划打好基础，减少系统建设的工作量，保障新建系统完全符合标准。

参考文献

[1] CUE R，DOORNINK M，GEORGE R，et al. Data governance in the dairy industry[J]. Animals，Multidisciplinary Digital Publishing Institute，2021，11（10）：2981.

[2] DEMARQUET G. Five key reasons enterprise data governance matters to finance and seven best practices to get you there[J]. Journal of Corporate Accounting & Finance，2016，27（2）：47-51.

[3] FRANKE J，GAILHOFER P. Data Governance and Regulation for Sustainable Smart Cities[J]. Frontiers in Sustainable Cities，2021，3：763-788.

[4] GE L，BREWSTER C A. Informational institutions in the agrifood sector：meta-information and meta-governance of environmental sustainability[J]. Current Opinion in Environmental Sustainability，2016，18：73-81.

[5] KHURANA N. Issue Analysis：A Use-Driven Approach to Data Governance Can Promote the Quality of Routine Health Data in India[J]. Global Health：Science and Practice，2021，9（2）：238-245.

[6] LEIBER T. Performance data governance and management of learning and teaching in higher education：the SQELT project[J]. Quality in Higher Education，Routledge，2022，28（1）：6-10.

[7] OGIER A，HALL M，BAILEY A，et al. Data Management Inside the Library：Assessing Electronic Resources Data Using the Data Asset Framework Methodology[J]. Journal of Electronic Resources Librarianship，Routledge，2014，26（2）：101-113.

[8] PUTRO B L，SURENDRO K，HERBERT. Leadership and culture of data governance for the achievement of higher education goals（Case study：Indonesia University of Education）[J]. AIP Conference Proceedings，American Institute of Physics，2016，1708（1）：050002.

[9] 江苏省生态环境厅．环境信息 数据共享交换规范：DB32/T 4373—2022[S]．北京：中国标准出版社，2022：1.

[10] 陈煜波，马晔风．数字化转型：数字人才与中国数字经济发展[M]．北京：中国社会科学出版社，2020.

[11] DAMA 国际．DAMA 数据管理知识体系指南（原书第 2 版）[M]. DAMA 中国分会翻译组，译．北京：机械工业出版社，2020.

[12] 曾毅．大数据环境下信息资源共享平台建设研究[J]．信息与电脑（理论版），2016（15）：106-107.

[13] 程旺．企业数据治理与 SAP MDG 实现[M]．北京：机械工业出版社，2020.

[14] 范玉顺．企业信息化战略规划方法与实践[M]．北京：电子工业出版社，2007.

[15] 顾明远．教育大辞典[M]．上海：上海教育出版社，1998.

[16] 高倩倩．浅谈政务数据治理[N]．人民邮电报，2020-10-22（06）.

[17] 劳拉·塞巴斯蒂安-科尔曼．穿越数据的迷宫：数据管理执行指南[M]．汪广盛，译．北京：机械工业出版社，2020.

[18] 刘新萍，周嘉颖．环境数据共享的研究评述：平台建设与制度框架[J]．合肥工业大学学报（社会科学版），2018，32（5）：17-22.

[19] 马欢欢，程亮，陈瑾．污染源环境监管体系建设现状及对策研究[J]．中国环境管理，2022（1）：61-67.

[20] OECD. The path to becoming a data-driven public sector[M]. Paris：OECD Publishing，2019.

[21] 裴莹蕾，王娅．构建区域医疗大数据治理体系的实践探索[J]．卫生经济研究，2022，39（4）：71-74，78.

[22] 孙金龙．促进人与自然和谐共生[N]．人民日报，2023-01-10（09）.

[23] 田毅鹏，徐红曼．“发展模式”研究的理论依托及其再定位[J]．社会科学研究，2013（2）：86-91.

[24] 王孟欣，王俊霞．中国政务大数据共享及服务体系研究[M]．北京：中国社会科学出版社，2022.

[25] 王耀，李振伟，程佳，等．2020 年《美国国防部数据战略》浅析[J]．军民两用技术与产品，2022，461（3）：9-14.

[26] 汪洋，王柯，张桃宁，等．工业数字化转型中的数据治理研究[J]．信息技术与网络安全，2022，41（4）：25-31.

[27] 王世汶，徐欣馨，陈青，等．构建生态环境大数据体系，助力精准治污与科学治污[J]．中国发展观

察，2022，281（5）：91-95.

[28] 吴昊．大数据时代中国政府信息共享机制研究[M]．北京：中国社会科学出版社，2020.

[29] 许晓东，王锦华，卞良，等．高等教育的数据治理研究[J]．高等工程教育研究，2015（5）：25-30.

[30] 夏诗园，尹振涛．数字经济下金融数据风险及治理研究[J]．电子政务，2022（7）：57-66.

[31] 俞秀宝．战略概念重塑[M]．北京：清华大学出版社，2017.

[32] 用友平台与数据智能团队．一本书讲透数据治理：战略、方法、工具与实践[M]．北京：机械工业出版社，2021.

[33] 张宁，袁勤俭．数据治理研究述评[J]．情报杂志，2017，36（5）：129-134.

[34] 张巍，金鹏，李瑞强，等．内蒙古自治区环境信息资源目录体系建设研究[J]．环境与发展，2022，34（6）：99-103.

[35] 张涛．数据治理的组织法构造：以政府首席数据官制度为视角[J]．电子政务，2021，225（9）：58-72.

[36] 张凯．金融数据治理的突出困境与创新策略[J]．西南金融，2021，482（9）：15-27.

[37] 祝守宇，蔡春久，等．数据治理：工业企业数字化转型之道[M]．北京：电子工业出版社，2020.

第 4 章 现状调研和分析

要对污染源数据进行治理，必须对其现状进行调研、分析和评估，了解其现状和需求，以为进一步的治理工作提供基础。通过信息化现状摸底、业务部门调研、高层领导访谈等形式，可以充分了解污染源数据管理现状和亟待解决的业务问题；通过对系统现状及数据现状的调查，可以全面掌握污染源数据治理的具体需求及期望，厘清污染源数据库类型、数据来源、分布现状及流向等，明确当前污染源数据管理存在的主要问题，综合评估污染源数据管理水平，为有针对性地开展污染源数据治理工作明确方向。

4.1 系统现状调研与分析

4.1.1 系统现状调研

调研对象：系统开发部门、系统管理部门。

调研方法：问卷调查、现场访谈。

调研内容：①系统建设情况，数据系统按使用情况可分为停用系统、在用系统和在建系统，系统调研就是要厘清系统的数量、功能、安全性、使用情况、数据库类型等，绘制系统建设现状整体框架图，不同的调研侧重点不同，其中停用系统侧重于数据库的利用管理，在用系统侧重于是否满足相关职能部门的现有业务需求和未来业务发展需求，在建系统侧重于数据库的规范化建设和管理；②系统基本情况，包括系统架构、自建/外购、开发语言、数据库、数据表、数据项、系统厂商、适用范围、归口管理部门、管理人员等；③系统功能情况，包括功能模块有哪些数据、是否满足业务需求、哪些功能有待优化等；④系统对接情况，包括系统数据是否需要接入统一的数据中心，接入了哪些数据；⑤系统集成情况，包括是否与其他系统有数据接口，有哪些接口，对接了哪些数据；⑥系统使用情况，包括系统安全合规使用天数、使用过程中出现了哪些问题等。

4.1.2　系统现状分析

根据现状调研情况对系统现状进行分析评估，明确污染源相关信息系统的管理现状、存在问题等。系统现状评估一般包含但不限于以下 5 个方面：①系统架构，列出每个系统的技术架构，如开发语言、数据库、C/S 或 B/S，单体架构、SOA 架构或微服务架构，依赖的中间件等；②系统功能，列出每个系统的功能模块，每项功能是否符合业务需求，后续优化哪些功能等；③系统对接，列出每个系统是否接入统一的数据中心，有哪些数据已接入，有哪些数据待接入，有哪些数据无须接入等；④系统集成，列出每个系统的接口现状，包括是否存在外部接口、有哪些接口和接口方式等，并说明系统集成的问题，如数据的调用逻辑不合理、接口数据丢失；⑤系统使用，列出每个系统的使用单位、部门、主要用户、用户权限，并说明系统使用过程中经常存在哪些操作问题和数据问题等。

4.2　数据现状调研与分析

4.2.1　数据现状调研

调研对象：污染源数据涉及的监管单位包括国家、省、市、区四级生态环境管理部门，涉及的监管对象包括环境要素、污染源和社会公众。考虑到管理部门对污染源数据的汇总和把控能力，以及掌握到的污染源数量和分布情况等，污染源数据现状调研应从管理部门入手，调研对象为生态环境管理部门的内设机构、直属机构及派出机构。

调研方法：资料收集、问卷调查、现场访谈等。

调研内容：包括数据问题调研、数据管理调研和数据需求调研。数据问题调研以数据质量为导向，主要从数据的规范性、完整性、准确性、一致性、时效性和有效性入手，同时了解不同的数据问题在何种程度上影响管理部门的当前工作，并根据重要程度对数据问题划分等级，从而为选取优先治理问题和重点治理问题提供参考。数据管理调研主要了解各单位已制定的管理体系、标准规范等情况，为后续数据治理工作中优化调整数据管理体系奠定基础。数据需求调研有助于技术人员把握数据治理要点，针对需求有的放矢，以提高数据治理成效和业务部门对数据治理的满意度。

4.2.2　数据现状分析

1. 数据管理现状

依据污染源信息化及业务现状调研情况，按数据域逐一对主数据、业务数据的管理情况进行评估，并给出初步的评估说明。

一是数据管理评估的维度。主要包括数据定义是否清晰、数据模型是否完整、职责分工是否明确、数据质量是否满足要求、数据标准是否健全、全生命周期管理流程是否已建立、数据管理的相关制度是否已建立、数据应用是否成熟（包括数据分析、数据开放共享、数据服务等）。

二是数据管理现状分析。对污染源数据的管理现状进行分析，发掘数据管理的关键问题，明确改进方向。一般可从以下几个方面入手：①组织方面，是否建立了专业的数据治理组织，是否明确了各单位数据管理的职责分工，是否划分了数据管理的相应权责；②人员方面，厘清数据人才的配置情况，包括技术人员、业务人员和管理人员，各人员的分工是否明确，数据管理过程中各相关人员是否紧密协作；③制度和流程方面，污染源数据治理是否有明确的主责部门，在数据的生产、采集、传输、汇交、提取、存储、处理、开放、共享、分析、应用、安全的全生命周期中是否有相应的管理制度保障；④技术平台和工具方面，在管理元数据、主数据、数据标准、数据质量等方面是否有专业的技术平台和工具，这些技术平台和工具在污染源数据管理中起到的作用、业务价值、存在的问题和优化的方向；⑤应用方面，在数据分析、数据开放共享、数据服务等方面的应用情况和存在的核心问题，如"数据孤岛"林立、数据共享不畅等；⑥资金方面，数据治理资金投入是否有保障。

2. 数据质量现状

数据质量现状分析，即对数据是否符合相关标准要求、业务规则及给定用途的准确、完整、及时和一致程度的分析，通常主要从以下 6 个维度进行描述。①规范性：数据必须符合相关标准格式要求，必须满足业务自定义格式要求。例如，统一社会信用代码中的字母和长度必须符合《法人和其他组织统一社会信用代码编码规则》（GB 32100—2015）的要求，污染源名称中不允许含有逗号等干扰字符。②完整性：数据在创建、传递过程中无缺失和遗漏，包括实体完整、属性完整、记录完整和字段值完整 4 个方面。完整性是数据质量最基础的一项，如污染源统一社会信用代码不能为空。③准确性：真实、准确地记录原始数据，无虚假数据及信息。数据要准确反映其所建模的"真实世界"实体，如污染源统一社会信用代码必须为污染源实际登记的统一社会信用代码。④一致性：遵循统一的数据标准记录和传递数据与信息，主要体现在数据记录是否规范、数据是否符合逻辑。例如，污染源的行业代码与行业名称须一致。⑤时效性：及时记录和传递相关数据，满足业务对信息获取的时间要求。数据交付要及时、抽取要及时、展现要及时，数据交付时间过长可能导致分析结论失去参考意义。⑥有效性：数据的值、格式和展现形式应符合数据定义和业务定义的要求。例如，污染源的经纬度坐标应在所属行政区范围内。

4.2.3 数据管理成熟度评估

1. 评估原则

污染源数据管理成熟度评估应以充分发挥污染源数据实用价值为导向，综合考虑污染源数据管理现状，并遵从以下原则。①系统性原则。从总体角度出发，综合考虑成熟度的内在因素与外部环境的整体性及其各要素之间的相互关系、有序性、层次性等，兼顾评估工作的各个方面。②全面性原则。依据标准，在能力成熟度评估框架下全面了解评估对象现状，逐项核对细化的评估指标，使评估结果尽可能全面、真实地反映出污染源数据管理的成熟度。③科学性原则。应科学设置打分标准和权重，力求评估结果能够客观反映数据管理能力的全貌。④动态性原则。以动态发展的眼光看问题，应在一定程度上反映出数据管理能力的动态变化。⑤独立性原则。数据管理能力层级评估指标之间相对独立、互不影响，防止成熟度模型各项指标之间相互影响。

2．评估内容

参照《数据管理能力成熟度评估模型》，应用 8 个核心能力域、28 个能力项，对数据管理能力成熟度进行评估，得出每个能力域的成熟度等级。

（1）组织方面

污染源数据战略：即将污染源数据技术、理念、框架与战略管理结合起来，搭建污染源数据管理平台，提升整体核心实力与环境应变能力。在污染源数据战略下设 3 个能力项，分别是数据战略规划、数据战略实施和数据战略评估。

污染源数据生存周期：包括污染源数据从设计、开发、创建、迁移、应用、存档到回收的周期，再次激活及退出的整个过程。在污染源数据生存周期下设 4 个能力项，分别是数据需求、数据设计和开放、数据运维、数据退役。

（2）制度方面

污染源数据治理：是使零散污染源数据变为使用统一污染源主数据、从具有很少组织和流程治理到组织范围内的综合污染源数据治理、从污染源主数据混乱状况到污染源主数据井井有条的过程。在污染源数据治理下设立 3 个能力项，分别是数据治理组织、数据制度建设和数据治理沟通。

污染源数据架构：目前主要存在两种典型的数据架构方式，即集线器架构和总线架构。若采用集线器架构，则需要在初始阶段站在整个组织环境的角度完成组织级的污染源数据模型规划和设计工作，需要组织内每个业务线的参与，以达成概念和污染源数据的完整性。在污染源数据架构下设 4 个能力项，分别是数据模型、数据分布、数据集成与共享、元数据管理。

（3）流程方面

污染源数据标准：在对污染源数据进行分析之前，需对污染源数据进行标准化。污染源数据标准化是机构或组织对数据的定义、组织、分类、记录、编码、监督和保护进行标准化的过程。在污染源数据标准下设 4 个能力项，分别是业务术语、参考数据和主数据、数据元、指标数据。

污染源数据质量：即对污染源数据生命周期每个阶段可能引发的各种数据质量问题进

行一系列的管理活动。污染源数据质量下设 4 个能力项，分别是数据质量需求、数据质量核查、数据质量分析、数据质量提升。

（4）技术方面

污染源数据安全：即在污染源数据处理系统中建立安全保护，以保护污染源数据不因偶然和恶意的原因遭到破坏、更改和泄露。在污染源数据安全下设 3 个能力项，分别是数据安全策略、数据安全管理、数据安全审计。

污染源数据应用：是利用污染源数据分析方法，从污染源数据中挖掘有效信息，为用户提供辅助决策和数据服务，以实现污染源数据价值最大化的过程。在污染源数据应用下设 3 个能力项，分别是数据分析、数据开放共享、数据服务。

参考文献

[1] 全国信息分类与编码标准化技术委员会．组织机构类型：GB/T 20091—2021[S]．北京：中国标准出版社，2021：1-3.

[2] 国家标准化管理委员会．法人和其他组织统一社会信用代码编码规则：GB 32100—2015.[S]．北京：中国标准出版社，2015：1-3.

[3] 全国信息技术标准化技术委员会．数据管理能力成熟度评估模型：GB/T 36073—2018.[S]．北京：中国标准出版社，2018：3，8-12.

第 5 章 元数据管理

5.1 概述

5.1.1 元数据的价值

元数据通常通过现有的流程产生（数据建模、系统生命周期、业务流程定义），或从传统关系型数据库、大数据平台、数据产生系统、数据加工处理系统、数据应用报表系统中采集。其主要来源如下：

- 数据库，包括应用程序中的元数据存储库、建模工具和存储库、参考数据库、数据库管理和系统目录；
- 数据管理工具，包括商业智能工具、配置管理工具（CMDB）、数据集成工具、数据映射管理工具、数据质量工具、事件消息工具；
- 其他，包括数据字典（data dictionary）、业务术语表、服务注册、其他元数据存储。

元数据的作用较多：对于业务人员，能帮他们更好地理解数据，检查数据质量，加快检索速度，降低使用出错率，减少数据的研究时间，创建准确的影响分析；对于技术人员，能帮他们识别冗余数据，提高运营效率，缩短系统（产品）开发生命周期；对于管理人员，能帮他们追踪数据历史，提高策略信息，达到规范要求，从而降低培训成本，降低数据滥用的风险。元数据的具体作用如下：

- 梳理信息资产。元数据以“贴标签”的方式将数据归类，如相同的地理“标签”就能迅速整合同一区域的污染源数据，直观地反映污染源的区域分布，为污染源监管提供便利。
- 减少搜索难度。元数据可以在描述数据的过程中，对信息对象中的重要信息进行抽取、标记和组织，并建立其联系，为使用者提供一个多层次和多路径的检索系统，从而减少检索的困难，提升工作效率。

- 保持概念一致。元数据可以描述数据与概念间的关系，帮助理解数据、系统和工作流，支持对相同概念的一致性及数据质量的度量。
- 方便系统校核。在系统的开发过程中，有时会出现测试通过但上线发生问题的情况。通过采集和管理不同场景中的元数据，分析上线系统对其他系统的影响，能够减少此类问题的发生。
- 分析数据流向。元数据能描述数据的字段级血缘关系，通过可视化的方式展现数据上下游的关系图，快速定位问题字段。
- 加强数据交互。元数据可以对数据结构、数据关系进行描述，方便用户了解数据对象在不同部门、不同系统之间的流通和流转，并确保流转过程中数据标准的一致性。
- 保证数据质量。元数据可以通过数据的来源、使用者、更新频率等信息，有效防止使用过期或不正确的数据，提高数据分析的可信度。
- 识别冗余数据。元数据通过“标签”可筛选出属性相近的数据，判断冗余数据，改进运营流程，提高运营效率。
- 促进数据合规。元数据可以对数据实现分级分类管理，保证用户个人的隐私安全与组织机构的财产安全。
- 降低培训成本。元数据通过全面记录数据背景、历史和来源，可以降低培训成本并降低人员调动所造成的影响。

5.1.2 元数据的分类

本书借鉴了目前元数据的主要分类方法，将元数据划分为业务、技术、操作三大类。

业务元数据：主要关注数据的内容和条件，通常包括业务名称、业务含义、业务规则等，可以避免定义不明、口径不一等问题的产生。业务人员更关注统计数据、监管结果等相关内容，这些内容很难在技术元数据和操作元数据中体现。常见的业务元数据有中文名称、英文名称、计量单位、允许值、空间范围、时间范围、计算公式、衍生指标、采样和监测方法、采样介质等。

技术元数据：是对数据的结构化，它可以提供有关数据的技术细节、储存位置、流转过程等信息。技术元数据既可以服务于开发人员，也可以服务于业务人员，如表结构、ETL（抽取、转换、加载）映射关系等元数据主要被开发系统的技术人员使用，储存位置、数据库表等元数据可以让技术人员快速追溯数据的来源。常见的技术元数据有物理数据库表名称、列名称、字段名称、字段长度、字段类型、字段属性等，数据存储位置、数据存储文件格式等，数据库类型、数据库链接等，数据 CURD（增、删、改、查）规则、恢复和备份规则等，字段级血缘关系、SQL 脚本信息、ETL 信息、数据接口等，调度依赖关系、进度和数据更新频率等。

操作元数据：描述数据的操作属性，便于数据管理部门将责任落实到相关部门和个人。常见的操作元数据有数据所有者、使用者、管理者等，数据的访问方式、访问时间、访问限制等，数据访问权限、组和角色等，数据处理作业的结果、系统执行日志等，数据备份、归档人、归档时间等。

5.1.3　元数据管理的定义

何为元数据管理呢？《DAMA 数据管理知识体系指南（原书第 2 版）》将其定义为“通过计划、实施和控制活动确保访问到高质量、整合的数据源”，其管理目标包括提供企业可理解的业务术语并使用它、从不同来源采集和整合元数据、提供访问元数据的标准方法、确保元数据的质量与安全。《数据管理能力成熟度评估模型》将其定义为“关于元数据的创建、存储、整合与控制等一整套流程的集合”。《数据应用工程：方法论与实践》将其定义为“关于元数据的创建、存储、整合、服务与控制等一系列活动的集合”。《数据治理：工业企业数字化转型之道》将其定义为“对元数据的规划、实施和控制活动，以便能够访问高质量的集成元数据，包括定义、模型、数据流和其他至关重要的信息”。《一本书讲透数据治理：战略、方法、工具与实践》将其定义为“对涉及的业务元数据、技术元数据、操作元数据进行盘点、集成和管理”，并从技术角度、业务角度、应用角度进行解析。本书主要采纳《数据管理能力成熟度评估模型》的定义，即元数据管理主要是对元数据的创建、存储、整合与控制，从而为元数据的高效使用提供全面的指导。元数据管理的应用实现了数据的统一视图和统一口径，确保了数据的完整性、准确性和一致性。

5.1.4　元数据管理的标准

当前，国家和各省（区、市）已出台了百余项与元数据管理有关的标准规范，涉及气象、环境保护、水利、海洋、文化、林业、能源、金融、档案、通信等多个行业。环境领域的元数据管理规范主要有《环境信息元数据规范》和《生态科学数据元数据》（GB 20533—2006）。

《环境信息元数据规范》规定了环境信息元数据标准框架，对对象类别、特性、分类方案、值域、数据元概念、数据元、数据集规范、术语、指标、数据集、质量声明共 11 个管理项的元数据做了详细的规范，可用于对环境信息元数据标准的管理、环境信息资源目录建设、国家最小数据集的开发、数据元字典的编制及环境信息元数据注册系统的设计与开发。

《生态科学数据元数据》提出了一种从数据集层次上描述生态科学数据的概念模型，规定了构成该模型的一组必选的、条件必选的和可选的元数据子集、元数据实体及元数据元素，提供了对该模型的形式化描述。该标准中的生态科学数据包括生态观测、调查、试验等生态科学研究活动中所产生的原始基本数据，同时也包括根据科研需求对原始基本数据进行加工整理形成的数据，适用于生态科学数据集和数据集系列的编目和描述、数据集和数据集系列的组织管理，也可用于数据交换中心的数据服务。尽管该标准主要用于生态科学数据集，但其原理可以扩展到其他领域的科学数据资源。

5.1.5 元数据管理的内容

王飞（2014）认为，元数据管理总体框架包括管理政策、组织、流程和技术工具，其中管理政策包括管理方法和管理实施细则，组织包括管理组织架构和管理岗位职责，流程包括申请、审批、实施、推广和维护。滕光进（2014）提出，在元数据分类的基础上，将业务元数据与技术元数据进行对应，并与技术元数据管理相结合，将行业工作领域与元数据设计、实现和运维三者联系起来，从而构成一个元数据管理的主体框架。《一本书讲透数据治理：战略、方法、工具与实践》从元数据管理方法、元数据管理技术和元数据管理工具 3 个方面阐述了元数据管理。《数据治理：工业企业数字化转型之道》提出，元数据实施的内容主要包括元数据的需求调研、定义元数据框架、建立元数据标准、搭建元数据管理平台、创建和维护元数据、分发和交付元数据等。元数据管理不仅是对数据质量的管理，还包括对理念、组织、流程、技术、工具的管理。从宏观层面来看，元数据管理的主要目的是解决数据的管理和共享问题，改进系统有效存储、检索和移动数据的能力。元数据管理体系的建立既要有技术人员的付出，也要有管理人员的配合，各个部门之间要相互协调，方能起到事半功倍的作用。在此基础上，本书综合以上专家和学者的观点认为，元数据管理包括元数据管理规划、元数据管理实施、元数据管理工具 3 个部分。

5.2 元数据管理规划

5.2.1 理解业务需求

一般来说，组织机构实施元数据管理的主要业务诉求有以下 5 个方面。①建立数据资产目录，包括提供数据存储、数据分类、数据内容、数据质量、数据格式、数据交换网络及数据销售等方面的信息，绘制详细、精确的数据资产分布图，打通不同部门间的数据壁垒，整合用户的数据资源；②提高数据管理效率，即通过元数据建立数据文档和索引信息，保证相关人员变动时不影响组织对数据资产信息的掌握，保护数据生产者和数据拥有者在数据资产上的投资；③降低数据查询成本，元数据相对于原始数据规模较小，包含了关于数据的宏观信息，为用户提供了一种方便、简洁的数据查询和检索途径，用户可通过元数据组合查找的方式迅速定位所需信息；④帮助数据交换传输，元数据包含数据格式、存储位置、大小等有关数据格式的必要信息，方便用户对数据进行处理、分析、传输及格式转换；⑤促进数据共享，包括组织机构内部的数据共享与组织机构之间的数据共享，组织机构可以将所拥有的数据信息以元数据的形式提供给数据编目和交换机构，以便就数据是否能满足其需求做出正确的判断。

5.2.2　元数据需求规划

从宏观层面来看，元数据需求规划需遵循以下原则。①用户保证原则，即必须对用户的经验及实践进行分析，以保证元数据对用户的适用性。用户类型可从不同角度加以区分，如按专业层次分、按专业领域分、按业务职责分等，对用户做这样的区分将有助于用户保证原则的真正实现。②流程保证原则，即必须针对具体的业务流程，以保证元数据需求分析的实用性。其关键是要注意区别传统业务流程与数据管理业务流程的不同，以保证元数据在与其相适应的流程中发挥作用。③机构保证原则，即必须根据具体的机构来进行，以保证元数据管理的需求分析具有针对性。不同领域的机构具有不同的背景，也有相应的元数据管理要求，因此元数据管理需求分析不能离开机构这一实体。从数据层面来看，元数据需求规划应重点关注元数据模型需求、元数据接口需求、元数据系统需求、数据安全需求、数据质量需求和数据管理需求。

元数据需求规划的步骤如下：

- 战略调研，即调查和分析组织机构的发展现状、主要业务战略规划、数字化发展现状及数字化发展的影响因素、战略问题、历史遗留问题等；
- 数据管理调研，即调查和分析组织机构数据管理的背景、目标、需求、相关制度、组织流程和制约因素；
- 元数据现状分析，包括功能性信息需求、逻辑模型、物理模型、业务术语字典、已有数据环境、系统文档、合规性等；
- 管理问题评估，即从宏观和微观层面评估元数据的管理问题，使用评估模型计算元数据管理的成熟度，根据组织机构的战略需求制订解决方案；
- 制定行动路线，即通过对业务需求的重要性、紧迫性，以及完成难度、预计时长、任务顺序、技术资源进行统筹协调，制定合理、可行的行动路线，确保项目范围可控、成效可见。

5.2.3　元数据规划设计

1. 设计原则

元数据的设计原则更多的是在两种无法同时实现的性质之间做出取舍。具体包括如下原则：

一致性原则：元数据应尽量保持与现有的国家标准、行业标准或地方标准、政策法规的一致。

简单性与准确性原则：简单性是指设计出的元数据标准在应用时应便于理解、易于掌握，准确性是指对元数据的描述应尽量细致全面，需要在二者之间做出权衡。

专指度与通用性原则：专指度是指某一特定领域的元数据标准，通用性是指具有普适性的元数据标准。由于不同业务对数据资源应用的广度和深度不同，不能只参考一种元数据标准，需考虑标准在一定环境背景下的通用性。

互操作与易转换性原则：互操作是指不仅可以为自己的应用系统所操作，还可以为其他组织机构的应用系统所操作；易转换性是指不仅可在不同系统实现同一元数据标准的数据传输、交换或转换，而且在不同元数据标准间可以实现数据的传输、交换或转换。在元数据标准的设计过程中必须慎重考虑元素语义和元素结构的准确定义，其中语义定义尤为重要。

可扩展性原则：外部环境的变化导致元数据定义更新、内容扩展或元素、属性出现不足，故应允许在不破坏已建标准的前提下扩充一些元素或属性值。

用户需求原则：用户需求应作为最高的衡量标准，在结构与格式的设计、元数据项的取舍、语义规则的制定等方面，应尽可能从用户的角度出发，为用户提供多层次的检索体系。

2．元数据设计

（1）元数据属性

元数据有多种分类方法，见表 5-1。

表 5-1　常见的元数据分类方法

分类角度	类别
按功能分类	管理型元数据、描述型元数据、保存型元数据、技术型元数据、使用型元数据
按数据内容分类	科研型元数据、评估型元数据、模型元数据
按应用领域分类	文件管理元数据、资源描述元数据、资源发现元数据、保管元数据、电子商务元数据、权限管理元数据
按描述对象分类	内容元数据、背景元数据、结构元数据、管理元数据
按结构分类	结构化元数据、非结构化元数据、复杂元数据
按主题分类	企业信息元数据、自行监测元数据、行政处罚元数据等
按日期分类	2020 年元数据、2021 年元数据、2022 年元数据等
按地域分类	广州市元数据、深圳市元数据、珠海市元数据、汕头市元数据等
按检索频率分类	高频元数据、中频元数据、低频元数据
组合分类	同时使用上述两种及以上的分类方式进行检索

元数据的属性描述包括以下内容，根据不同的行业标准和实际应用场景可适当进行扩充。

- 名称（中、英文）：是赋予元数据的唯一标记，以字符串形式表示。（必选）

- 定义：是对属性的描述，它使一种属性与其他属性清晰地区别开来，以字符串形式表示。（必选）
- 约束：是显示一个属性是始终出现还是有时出现的描述符。该描述符可以有两个取值：必选或可选，前者表示该属性必须出现，后者表示该属性可以出现，也可以不出现。（必选）
- 出现次数：是显示一个属性出现多少次的描述符。该描述符有以下 4 种情况：①0∶1，表示不出现或出现 1 次；②0∶n，表示不出现或出现多次；③1∶1，表示出现且仅出现 1 次；④1∶n，表示出现 1 次或多次。（可选）
- 数据类型：即描述属性的所有取值的类型。属性值的数据类型示例有“字符”“字符串”“数字”“日期”。
- 备注：与属性应用有关的注释。

（2）元数据编制规则

一般要求：元数据应能准确描述数据的内容、质量、状态和其他有关特征，并应满足数据获取、管理、更新、应用及共享和服务的要求；元数据内容应涵盖编目信息、数据集所属项目标识信息、数据集内容信息、限制信息、数据说明信息、范围信息、数据集继承信息、数据质量（数据精度、数据评价）信息等内容，元数据的组织与描述对象的数据组织方式应保持一致；当元数据内容不能满足应用需要时，可对元数据内容进行扩展。

命名规则：包括唯一性规则、语义规则和语法规则，具体可参考各行业相应的标准规范。

标识符编码结构：通常机构采用分段层级式编码，包括大类代码（第 1～2 位）、小类代码（第 3～5 位）、序列号（第 6～9 位）3 个部分。

5.2.4　元数据管理体系设计

从宏观来看，元数据管理体系设计包括组织保障、制度保障、流程保障、技术与工具、运营维护、监控管理、统计分析、宣传推广。基于生命周期模型，数据管理体系包含数据创建阶段、数据存储阶段、数据预处理阶段、数据计算阶段、数据服务阶段、数据归档阶段和数据销毁阶段，具体要求可以参考生态环境保护对应的元数据管理标准。

组织保障：组织机构应对标准过程进行制度化，为组织机构的元数据管理建立可测量的目标。在核心业务中，由业务团队负责相关业务场景的元数据分类分级，指定相关团队或人员开展元数据采集的合规管理，选择具备相应能力的人员从事元数据质量管理、元数据备份和恢复管理、元数据共享过程的安全管理等工作，确立组织机构统一的元数据管理原则。

制度保障：制度是一种规则，即人们在一定历史条件下的社会活动中结成的规范化的各种社会关系，是激励和限制人的行为的规则体系。元数据管理的制度保障就是对元数据管理的基本原则、工作内容、工作要求、工作目标、工作保障、考核方式等进行明确规定，并由管理部门统一发布实施。

流程保障：其意义在于减少执行过程中的等待时间、消灭重复工作、协调工作量，进而提高增值活动效率。元数据管理包括申请、审批、变更、维护、共享、应用等工作内容，在保证数据质量的前提下应尽可能使流程简洁高效，提高组织机构的执行力。

技术与工具：当前主流的元数据管理工具是元数据管理系统/平台，它根据实际需求设计，关键技术是数据关联和审核管理，主要功能模块包括自动化采集、元数据分析、元模型管理、元数据监控、元数据检索等。

运营维护：通常指动态维护，即按规定的原则和规程对元数据的变更信息进行采集和处理，并把结果及时发布的过程。其基本要求是，用户应对注册项应用的状态信息进行及时、准确的反馈；注册系统应具备注册项动态评价功能；主管组织应制定注册项的加工、处理与审核规程；维护机构应制定并执行访问控制、安全管理等方面的规程，应对提交者提出提交信息格式及完整性要求；服务机构应在权限范围内提供查询、获取等服务，应实施系统运行管理、访问控制、检索查询、数据分发、安全管理等作业规范，应建立长期保存机制，以保证交付的数据持续有效，应建立与只读用户的沟通机制，对服务满意度进行评测，并开展数据挖掘等增值服务活动。

监控管理：是指根据已制定好的元数据质量规则，通过对比元数据与元数据质量规则的相符性，进行元数据质量评估，提出优化方案，形成“发现—反馈—处理—应用”的全流程闭环管理。

统计分析：是将数据转化成知识，对数据加以详细研究和概括总结的过程，用适当的统计方法对收集来的大量数据进行分析，以发现数据的价值，挖掘数据表征的知识。大数据系统的分析支撑模块要求具有查询功能、机器学习功能、可视化功能，数据分析模块要求具有离线数据分析功能、流数据分析功能和交互式联机分析功能，具体要求可参阅《信息技术 大数据分析系统功能要求》（GB/T 37721—2019）。

宣传推广：即通过组织机构系统平台发布元数据基本信息，采用员工培训、主题讲座、数据分析比赛等形式，提高元数据管理工具的使用量、使用频率和使用效率，以提升员工的工作效率。

5.3 元数据管理实施

本书将元数据管理流程划分为 4 步：采集与申请、审核与发布、实施与推广、维护与验证。其中，实施与推广、维护与验证分别对应业务部门与技术部门，二者应同步进行。

- 元数据采集：即元数据的来源。
- 元数据申请：即提交审核的流程。将元数据录入注册表之前，需要对元数据的准确性、完整性、规范性和关联一致性进行审核。

- 元数据审批：即对元数据申请执行通过、拒绝、询问、委派的操作。
- 元数据发布：即在元数据审批通过后，将其发布到元数据管理系统。
- 元数据实施：即将元数据投入应用，如数据查询、数据分析、数据溯源。
- 元数据推广：即将元数据信息同步到各业务部门，以提高元数据的使用效率。
- 元数据维护：为保持元数据的数据质量，应及时更新与反馈。
- 元数据验证：即检查元数据的质量及管理平台的功能是否符合要求。

5.3.1　采集与申请

元数据采集是指将大数据平台不同来源的元数据信息装载到数据治理图谱，主要分为自动化采集（约定规则自动采集、外部系统依据规则导入）和人工采集（人工不定期录入）。当前 MySQL、Oracle、PostgreSQL 等关系型数据库的元数据采集方式大多是通过 JDBC（Java 数据库连接）连接各种数据源的元数据所在库，然后通过 SQL 的方式查询各数据源的元数据库表，再提取出元数据信息。元数据抓取和解析的难点在于需要考虑不同机构的资源隔离、复杂网络的打通、元数据抓取的性能、对目标数据源的负载保护等问题。

元数据申请是先对元数据进行统一定义，再进行元数据新增、修改或者删除的申请。元数据申请主要包括元数据定义、提交申请、元数据导入 3 个步骤，其中元数据定义由业务负责人完成，元数据导入由技术负责人完成。

5.3.2　审核与发布

审核是对元数据申请执行通过、拒绝、询问、委派的操作。发布是将需要变更的元数据正式入库并发布上线，同时发布元数据变更通知和变更说明文档。

审核分为自动审核和人工审核。自动审核是元数据管理平台对变更的元数据进行初步的有效性审核，发现错误后会将错误放入问题数据栏，并提交给数据管理员进行人工审核。人工审核是对元数据的变更进行合理性和必要性评估，并对元数据的质量及变更所造成的影响进行评估。

元数据审核主要审核已采集但未发布到数据资源目录的元数据，审核内容包括元数据的准确性、完整性、关联一致性及规范性。其中，准确性指元数据填录应符合国家及地方相关要求，准确反映政务数据平台各业务系统中的元数据内容。完整性指元数据管理系统表中元数据填录应符合相关要求，如系统表和核心业务表的所有元数据字段均应填写；普通业务表的必填字段不得为空，选填字段可选择性填写；日志表和其他表的必填字段不得为空，选填字段可选择性填写。关联一致性指元数据管理系统中元数据的关联关系应保持一致。规范性由系统自动审核，准确性、完整性及关联一致性由人工审核。审核不通过的元数据经过修正、补充后，再发布到元数据管理系统。

5.3.3 实施与推广

元数据的实施与推广即将元数据录入元数据管理平台进行实施和推广。元数据实施与推广的流程主要包括元数据查询、元数据使用和元数据反馈。其中，元数据查询是从用户角度出发，提供统一的检索界面及统一入口的元数据查询、浏览和下载服务；元数据使用指元数据可用于绘制数据地图、元数据血缘分析、元数据冷热度分析和元数据关联度分析；元数据反馈分为显式反馈和隐式反馈，显式反馈指用户评论、评级等信息，隐式反馈指用户使用元数据的行为，如搜索、分析等。

1. 数据地图

数据地图是一种利用多层图表的方式，显示组织中各种数据分布情况的一种资源管理模块。按数据域对污染源数据资源进行全面盘点和分类，根据元数据字典自动生成污染源数据的全景地图。数据地图可以清晰地展示出数据资源种类、数据量、数据类型、存储地点、基本概念、应用方向。数据地图支持以拓扑图的形式可视化展示各类元数据和数据处理过程，通过不同层次的图形展现粒度控制，从而满足业务上不同应用场景的图形查询和辅助分析需要。

2. 元数据血缘分析

数据血缘，又称“数据血统”“数据起源”“数据谱系”，是指在数据全生命周期（从产生、处理、加工、融合、流转到最终消亡）中数据之间自然形成一种链路关系，可以展示数据的来源、加工过程及去向。以“污染物浓度”为例，其产生于检测机构的检测系统，可能经过“四舍五入”“算术平均”“数据模型”等加工过程后，最终录入上级监测系统的数据与最初的检测结果略有差异，有可能导致后续使用不当。通过元数据血缘分析，不仅可以向上游追踪、验证数据质量，还可以向下游追踪、查看数据的使用结论是否有误。

3. 元数据冷热度分析

元数据冷热度（也称元数据活跃度）指的是元数据被访问、更新的频次。热元数据是指被访问频次多、更新快的元数据，冷元数据是指被访问频次少、更新慢的元数据。对于热元数据，由于其活跃度较高，出现误差的概率较大，可优先进行治理；对于冷元数据，可优化其存储方式，减少管理成本。

4. 元数据关联度分析

元数据关联度分析指从某一实体关联的其他实体及其参与的处理过程两个角度来查看具体数据的使用情况，形成一张实体和所参与处理过程的网络，如表与 ETL 程序、表与分析应用、表与其他表的关联情况等，从而进一步了解实体的重要程度、实体之间的关系及这种关系是怎样建立的。通过分析实体的用途和关联，图形化地跟踪和分析任何实体的变化带来的各种影响。元数据的关联度反映了元数据的影响范围。关联度分析和影响分析的差异在于，关联度分析反映的是直接影响，影响分析反映的是整个影响链条（直接影响+

间接影响）。

关联度分析的应用场景，一是从各业务系统中采集上来的元数据繁多，短期之内难以完成全部的梳理工作，此时可根据依赖关系筛选出核心元数据，优先管理核心元数据，完善补充元数据信息，进行质量检查等；二是当元数据需要变动时可通过关联度分析评估其影响范围、重要程度，从而评估元数据变更的风险。各业务系统中共享的数据往往存在一定依赖关系，通过关联度分析可以反映出依赖度高的数据，以此作为参考，有助于进行主数据和参考数据的识别。

5.3.4 维护与验证

元数据通过审核后，应对元数据进行维护，内容包括元数据的增加、删除和修改，元数据关联关系的查询、新增、修改和删除。对于元数据的增量维护，要求能保留历史版本信息。

元数据维护可以从以下 5 个方面入手：①建立完善的文件说明系统，保障软件资产的效用，对于多层次的综合系统（如数据仓库），要对每个处理和系统层次配备的文件进行说明，减少不必要的拖延、浪费和误解；②保持数据结构图对各有关方面（开发者、结构设计人员、程序员及管理人员）的透明度；③实现业务逻辑、处理的智能化、集中化管理，业务逻辑与应用程序分离；④建立主动式元数据维护存储区；⑤采用逆向工程和设计获取技术。

元数据变更包括 2 个部分：①变更通知，即当元数据发生改变时，系统将以用户指定的形式通知用户变更的发生，用户可根据指引进一步在系统中查询到该变更的具体内容及相关的影响分析，并可以主动订阅自己关心的元数据，以提高工作的主动性；②版本管理，即对元数据的变更过程进行版本快照，以便日后对存疑或错误的元数据进行追溯、检查和恢复。

元数据验证应采用以下方法：①通过元数据采集器配置页面配置数据库连接地址、端口、用户名密码等参数信息后，检查能否从多种类型的数据库中定时采集元数据信息；②检查通过配置画面能否进行增删改查、批量导入导出、批量审批、变更，对于停用后的元数据，检查其他系统是否无法使用；③通过元数据的变更管理页面，检查能否支持历史记录的保存和查询，并可以选择不同版本进行数据导出，比对不同版本之间的差异；④通过可视化图表组件，检查元数据的情况是否与实际情况一致。

5.4 元数据管理工具

5.4.1 功能模块

元数据采集：具备从错综复杂的生态环境系统中自动实时解析和采集各种元数据的能

力。为应对各种数据环境，该模块通常需要使用各种技术和语法来支持大数据平台、关系型数据库、第三方工具、存储过程、脚本、文本文件、表格文件的自动化采集。

元数据存储：具备将采集的元数据进行统一存储的能力。为支持各种元数据及元数据之间关系的存储，该模块需要灵活可扩展的架构支撑，同时也需要具备实时更新存储的能力。

元数据查找：具备提供统一的端口对元数据进行查找的能力。该模块应支持按照生态环境部门的各种分类方法来对元数据进行查找（部分分类方式蕴含在元数据本身，需要通过对元数据进行分析之后获得）。

数据关系分析：具备分析数据的来源和数据的流向、揭示数据的上下游关系的能力。该模块应实现分析、描述，并可视化数据来源、流向的细节，以便用户对关键信息进行跟踪。完善的数据关系分析功能需支持横向（当前）和纵向（历史）双向可用，以便对同一时期不同对象进行分析和对不同时期同一对象的变化进行分析。

基于角色的访问控制和分层：元数据的增删改等权限的控制是元数据管理工具中需要特别注意的地方，模块工具中应该支持访问权限的控制。例如，数据管理员具有所有权限，开发人员可能更关注开发环境、测试环境元数据，局领导层面的用户可能只关注生产环境的元数据情况，部门领导可能只关注与本部门相关的元数据。

业务元数据管理：该模块负责采集企业环境中的业务元数据，并完成业务元数据与技术元数据的映射，为元数据赋予业务属性，这也是发挥元数据管理工具业务价值的关键所在。

元数据变更控制：当元数据需要变更时，提供变更审核能力。该模块应明确元数据版本，保存元数据的历史状态，在发生任何问题时可以自动恢复到之前的版本。在某个元数据项发生变更时，还需要对该次变更可能产生的影响进行分析评估。

元数据对比分析：该模块对不同环境中的元数据进行对比分析，不仅分析其中的异同，而且必要时还能根据分析结果生成相应的分析报告。

数据生命周期管理：理想状态下，元数据管理工具应保留数据从创建、存储到过时被删除/备份等各种状态下的元数据，从而管理数据在整个生命周期中的流动（图 5-1）。作为一项规则，较新的数据和那些可能更频繁访问的数据应该存储在容易被访问的位置，而那些相对不重要的数据则可以备份存储在更为经济型的媒介上。

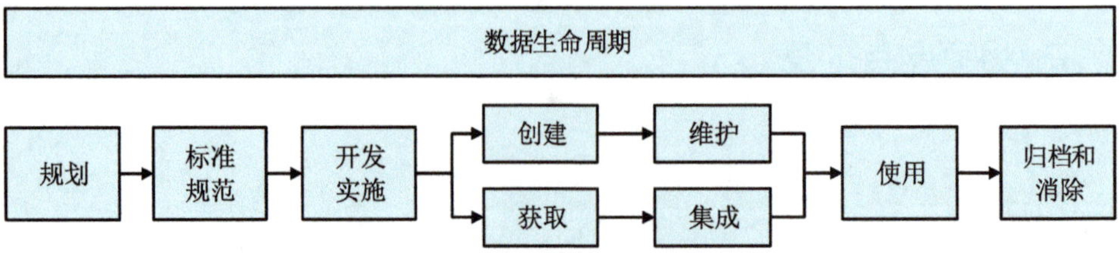

图 5-1　数据生命周期

与其他系统集成：数据集成指提供统一的访问接口、数据视图和查询语言，访问来自不同数据源的异构的数据。元数据统一集成的实质就是将分散在相对独立的各个系统和平台中的各类型元数据进行融合、聚类和重组，形成统一、高效、开放的元数据有机体系。

5.4.2　创建方法

元数据管理工具的创建主要包括元数据管理流程设计、元数据管理工具需求分析、元数据管理工具体系结构、元数据管理工具的实现。

1．元数据管理流程设计

元数据管理流程设计包括元数据的建立和元数据管理流程的建立。元数据的建立将严格以元模型为标准模板，具体来说，元数据必须与相应元模型的属性细节保持一致，元数据之间的关系必须与相应元模型之间的关系细节保持一致。元数据管理流程是指对元数据生命周期各环节实施管理的流程。《金融数据安全　数据生命周期安全规范》（JR/T 0223—2021）将数据生命周期分为数据采集（外部机构、个人主体）、数据传输、数据存储（存储安全、备份与恢复）、数据使用（数据访问、数据导出、数据加工、数据展示、开发测试、汇聚融合、公开披露、数据转让、委托处理、数据共享）、数据删除和数据销毁。针对上述数据活动，应制定相应的操作流程。

2．元数据管理工具需求分析

（1）元模型管理功能需求分析

元模型管理的功能需求通常包括以下几点：①建模标准规范，以公共仓库元模型（CWM）元数据标准或其他元模型标准规范为指导建立的元模型，能够添加模型的属性及属性的数据类型、长度、备注等常用细节；②建模界面友好，支持手动拖曳模型和模型之间的关系操作，能在图形界面上“热编辑”模型属性；③模型关系多样，模型和模型之间有多种“关联”关系，支持关联、聚合、组合、继承和依赖等，提供自定义关系接口符合元数据模型采用的工业标准；④个性化功能完善，支持元模型的批量导入、导出，图片保存，模型自动排列，模型缩放和缩略图等功能，提供元模型多层次管理。

（2）元数据管理功能需求分析

元数据管理功能需求主要包括 5.4.1 的功能模块。

（3）元数据分析功能需求分析

元数据管理工具的分析部分通常需要实现以下需求：①友善的分析结果展示界面，能直观、动态、多维度地展示结果；②用户可自定义语义规则；③提供智能查询结果，即根据语义关系扩展查询条件，检索出更有意义的查询结果；④提供元模型一致性检查；⑤提供血缘分析，显示组成其数据来源的相关元数据及其数据来源的关系，分析结果以图形化的形式展示；⑥提供影响分析，显示指定元数据对全局的影响，影响关系以图形化的形式展示；⑦提供差异分析，比较元数据之间的差异。

3．元数据管理工具体系结构

元数据管理工具体系结构的设计通常按照“部分—单元—组合元素—元素”4 层模式，对元数据管理的模块进行分类描述。其设计目标应包括独立性、通用的通信协议、通用和灵活的数据交换格式、可靠性和开放性。

4．元数据管理工具的实现

（1）元模型设计模块的实现

《信息技术　互操作性元模型框架（MFI）　第 1 部分：参考模型》(GB/T 32392.1—2015)、《信息技术　互操作性元模型框架（MFI）　第 2 部分：核心模型》(GB/T 32392.2—2015)、《信息技术　互操作性元模型框架（MFI）　第 3 部分：本体注册元模型》(GB/T 32392.3—2015)、《信息技术　互操作性元模型框架（MFI）　第 4 部分：模型映射元模型》(GB/T 32392.4—2015)、《信息技术　互操作性元模型框架（MFI）　第 5 部分：过程模型注册元模型》(GB/T 32392.5—2018)、《信息技术　互操作性元模型框架（MFI）　第 7 部分：服务模型注册元模型》(GB/T 32392.7—2018)、《信息技术　互操作性元模型框架（MFI）　第 8 部分：角色和目标模型注册元模型》(GB/T 32392.8—2018)、《信息技术　互操作性元模型框架（MFI）　第 9 部分：按需模型选择》(GB/T 32392.9—2018）这一系列标准建立了元模型框架的一般原则，提供了核心模型，规定了一个用于注册模型、注册对象之间映射规则的元模型，详细定义了本体注册元模型、过程模型注册元模型、服务模型注册元模型、角色和目标模型注册元模型，最后建立了如何根据元模型来选择一组合适的模型和/或服务以满足用户需求的技术原则。《电子商务　元模型　基本模块》(GB/T 39320—2020)、《软件工程　开发方法元模型》(GB/T 26239—2010/ISO/IEC 24744：2007）也对元模型设计模块的实现进行了指导。

（2）元数据设计模块的实现

《信息技术 元数据注册系统（MDR）　模块》(GB/T 30881—2014/ISO/IEC 19773：2011）对 reference-or-literal（reflit)、multiple internationalized/localized values and data、multiple internationalized/localized strings and texts、slot tuple、unstructured table of slot tuples、reified relationships and relationshipssystems、UPU postal data、ITU-TE.164 电话号码数据、who-what-where-when-why-how（W5H）event data、entity-person-group（EPG）联系数据、entity-person-group（EPG）安全性认证数据、entity-person-group（EPG）关系和分组数据等模块的数据结构的实现进行了指导。

参考文献

[1]　全国科技平台标准化技术委员会．生态科学数据元数据：GB/T 20533—2006[S]．北京：中国标准出版社，2006：1.

[2] 全国信息技术标准化技术委员会．信息技术 元数据注册系统（MDR） 模块：GB/T 30881—2014/ISO/IEC 19773：2011[S]．北京：中国标准出版社，2014：26-78.
[3] 全国信息技术标准化技术委员会．信息技术服务 治理 第 5 部分：数据治理规范：GB/T 34960.5—2018[S]．北京：中国标准出版社，2018：3-7.
[4] 全国信息技术标准化技术委员会．数据管理能力成熟度评估模型：GB/T 36073—2018[S]．北京：中国标准出版社，2018：16.
[5] 全国信息技术标准化技术委员会．信息技术 大数据分析系统功能要求：GB/T 37721—2019[S]．北京：中国标准出版社，2019：2-6.
[6] 江苏省生态环境厅．环境信息 数据共享交换规范：DB32/T 4373—2022[S]．北京：中国标准出版社，2022：1.
[7] 生态环境部．环境信息元数据规范：HJ 720—2017[S]．北京：中国环境出版社，2017：2-5.
[8] 全国金融标准化技术委员会．金融数据安全 数据生命周期安全规范：JR/T 0223—2021[S]．北京：中国标准出版社，2021：8.
[9] 全国信息技术标准化技术委员会．信息技术 互操作性元模型框架（MFI） 第 1 部分：参考模型：GB/T 32392.1—2015[S]．北京：中国标准出版社，2015：1.
[10] 全国信息技术标准化技术委员会．信息技术 互操作性元模型框架（MFI） 第 2 部分：核心模型：GB/T 32392.2—2015[S]．北京：中国标准出版社，2015：1.
[11] 全国信息技术标准化技术委员会．信息技术 互操作性元模型框架（MFI） 第 3 部分：本体注册元模型：GB/T 32392.3—2015[S]．北京：中国标准出版社，2015：4-7.
[12] 全国信息技术标准化技术委员会．信息技术 互操作性元模型框架（MFI） 第 4 部分：模型映射元模型：GB/T 32392.4—2015[S]．北京：中国标准出版社，2015：1.
[13] 全国信息技术标准化技术委员会．信息技术 互操作性元模型框架（MFI） 第 5 部分：过程模型注册元模型：GB/T 32392.5—2018[S]．北京：中国标准出版社，2018：5-7.
[14] 全国信息技术标准化技术委员会．信息技术 互操作性元模型框架（MFI） 第 7 部分：服务模型注册元模型：GB/T 32392.7—2018[S]．北京：中国标准出版社，2018：4-7.
[15] 全国信息技术标准化技术委员会．信息技术 互操作性元模型框架（MFI） 第 8 部分：角色和目标模型注册元模型：GB/T 32392.8—2018[S]．北京：中国标准出版社，2018：3-6.
[16] 全国信息技术标准化技术委员会．信息技术 互操作性元模型框架（MFI） 第 9 部分：按需模型选择：GB/T 32392.9—2018[S]．北京：中国标准出版社，2018：3-8.
[17] 多恩，哈勒维，艾夫斯，等．数据集成原理[M]．北京：机械工业出版社，2014.
[18] 曹昊嘉，李冰．元数据管理系统设计及其关键技术[J]．信息技术与标准化，2016，382（10）：30-33.
[19] 常志军，许丽媛，于倩倩，等．基于生命周期模型的科技文献数据管理体系研究[J]．农业图书情报学报，2022，34（6）：36-49.
[20] 黄成．船舶工业信息化业务平台元数据体系结构研究与设计[D]．哈尔滨：哈尔滨工程大学，2012.
[21] 雷启明．基于 CWM 的数据仓库元数据管理策略研究[J]．商场现代化，2009，595（34）：9-11.
[22] 李瑞．基于语义分析的元数据管理工具的设计与实现[D]．武汉：华中科技大学，2012.
[23] Lugmayr A. The ENTHRONE 2 metadata management tool（MATool）（WISE 2008 MATool demonstration）[C]. The 6th ACS/IEEE International Conference on Computer Systems and Applications，

2008：1013-1018.

[24] [美]劳拉·塞巴斯蒂安-科尔曼．穿越数据的迷宫：数据管理执行指南[M]．汪广盛，译．机械工业出版社，2020.

[25] 甘义成．基于语义分析的元数据管理工具研究[D]．上海：复旦大学，2012.

[26] 黄成．船舶工业信息化业务平台元数据体系结构研究与设计[D]．哈尔滨：哈尔滨工程大学，2012.

[27] 雷启明．基于CWM的数据仓库元数据管理策略研究[J]．商场现代化，2009，595（34）：9-11.

[28] 李瑞．基于语义分析的元数据管理工具的设计与实现[D]．武汉：华中科技大学，2012.

[29] 梅宏．数据治理之论[M]．北京：中国人民大学出版社，2020.

[30] 申丽珍．浅析元数据规范与设计原则——以温州地域特色数据为例[J]．数字技术与应用，2013（2）：158.

[31] 宋天龙．网站数据挖掘与分析：系统方法与商业实践[M]．北京：机械工业出版社，2015.

[32] 滕光进．元数据管理的探索与实践[J]．金融电子化，2014，223（4）：56-58.

[33] 王飞．数据架构与商业智能[M]．北京：机械工业出版社，2014.

[34] 王庆．DOA下元数据分类方法研究[D]．成都：成都理工大学，2015.

[35] 王少杰．基于数据湖的联邦数据管理系统的设计与实现[D]．北京：北京交通大学，2020.

[36] 王奕，范通让．多级元数据查询系统体系架构的设计与优化[J]．现代图书情报技术，2007，158（12）：16-19.

[37] 杨永清，黄毕惠．文献资源组织中元数据集成建设问题研究[J]．数字图书馆论坛，2020，196（9）：24-31.

[38] 用友平台与数据智能团队．一本书讲透数据治理：战略、方法、工具与实践[M]．北京：机械工业出版社，2022.

[39] 张全贵，李志强，蔡丰，等．融合元数据及隐式反馈信息的多层次联合学习推荐方法[J]．计算机应用研究，2018，35（12）：3635-3639.

[40] 张正强．论电子文件管理元数据的需求分析方法与保证原则[J]．档案学通讯，2006（5）：64-68.

[41] 赵改善，曹邦功．元数据：勘探开发数据管理的一种新工具[J]．石油物探，2002（2）：236-242.

[42] 祝守宇，蔡春久．数据治理：工业企业数字化转型之道[M]．北京：电子工业出版社，2020.

第 6 章 数据标准管理

6.1 概述

6.1.1 标准的定义

《团体标准的结构和编写规则》（T/NDAS 01—2019）将标准定义为“在一定的范围内获得最佳秩序，经协商一致制定并由公认机构批准，共同使用和重复使用的一种规范性文件”。简单来说，标准就是为了更好地进行业务沟通、避免理解歧义、统一衡量基准、保障成果质量，建立的具有强制性、约束性和指导性的规则。

《标准编写规则》（GB/T 20001）把标准分为术语标准、符号标准、分类标准、试验方法标准、规范标准、规程标准、指南标准、产品标准和管理体系标准。其中，术语标准是界定特定领域或专业中使用的概念的指称及其定义的标准；符号标准是界定特定领域或学科中使用的符号的表现形式及其含义或名称的标准；分类标准是基于诸如来源、构成、性能或用途等相似特性对产品、过程或服务进行有规律地排列或划分的标准；试验方法标准是在适合指定目的的精密度范围内和给定环境下，全面描述试验活动及得出结论的方式的标准；规范标准是规定产品、过程或服务需要满足的要求，以及用于判定其要求是否得到满足的证实方法的标准；规程标准是为活动的过程规定明确的程序，以及判定该程序是否得到履行的追溯/证实方法的标准；指南标准是以适当的背景知识提供某主题的普遍性、原则性、方向性的指导，或者同时给出相关建议或信息的标准；产品标准是规定产品需要满足的要求以保证其适用性的标准；管理体系标准是针对特定主题的管理体系，规定需要满足的要求或提供指导以满足其适用性的标准。

6.1.2 数据标准的定义

《数据标准管理实践白皮书》将数据标准定义为“保障数据的内外部使用和交换的一致性和准确性的约束性规范”，并以银行业、电信业的数据标准分类为例，将数据标准分为基础类数据标准和指标类数据标准。其中，基础类数据标准规范了客户数据、产品数据、协议数据、渠道数据、交易数据、财务数据、资产数据等所有业务活动的相关数据；指标类数据标准规范了监管合规指标、客户管理指标、风险管理指标、资产负债指标、营销管理指标和综合经营指标等。

不同学者对数据标准的定义也不尽相同。杨栋枢等（2017）将数据标准定义为“对数据的名称、含义、结构、取值等信息的统一定义和规范，达成对数据的业务理解、技术实现的一致”，并认为数据标准的具体管理内容包括业务术语标准、数据项标准、参考数据（或称“代码数据”）标准和指标数据标准。王爽等（2015）认为，数据标准是“为了保证数据质量，实现数据的完整性、准确性和一致性，对数据本身制订的一套规范”，数据标准的管理内容主要包括数据模型和数据编码两部分。杨炜鸿等（2007）认为，数据标准由数据的分类及描述、数据业务标准和数据技术标准三部分组成。数据业务标准是对数据业务含义的统一解释及要求，它包括数据的业务含义解释、数据在相关业务环境中产生过程的描述、数据之间的制约关系、数据产生过程中所要遵循的业务规则；数据技术标准是业务在应用环境中对数据的统一技术要求，它包括对字段长度、数据格式、数据的缺省值及数据安全需求的定义。

简单来说，数据标准就是对数据制定的规则。它包括术语、符号、分类、规范、规程、指南、管理体系等形式，从数据的采集、传输、存储、处理、交换、销毁等过程域，以及合规、安全、应用等角度进行设计，最大限度地挖掘数据价值，推进组织机构的数字化进程。

6.1.3 数据标准管理的定义

《数据标准管理实践白皮书》将数据标准管理定义为“规范数据标准的制定和实施的一系列活动”，其主要内容包括标准分类规划、标准体系建设、标准评审发布、标准落地执行、标准运营维护 5 个阶段。《数据架构与商业智能》一书将数据标准管理定义为“制定和维护业务经营所涉及的数据的标准”，其主要内容包括制定标准、审核标准、执行标准、反馈数据标准。徐涛（2017）认为，数据标准管理体系框架包含标准化组织建设、制度流程、体系规划、标准制定、标准执行、标准维护、监督检查与考核、标准管理工具建设 8 个部分。徐萍等（2020）构建了装备采购项目管理数据标准体系，将数据标准分为基础标准、技术标准、应用标准、数据质量标准和数据安全标准，又在此基础上进行了细化，并随着业务需求、技术发展和数据状况及时调整、动态更新。陈啸伟（2022）从组织建设、制度建设、标准制定、落地策略、标准稽核、工具搭建等方面对福建农信数据标准体系的探索实践进行了介绍。综上所述，本书认为污染源数据标准管理主要包括组织建设、流程确立、内容构建和工具搭建四部分内容。

6.2　数据标准管理体系

6.2.1　管理组织

数据标准管理涉及管理部门、业务部门和技术部门 3 个层面。其中，管理部门制定战略决策，对业务部门和技术部门进行监督；业务部门实现标准价值，是数据标准的主要制定者、执行者和使用者；技术部门提供管理工具，建设和维护数据标准管理系统。合理的组织架构能保障组织机构的有效运行，促进自身战略目标的实现。

数据标准管理的组织架构因数据系统的复杂程度和标准管理需求而异。小型组织的数据标准管理可能只需要两人，由业务人员和技术人员组成，负责除标准审核之外的标准管理事宜，适用的组织架构是矩阵管理架构。中等规模的组织一般需要建立数据管理部门，由数据负责人、业务人员与技术人员共同完成标准管理工作，适用的组织架构是职能部门架构。规模较大、数据系统较复杂的组织一般设立首席数据官，由数据管理办公室及执行部门协作完成，适用的组织架构有业务单元架构、外包集成架构。

《数据标准管理实践白皮书》将数据标准管理组织分为决策层、管理层和执行层。决策层是把握全局的决策组织，负责制定数据规划，审批数据标准，解决在体系建设、评审发布、执行落地中的全局性、方向性问题。管理层是数据标准管理的组织协调部门，负责依据相关管理制度和操作规定，推进和监督数据标准的落地工作，定期向决策层汇报数据标准的落实情况和出现的具体问题。执行层是负责数据标准落地工作的各数据源头部门，需依据制定好的数据标准规范和管理文件，全力配合管理层落实数据标准规范。

6.2.2　管理流程

不同学者对数据标准管理流程的设计略有差异，但大体是从需求分析、标准编制、标准审核、标准发布、落实与反馈等方面进行阐述的。

1. 需求分析

需求分析指收集、整理用户数据标准管理的现状、问题、目标、规划等信息，准确理解用户对数据标准管理的期望和要求，明确用户最关心的问题，从而确定工作方向和重心。

需求分析的第一步是获取需求。常用的需求调研方法包括观察法、体验法、问卷调查法、访谈法、单据分析法、报表分析法、需求调研会法等，在实践中应根据调研目的、具体业务需求、业务部门、岗位特征等灵活选择和运用。以数据标准管理为例，需求调研通常会问以下几个问题：

- 制定标准是为了解决哪些问题？
- 哪些人会用到标准？哪些业务会用到标准？
- 用户在意的是准确性、一致性、合规性还是时效性？是否有侧重点？
- 已有的标准管理系统有哪些不足？需要新建还是在原有基础上改进？
- 用户在标准管理上投入的时间和精力是否远超预期？将来会花多少时间、人力和资金在标准管理上？

获取需求之后，要对需求进行整理。不同业务、不同职级、不同岗位的用户可能有不同的需求。有些需求无法同时实现，有些需求会超出项目范围，有些需求易被用户忽视却对实际业务有重大影响，因此需要对需求进行取舍，以确保达到预期目标。需求明确之后，就要将抽象的需求转化为可落地的业务指标。以数据标准管理为例，其业务指标包括业务术语、操作程序、系统建设、评价方法等。

2. 标准编制

标准编制是管理流程中的重要环节，需要满足国家、地方及行业对标准编制的规定，以满足业务需求为出发点，与已有相关标准中含义相同或相近的术语相协调，技术要求应符合当下实际。标准编制需要注意以下方面：①编制原则，应遵循准确性、完整性、严谨性、简明性、一致性、易用性、补充性、行业性、公益性等原则，参考《海关标准编写规则》（HS/T 1—2022）；②编制依据，主要为现行的国内外标准，可参考其他标准的规范性引用文件；③标准内容，不同标准有不同要求，如术语标准罗列术语的定义，符号标准包括符号组织（组织原则、组织方法、符号内容、符号表达样式）、符号使用方法（符号定位、符号尺寸、符号色彩）、符号扩充（扩充原则、扩充方法）和附录；④标准应用建议说明，即标准的适用范围及使用过程中的注意事项。

如果在信息化建设前期，组织机构已建立多个信息系统并仍在使用，替代系统需要沿袭原系统的代码标准，那么在数据标准的制定过程中应坚持 4 个原则：①对单源头的数据字段，应尽量采用数据源头部门的代码标准；②对多个源头都在使用的数据字段，如存在标准不一致的情况，应以数据交换使用频率较高的数据源标准为基础进行改造；③如果某些数据需要自行建立代码标准，应首先研究是否可采用相应的国家标准和行业标准，尽量满足共享性、唯一性、稳定性、可拓展性、前瞻性和可行性等代码标准规范要求，如果数据存在层级结构，则应当体现在代码上；④指标类数据标准应当在基础类数据标准的基础上建立，指标类数据的定义、统计范围、统计方法等应结合基础类数据的特点制定，以保证统计数据含义和内容的确定性、唯一性。

3. 标准审核

标准审核是标准编制过程中的一项重要工作，对保证标准发布质量有着重要意义。目前，各省（区、市）的地方标准报批材料主要包括标准报批稿、编制说明、专家评审意见、评审意见汇总处理表、征求意见汇总处理表、标准解读材料等。

审核依据包括现行的国家及各省（区、市）相关文件，如《中华人民共和国标准化法》《地方标准管理办法》《标准化工作导则　第 1 部分：标准化文件的结构和起草规则》（GB/T 1.1—2020）等。审核要点主要包括三方面。一是内容合理性审核，包括是否符合相关法律法规；是否符合标准制定的目的性、性能和可证实性原则；依据是否充分（编制说明及验证试验报告中应有说明）；技术内容是否先进、合理，具有可操作性；采用国际标准的情况；强制性标准的范围是否符合规定；是否涉及专利，并提供完整专利说明材料。二是标准协调性审核，包括与相关标准、强制性标准及法律法规的协调，与现行基础标准的协调，与上级或同级标准间协调，与非本部门标准之间的协调。三是标准编写规范性审核，包括标准结构是否规范；标准要素是否完整且符合要求；相关标准间的协调性是否符合并完好；标准技术内容的一致性、完整性和可操作性；标准条款的表述是否清楚、无歧义，标准条款中所有助动词的使用是否规范；标准章条列项设置的合理性与编排、引用的正确性；标准中的图、表、公式、数据的表达是否规范。

4．标准发布

数据标准发布是指数据标准管理部门组织各相关业务单位对数据标准进行会签，并报送数据标准决策组织，实现数据标准发布的过程。数据标准一经发布，便要在规定时限内落实到位。遗留系统中的存量数据若按照数据标准进行修改，可能面临数据失效的风险，应做好相应的影响评估。

《生态环境标准管理办法》（生态环境部令　第 17 号）第九条规定，“生态环境标准发布时，应当留出适当的实施过渡期。生态环境质量标准、生态环境风险管控标准、污染物排放标准等标准发布前，应当明确配套的污染防治、监测、执法等方面的指南、标准、规范及相关制定或者修改计划，以及标准宣传培训方案，确保标准有效实施。”第五十一条规定，“生态环境标准由其制定机关委托的出版机构出版、发行，依法公开。省级以上人民政府生态环境主管部门应当在其网站上公布相关的生态环境标准，供公众免费查阅、下载。”

6.2.3　管理内容

王成才等（2005）将数据标准分为通用数据标准、共享数据标准和特定数据标准，通用数据标准又分为通用业务数据标准和通用技术数据标准。杨栋枢等（2017）认为，数据标准管理范围包括业务术语标准、数据项标准、参考数据标准和指标数据标准。《一本书讲透数据治理：战略、方法、工具与实践》认为，数据标准一般包含数据模型标准、基础数据标准、主数据与参考数据标准、指标数据标准 4 个方面的内容。刘进等（2020）认为，数据标准管理内容包括业务术语标准、基础数据标准、代码标准（又称代码数据）和指标数据标准。徐萍等（2020）将装备采购项目管理业务数据分为基础数据、业务数据、交换数据和综合数据，对应的数据标准包括基础标准、技术标准、应用标准、数据质量标准和数据安全标准。

综上所述，数据标准管理内容与行业类别、业务类型、技术发展等因素有关，数据标准的类别和定义也呈现出差异性。本书根据污染源数据的特点，选取了业务术语标准、数据项标准、参考数据标准和指标数据标准 4 项标准对数据标准管理内容进行阐述，主要描述创建标准的思路和方法，供各位读者参考。

1．业务术语标准

术语是用语言表示一般概念的指称，可能出现汉字、字母、数字、符号及约定的字体等。制定业务术语标准是为了统一业务概念，将业务中的高频词、关键词、指标和专有名词进行规范化表达，避免在业务过程中产生歧义，导致沟通不畅或产生纠纷。

术语工作的一个基本原则是，一个指称（如术语、符号或名称）宜对应一个概念，对于特定领域或专业，一个概念应对应一个指称。

术语标准化宜遵循以下要求：避免使用一个术语表述多个概念，以及使用多个术语表述一个概念；避免术语条目在与其密切相关的标准中出现冲突；只对与领域、专业或标准范围相关的概念进行定义；使概念的定义能够在某种语境中替代同该概念相对应的术语（替代原则）。

术语标准的编制可分为编写前的准备和编写两部分。编写前的准备包括需求分析和资料收集。术语不仅来自已发布的标准规范，还可以来自使用说明书、零部件目录、学术报告、论文、教材、百科全书等，具体要根据使用场景和使用需求确定。收集资料后进行整理，选择确定合适的术语定义，写入术语表中。

如果已经确定了术语的定义，术语标准的编写更多的是格式和语法问题。术语标准中涉及的物理量及其单位的名称和符号应符合《国际单位制及其应用》（GB 3100—1993）和《有关量、单位和符号的一般原则》（GB/T 3101—1993）的有关规定。术语标准中要素（如封面、目次、前言等）的编写及要素的表述（如图、表、数学公式、示例、脚注等）应符合《标准化工作导则 第 1 部分：标准化文件的结构和起草规则》的规定。

2．数据项标准

《数据项标准编写要求》（GA/T 1053—2013）将数据项定义为“具有一定含义、按照特定规则命名和标识的、用于描述警务活动的信息数据单元”。《数控装备工业互联通讯协议 第 4 部分：数据项定义》（T/CMTBA 1008.4—2020）中的数据项指的是设备对象、组件对象、数据对象的 type 属性及延伸出来相关的几个对象属性。

数据项应以数据项表的形式逐一列出。在《数据项标准编写要求》中，数据项表的表头包括序号、数据项名称、数据元内部标识符、限定词内部标识符、数据项标识符和说明。在《数控装备工业互联通讯协议 第 4 部分：数据项定义》中，数据项表的表头包括 type

属性取值、value 属性数据类型、数据类型、含义描述、适用范围等。在《软件与信息技术服务企业综合能力数据项标准》（T/SIA 026.01—2021）中，数据项表的表头包括内容项名称、数据类型、长度、引用基础、备注、单位。

综上所述，可以将数据项标准理解为对数据在系统中的存在方式的说明，通过代码编码规则、代码取值、代码名称、代码含义规范数据属性。数据项标准的意义是统一数据在系统中的名称、格式、长度、精度等属性，为数据交换和运算操作提供便利。否则，程序与程序之间、程序与数据库之间只能一对一地解决数据项的对应关系，对于数据量庞大的组织机构，其维护和管理的工作量难以想象。

3．参考数据标准

参考数据是用于将其他数据进行分类的数据，可以理解为数据中关联的扩展说明数据（如行政区编码数据）。最基本的参考数据由代码和描述组成，但有些复杂的参考数据可能包含映射结构。参考数据的记录数和数据量通常都比较小，相对于业务数据而言比较稳定，可作为共用的基础数据被跨系统、跨部门共享使用，因此应尽量标准化，并尽量采用更通用的标准。

《DAMA 数据管理知识体系指南（原书第 2 版）》列举出的参考数据包括不同国家在不同语言环境下的名称、缩写和代码，也包括一项工程在不同状态（如新建、已分配、施工中、已解决、已取消等）下的代码和描述。简单地说，参考数据就是数据的分类状态，如将行业分为农业、工业和服务业，将学历分为中专、大专、本科、硕士和博士。如果一项业务在世界范围内开展，可能使用不同语言或代码对其进行表述（如中国可以表述成 China、CN、Chine、ZhongGuo），为了方便整合信息，应设计出一套参考数据进行对标。

参考数据管理（reference data management，RDM）就是控制已定义的域值及其定义，其目标是确保组织能够使所表示的每个概念都获得一套完整、准确的当前值。

对于分类标准，《标准编写规则　第 3 部分：分类标准》（GB/T 20001.3—2015）给出了详细的编写规则。但参考数据除了代码、类目/项目名称和说明，往往还包括推荐值/取值范围、属性、符号等，需要与其他标准保持统一。污染源数据的参考数据标准管理可从行业、地域、生产规模、排污许可管理类型、信用等级、处罚记录、污染物排放类型等方面进行分类，以对污染源进行分层管理。

4．指标数据标准

指标是统计学术语，也称统计指标，是反映现象总体数量特征的基本概念及其具体数值的总称。对指标的理解有以下 2 种方式：①统计指标是反映现象总体数量特征的概念，包含指标名称、计量单位和计算方法 3 个要素，如国民或地区生产总值、人均工资等；②实际统计工作中，统计指标是指反映现象总体数量特征的概念和具体数值，这时统计指标除包含上述 3 个要素外，还包含时间限制、空间限制和指标数值这 3 个要素。

指标数据是基于交易数据或主数据的一个或多个基础数据按照一定逻辑加工得到的

新基础数据，一般由指标名、指标值、统计口径、指标阈值等组成。通过指标数据的标准化，一方面减少了指标数据间使用上的歧义，提高了数据一致性；另一方面避免了重复计算，提高了工作效率。

《生态文明发展水平评价指标体系》（DB3502/T 101—2023）将生态文明发展水平评价指标分为一级指标、二级指标和三级指标（表 6-1）。

表 6-1　《生态文明发展水平评价指标体系》（节选）

一级指标	二级指标	三级指标
生态环境	生态状况指数	生境质量指数
	环境质量指数	环境空气质量综合指数
		空气质量优良天数比例
		地表水环境质量综合指数
		集中式饮用水水源地水质达标率
		近岸海域水质优良比例
绿色治理	污染治理指数	生活污水处理率
		生活垃圾无害化处理率
		一般工业固体废物综合利用率
		重点建设用地安全利用率
	生态保护指数	受污染耕地安全利用率
		生态系统生产总值（GEP）增长率

指标编写最重要的是定义指标和量化需求，通过公式计算，将每个步骤的执行成果以数据的形式展现出来。例如，《耕地地力主要指标分级诊断》（DB63/T 2104—2023）将耕地地力的指标分为耕层厚度、土壤容重、土壤紧实度、水稳性大团聚体等 26 项，规定了单位和不同级别（1 级、2 级、3 级、4 级、5 级）的取值范围。《标准文档结构化 元模型 第 2 部分：技术指标》（GB/T 42093.2—2022）的技术指标元模型包含了标准对象、指标对象、指标名称、指标内容、指标对象属性、指标影响因素、计量单位、指标注、表注、试验方法、指标组 ID、指标类型等数据项，其中前 4 项为必填项，其他项可酌情筛选。《交通运输环境保护统计 第 1 部分：主要污染物统计指标及核算方法》（JT/T 1176.1—2017）将交通运输行业公路、水路的主要污染物分为污水统计、废气统计和固体废物统计 3 类，统计指标包括污水达标排放量（10^4 t）、污水回用量（10^4 t）、COD 排放量（t）、石油类排放量（t）、NH_3 类排放量（t）等。

6.3　数据标准管理工具

根据组织机构的数据标准管理需求，设计数据标准管理工具，具体如下：

数据标准全生命周期管理：支持标准增、删、改、查、发布、审核等各种基础操作，其变更过程能被自动记录，通过变更版本控制追踪标准历史。对数据全生命周期的8个阶段（规划、采集、传输、存储、加工、利用、分析、退役）进行监控和统计。

数据标准统一管理：结合自身的数据标准规范文件对数据标准进行电子化导入，并作为后续对标贯标的依据。导入的信息包括数据标准的类型、中英文名称、定义、精度等，为相关人员查询、维护数据标准提供了统一的门户入口。

数据标准分组分集管理：可建立不同分组，方便对不同类型或级次的标准集进行分类管理。同时，可在分组下新建标准集，并定义标准集的基本属性，如标准集名称、路径、是否需要申请评审流程等。

数据标准检索：支持模糊查询和精确查询，可快速定位到标准。最好能支持模糊查询，即在检索框输入任何与标准有关的信息，如标准编号的一部分、标准名称的一部分、标准引言的一部分等，用户查询到自己需要的标准后可把标准添加到查询结果中去，最后还可以将查询结果导出，以便后期使用。

自定义标准模板：内置通用且可灵活自定义的标准模板，包括技术、业务、管理、质量等通用属性，以及一些通用国家标准、行业标准、地方标准模板，以便快速构建数据标准体系。

流程化标准审批：基于创建好的单个或批量标准，提供通过、退回、部分退回等审批操作，采用邮件或任务提醒的方式进行督办。审批流程与国际、国家最新标准接轨，并符合相关管理规定。

数据标准是否强制执行的设定：设置是否强制贯标的开关。如果设置为强制贯标，在设计过程中会把与标准不一致的情况强制修改为数据标准项；如果设置为非强制贯标，在设计活动中只会给予提示；如果设置为无须对标，则系统会跳过相关字段的检查。

数据标准执行情况的检查：系统将检查数据库表字段及服务接口设计相关的字段是否满足数据标准，并根据是否强制贯标进行贯标或提示处理，将数据标准的历史执行情况进行统计，并以可视化的形式展现。

数据标准执行情况的总览：查看某标准在所有相关系统设计中的执行情况，以便于人员进行分析与跟踪，督促未完成整改的系统进行修改。能自动生成标准执行情况报告，或进行可视化表达。

数据标准监控：针对某段时间内标准审批、标准定板、标准映射、标准落地评估、标准变更统计等核心指标进行可视化展示，并可二次修改，全局掌控标准建设情况。

参考文献

[1] 国家市场监督管理总局. 国际单位制及其应用：GB 3100—1993[S]. 北京：中国标准出版社，1993：3-35.

[2] 全国语言与术语标准化技术委员会. 标准编写规则 第 1 部分：术语：GB/T 20001.1—2001[S]. 北京：中国标准出版社，2001：1.

[3] 全国标准化原理与方法标准化技术委员会. 标准编写规则 第 2 部分：符号标准：GB/T 20001.2—2015[S]. 北京：中国标准出版社，2015：1-2.

[4] 全国标准化原理与方法标准化技术委员会. 标准编写规则 第 3 部分：分类标准：GB/T 20001.3—2015[S]. 北京：中国标准出版社，2015：1.

[5] 全国标准化原理与方法标准化技术委员会. 标准编写规则 第 4 部分：试验方法标准：GB/T 20001.4—2015[S]. 北京：中国标准出版社，2015：1.

[6] 全国标准化原理与方法标准化技术委员会. 标准编写规则 第 5 部分：规范标准：GB/T 20001.5—2017[S]. 北京：中国标准出版社，2017：1.

[7] 全国标准化原理与方法标准化技术委员会. 标准编写规则 第 6 部分：规程标准：GB/T 20001.6—2017[S]. 北京：中国标准出版社，2017：1.

[8] 全国标准化原理与方法标准化技术委员会. 标准编写规则 第 7 部分：指南标准：GB/T 20001.7—2017[S]. 北京：中国标准出版社，2017：1.

[9] 全国标准化原理与方法标准化技术委员会. 标准编写规则 第 10 部分：产品标准：GB/T 20001.10—2014[S]. 北京：中国标准出版社，2014：1.

[10] 全国标准化原理与方法标准化技术委员会. 标准编写规则 第 11 部分：管理体系标准：GB/T 20001.11—2022[S]. 北京：中国标准出版社，2022：1.

[11] 全国量和单位标准化技术委员会. 有关量、单位和符号的一般原则：GB/T 3101—1993[S]. 北京：中国标准出版社，1993：1.

[12] 全国电子业务标准化技术委员会. 标准文档结构化 元模型 第 2 部分：技术指标：GB/T 42093.2—2022[S]. 北京：中国标准出版社，2022：4-5.

[13] 厦门市生态环境局. 生态文明发展水平评价指标体系：DB3502/T 101—2023[S]. 北京：中国标准出版社，2023：2.

[14] 青海省农业农村厅. 耕地地力主要指标分级诊断：DB63/T 2104—2023[S]. 北京：中国标准出版社，2023：4.

[15] 生态环境部. 环境信息术语：HJ/T 416—2007[S]. 北京：中国标准出版社，2007：1，14-18.

[16] 公安部计算机与信息处理标准化技术委员会. 数据项标准编写要求：GA/T 1053—2013[S]. 北京：中国标准出版社，2013：3.

[17] 全国地理信息标准化技术委员会测绘分技术委员会. 地理信息 民生设施质量检测 符号表达：CH/Z 9035—2022[S]. 北京：中国标准出版社，2022：1-2.

[18] 中华人民共和国海关总署. 海关标准编写规则：HS/T 1—2022[S]. 北京：中国标准出版社，2022：3.

[19] 中国机床工具工业协会数控系统分会. 数控装备工业互联通讯协议 第 4 部分：数据项定义：

T/CMTBA 1008.4—2020[S]．北京：中国标准出版社，2020：1-2.
[20] 宁德市标准化协会．团体标准的结构和编写规则：T/NDAS 01—2019[S]．北京：中国标准出版社，2019：1-2.
[21] 中国软件行业协会．软件与信息技术服务企业综合能力数据项标准：T/SIA 026.01—2021[S]．北京：中国标准出版社，2021：5-6.
[22] 交通运输环境保护标准化技术委员会．交通运输环境保护统计 第 1 部分：主要污染物统计指标及核算方法：JT/T 1176.1—2017[S]．北京：中国标准出版社，2021：1-2.
[23] 北京亿信华辰软件有限责任公司．数据标准管理平台技术白皮书[R]．北京：北京亿信华辰软件有限责任公司，2019.
[24] 陈强．标准检索系统初探[J]．电脑编程技巧与维护，2017，387（21）：20-21，27.
[25] 陈啸伟．福建农信数据标准体系探索实践[J]．中国金融电脑，2022（11）：3.
[26] 冯凡，陈辉，魏军，等．基于数据治理思想下的数据全生命周期管理探讨[J]．中国新通信，2023，25（1）：127-129.
[27] 刘进，王军，陈丹丽．平安信托数据标准管理研究与探索[C]//中国标准化协会．第十七届中国标准化论坛论文集．《中国学术期刊（光盘版）》电子杂志社有限公司，2020：10.
[28] 梁礼方．银行信息科技：构建银行数字化发展新图景[M]．北京：人民邮电出版社，2022.
[29] [美]劳拉·塞巴斯蒂安-科尔曼．穿越数据的迷宫：数据管理执行指南[M]．汪广盛，译．北京：机械工业出版社，2022.
[30] [美]DAMA 国际．DAMA 数据管理标准体系指南[M]．2 版．DAMA 中国分会翻译组，译．北京：机械工业出版社，2020.
[31] 孙立群，贺学金．液晶电视集成电源维修精粹[M]．北京：化学工业出版社，2015.
[32] 陶然．运用工具化手段推进数据标准落地的思考与探索[J]．金融科技时代，2018，276（8）：41-44.
[33] 王成才，李孔仁，王登科．企业信息建设中数据标准的制定[J]．牡丹江师范学院学报（自然科学版），2005（2）：13-14.
[34] 王爽，马又良，褚卫艳．电信企业数据标准管理方案研究[J]．邮电设计技术，2015，469（3）：72-75.
[35] 王飞．数据架构与商业智能[M]．北京：机械工业出版社，2014.
[36] 温柏坚．大数据运营与管理：数据中心数字化转型之路[M]．北京：机械工业出版社，2021.
[37] 武长海．数据法学[M]．北京：法律出版社，2022.
[38] 徐涛．浅谈银行业数据标准管理框架体系[J]．金融经济，2017，468（18）：129-130.
[39] 徐萍，游宏梁，耿伟波．装备采购项目管理数据标准体系构建研究[J]．航空标准化与质量，2020，301（4）：3-6，37.
[40] 杨炜鸿，孙震宇，冯利．通用数据标准制定方法的研究[J]．长春理工大学学报（自然科学版），2007（3）：91-93，86.
[41] 杨栋枢，郭振，蔡云飞．企业数据标准及其管理体系研究[J]．软件，2017，38（12）：258-261.
[42] 杨长春．软件需求分析实战[M]．北京：清华大学出版社，2020.
[43] 袁丽霞，廖蕊，游彬，等．浅谈企业中术语标准的编写方法及常见问题[J]．汽车实用技术，2022，47（9）：178-183.
[44] 用友平台与数据智能团队．一本书讲透数据治理：战略、方法、工具与实践[M]．北京：机械工业

出版社，2022.
[45] 中国信息通信研究院云计算与大数据研究所．数据标准管理实践白皮书[R]．北京：中国信通院，2019.
[46] 张聪．高校数据标准的制定与落地[J]．中国教育信息化，2021，498（15）：48-51.
[47] 张晓成．管理者之道[M]．北京：企业管理出版社，2020.
[48] 张弛，黄菁，张鹏洲，等．图片内容元数据体系研究与标准编制[J]．中国传媒科技，2017，296（11）：81-84.
[49] 赵正林．标准编写规范性审核中的重点要素分析[J]．信息技术与标准化，2019，414（6）：54-58，66.
[50] 邹谊，汤汉伊，李锐，等．基于 IMS 行政交换网的国家电网财务数据集中管理系统的设计与实现[J]．新型工业化，2017，17（4）：49-54.
[51] 钟大伟，高铎，王鹏．数据应用工程：方法论与实践[M]．北京：机械工业出版社，2022.

第 7 章 主数据管理

7.1 概述

7.1.1 主数据的分类

在《主数据管理实践白皮书（1.0 版）》中，主数据主要包括配置型主数据和核心主数据两种。其中，配置型主数据是一种用于描述业务或核心主数据属性分类的参考信息，它会在整个组织中被共享使用，且其属性值相对稳定，通常以国际标准、国家标准、行业标准、企业标准和相关规范等为基础来创建，如污染源的行业代码、行政区划代码等；核心主数据是用来描述组织核心业务实体的主数据，是组织核心业务对象的执行主体，且其属性值变化缓慢，如污染源监管企业、监管人员等。核心主数据是组织运行和决策分析的基础。

7.1.2 主数据的特征

主数据具有四大特征：①超越部门，主数据是生态环境主管部门内共享的跨部门的污染源基础数据，并不局限于某个具体职能部门的数据库；②超越业务，主数据不依赖某个具体的污染源监管业务，但可以在多个业务领域中被广泛使用；③超越系统，主数据是多个系统间的共享数据，是业务系统之间建立关联的基础；④超越技术，主数据需要满足跨部门的业务需求，必须适应不同技术规范的不同业务系统，因此必须应用一种能够为各类异构系统所兼容的技术条件。从这个意义上讲，面向微服务的架构为主数据的实施提供了有效的工具。

7.1.3 主数据管理的定义

《主数据管理实践白皮书（1.0 版）》对主数据管理进行了界定，认为其是“一系列规则、应用和技术，用以协调和管理与企业的核心业务实体相关的系统记录数据”。刘长恩等（2022）认为，主数据管理是通过一些标准、规则和技术，来管理企业核心基础数据，以便更好地为业务服务。王兆君等（2019）提出，主数据管理描述了一组规程、技术和解决方案，这些规程、技术和解决方案用于为所有利益相关方创建并维护的业务数据的一致性、完整性、相关性和准确性。结合污染源主数据的定义、特征和分类，本书认为主数据管理通过一系列的标准、规则、流程、制度、技术和工具管理污染源基础数据，以确保各系统能够使用协调一致的高质量主数据。

主数据被称为组织内的“黄金数据”，是信息系统之间互联互通的基石，具有很高的价值。通过实施主数据管理，可以达到以下 4 个目标：①统一数据标准，打通数据关联，解决“数据孤岛”问题；②解决数据重复、不统一、不完整、不准确等问题，有效提升数据质量；③实现主数据统一管理、高效共享，打破部门、系统壁垒，提升业务效率，降低沟通成本；④通过实施主数据管理使污染源监管决策从经验驱动向数据驱动转型。

7.1.4 主数据管理的内容

不同机构和学者对主数据管理内容的理解略有差异。《主数据管理实践白皮书（1.0版）》中提出，主数据管理的主要内容包括“两体系、一工具”，即主数据管理标准体系、主数据管理保障体系和主数据管理工具。王兆君等（2019）提出，主数据管理的有效途径是建立一个包括主数据标准体系、主数据管控体系、主数据质量体系和主数据安全体系在内的完整的主数据体系，建立持续长期的管理机制。刘长恩等（2022）认为，企业开展主数据治理活动，首先需要建立统一的主数据治理体系，主要从数据标准、主数据代码库、主数据管理平台、主数据运维体系、目标系统代码转换 5 个方面来建立治理体系框架。李志华等（2016）认为，主数据管理的关键活动包括制定主数据标准规范、搭建主数据管理平台、制定主数据集成架构、开发主数据集成接口、制定数据清洗方案、设计主数据管控体系等。

结合对已有研究成果的梳理分析，在明确了主数据管理主体内涵与内容的基础上，结合深圳市生态环境数据治理实际，本书认为主数据管理的主要内容包括主数据管理规划、主数据管理实施、主数据管理工具及主数据运营维护。

7.2 主数据管理规划

7.2.1 现状及需求调研

与主数据管理相关的现状及需求调研一般包含在整体数据治理工作的现状及需求调研中，但其应重点关注以下内容：①系统现状，应对信息系统现状进行全面调研，全面掌握历史及现有系统情况，包括系统建设情况、系统基本情况、系统功能情况、系统集成情况；②数据现状，通过对系统及各业务单位数据情况的调研，了解数据分类、数据数量、数据分布、时间跨度、数据使用、数据管理及存在问题的情况；③数据需求，收集相关业务单位对各类数据的使用及共享需求。

7.2.2　主数据识别

主数据有超越部门、超越业务、超越系统和超越技术的特点，其识别方法主要有特征分析法、业务影响和共享程度分析矩阵法。污染源主数据识别采用特征分析法，可根据某类污染源数据是否满足跨部门、跨业务、跨系统的共享性、有效性、唯一性、稳定性 4 个特征来加以识别，其中只要有一项不符合，就可以将其排除。共享性，指该类数据是否在多个部门、多个业务、多个系统中用到；有效性，指该类数据是否贯穿业务的整个生命周期甚至更长；唯一性，指该类数据是否在组织范围内具有唯一的识别标志（编码、名称、特征描述等）；稳定性，指该类数据是否相对稳定，很少变化。

7.2.3　主数据管理体系建设

通过对主数据现状的调查，可以确定主数据的识别范围，从而清晰地对主数据情况进行整理，并根据实际情况从组织、制度、运营等方面对主数据进行管理。

1. 管理组织体系

良好的组织架构是主数据管理项目成功的有力保证，也是高层管理者对于主数据管理重要性的具体体现，因此拥有一个专门的主数据管理组织和与之匹配的主数据管理岗位是十分必要的。常见的主数据管理岗位包括主数据管理员、主数据审核员、主数据填报员、数据质量管理员等，具体组织部门和岗位需根据组织的实际情况而定。

2. 制度流程体系

在建立了主数据管理组织以后，为了保证管理的有效进行，必须对主数据管理的基本原则、管理机构和职责、主数据管控流程等进行明确。主数据管理制度建设的主要内容是明确主数据管理组织，明确每个主数据的归口管理部门，明确主数据的申请和填报规范，以及明确主数据管理的考核机制。

主数据管理流程建设是为了规范主数据管理的过程，确保数据输入、管理和输出的标准化。主数据管理流程建设的主要内容是明确每个主数据的申请、审批、变更、共享的流程，确定每个流程的岗位/角色、业务操作和注意事项。

3. 标准体系

统一主数据标准是信息系统之间数据共享的基础，主数据标准体系包括主数据来源、主数据分类、主数据编码、主数据结构和主数据关系。其中，主数据来源指的是确定数据的唯一出处；主数据分类是根据信息的属性或特征，将其按一定的原则和方法进行区分、归类、排序，并建立分类系统，以便管理使用；主数据编码是在数据分类的基础上，将信息对象赋予具有一定规律、易于计算机和人识别处理的符号；主数据结构指的是确定主数据的属性视图和数据结构；主数据关系指的是确定主数据之间的关联关系。

7.3 主数据管理实施

7.3.1 数据源分析

每类主数据理论上应该有唯一的系统或业务单位对其负责，以保证数据的完整性、准确性、时效性等质量要求。主数据源分析是在系统与数据现状调研的基础上，分析各类主数据在各业务系统中的产生和使用情况，结合污染源全生命周期管理情况、业务办理情况及系统来源情况，确定主数据源。针对每类主数据，按照以下流程进行数据源分析：①列出所有使用到该类主数据的系统和负责单位；②了解系统是否创建了新的主数据条目，是否会修改已有的主数据条目；③按照污染源全生命周期管理顺序，将所有涉及创建或修改主数据的系统绘制到一个数据流图里；④在数据流图里标识出各个系统的来源（如自建系统、外部系统等），明确组织对各系统修改及重构的控制力度（完全控制、部分控制、无法控制）；⑤确定该类主数据能否做到“一数一源”，确定该类主数据的责任单位。

理想情况下是“一数一源”，即一个数据项对应一个责任单位；然而在实际环境中，常存在“一数多源”且不可控的情况，这时需要明确各个源的权重，并做出取舍，将控制力度较强的系统作为源，其他作为参考，在设计主数据管理系统时需要做一些特殊处理。

7.3.2 数据采集

在污染源数据治理过程中的主数据采集的核心是从业务数据库中抓取目标数据。由于生态环境是综合程度很高的领域，涉及的业务、学科知识涵盖范围非常广泛，在这些业务和学科知识背后所产生的数据内容及类型也是繁复多样的。例如，生态环境局由多个具有不同生态环境监管职能的部门组成，各部门各自管理、运行了一套满足本部门业务需求的业务系统，所产生的业务数据记录并存放在该业务系统对应的数据库中。为此，基于已有的业务数据库，数据治理团队需要从目标业务数据库中按照数据治理项目、污染源管理要求抓取污染源主数据。一般情况下，污染源主数据的来源可以分为关系型数据库、非关系型数据库、文档型数据（以 csv 文件为主）等。

数据接入过程需要考虑以下几点：①尽可能保证稳定，否则可能由于错过数据接入时机而丢失掉部分历史数据，还可能进一步引发更多跨团队协作问题（如协调业务系统人员补数）；②对于无 schema 或 schema 比较自由的数据库，在接入数据时可以考虑用 json 格式存储原始数据，这可以避免在接入数据时因进行数据解析而带来的问题，使数据接入过程更稳定；③处理数据接入过程中的错误时，考虑将错误对应的数据 ID 保存下来，以便反馈给业务系统进行修复。

数据采集的策略可以简单地分为全量数据采集和增量数据采集。全量数据采集是指每天都将所有数据从业务系统复制到数据仓库，适合数据量比较小或者没有数据更新时间字段的数据表；增量数据采集是指每天将变化的数据采集到数据仓库，是最常见的数据采集方式。一般而言，增量数据采集可以分为 2 个步骤完成：①第一次全量数据采集，通过此步骤一次性地将所有历史业务数据导入数据平台；②增量数据采集，在第一次全量数据采集之后，每天将业务系统的增量数据（新增或修改）导入数据平台。

另外，需要注意第一次全量数据采集需要面对所有历史数据，因此可能会面临应对大数据量的问题。后续增量数据采集需要注意数据接入的范围，通常是前一天所有的新增或修改的数据。这里存在以下几个问题：

- 如果数据采集的时间是凌晨 1 点，那么从 0 点到 1 点之间可能有数据更新，这些数据如何入库呢？一般而言，可以选择创建时间在昨天或更新时间在昨天的数据进行采集，这样就可以囊括从 0 点到 1 点的所有更新数据。但同时可能产生的副作用是，可能包含第二天的某些更新数据。例如，昨天创建了一条数据，今天 0 点 30 分做了数据更新，这条数据会同时存在于昨天和今天的接入数据中（数据重复入库）。
- 如果业务系统的数据里没有标识创建时间的字段，但有标识更新时间的字段，此时可以选择更新时间在昨天的数据范围进行数据采集，同时避免了数据重复入库的问题。
- 如果业务系统的数据里面既没有标识创建时间的字段，也没有标识更新时间的字段，无法针对数据进行增量采集。此时应考虑让业务系统做改进，加入相关字段（针对大表），或者选择每天做全量数据采集。
- 数据最好不要有删除的情况，这需要跟业务系统开发团队确认。如果存在数据删除，可能无法快速通过单表来找到被删除的数据（理论上可以实现，如可以比对数据仓库中的所有数据业务主键与业务系统中对应的所有主键，但是在技术实现上存在很大挑战）。此时可以让业务系统做改进，如将所有被删除数据的主键保存在另一张数据库表中，也可以考虑退回使用全量采集的策略。

如果业务系统允许或者存在从库，则可以随时重新触发任务。越早触发任务，丢失的数据更新越少。如果业务系统只允许在系统闲时进行数据接入，则只能在下一个可接入数据的时段重新触发前一天的数据接入任务。

最后应在数据治理库中建立业务数据镜像表，并将污染源主数据写入其中，该步骤中需记录每条污染源主数据的唯一编码，以便于后续的数据反馈。在数据写入业务镜像表时，需在获取业务数据库连接后对每个字段逐项写入，且必须按照已定义的数据字段格式写入。需要注意的是，并非所有的业务数据都具备已定义的主数据字段（如经纬度数据），因此建立业务镜像表时应按照全部主数据字段内容建表，并在写入时对缺少的字段留空（null）。

7.3.3 数据清洗

基于污染源数据治理过程中的数据清洗，其核心内容是在数据采集后根据已有的数据标准及规则对采集的主数据质量进行判断和预处理，包括异常值判别、缺失值处理、格式内容清洗。

1. 异常值判别

异常值判别是识别可能影响分析结果的异常数据，然后判断是否剔除。异常值通常有以下几个表现。①缺乏完整性。完整性即记录数量名称是否完整。污染源主数据大部分属于生态环境部门内部自行生产的数据，相对而言比较容易掌控检查。对于外部系统平台接入的数据，其完整性检查则需与数据提供单位进行接洽。②缺乏规范性。收集的数据必须符合该业务字段涉及的现行国家标准、行业标准、地方标准等，否则分析结论会对业务造成误导。规范性检查需要理解业务背景及相关标准，判断收集的数据及数据项是否可以转换为所需数据。③缺乏唯一性。数据的唯一性应从是否存在“一对多”问题和“多对一”问题两个角度去检查，常见的错误是一个污染源具有多个污染源编码或多个污染源共用同一个污染源编码。

目前，识别异常数据的常用方法有物理判别法和统计判别法。物理判别法是根据人们对客观事物、业务等的已有认知，判别是否由于外界干扰、人为误差等原因造成实测数据偏离正常结果，并判断异常值。该方法需要人工干预，检查的工作量较大，如果不具备对业务的认知，或没有找到数据之间的关联关系，很容易出现错漏处理。统计判别法是按照统计学原理，系统设定一个默认的置信概率，并确定一个置信上下限，凡超过此限的误差就认为它不属于随机误差范围，自动判定为异常值。

统计判别法高效明确，通常不会遗漏错误的“脏”数据。然而，利用统计判别法删除异常值的方式虽然高效，但也存在风险。由于每个方法不尽相同，得出的异常值也有可能存在偏差。为降低误删的可能性，应综合运用各种统计判别方法，并对异常值的产生进行分析，判断是否存在手动输入或在数据接收时发生的错误。对于多个异常值，应逐一剔除，并重新检验。

2. 缺失值处理

缺失值处理即在数据接入后判断污染源数据的完整程度。在数据严重缺失的情况下，分析结果可能会失真。因此，需要将缺失值进行填补。传统方式是由人工对检查出来的空值进行补充，但是需要补充人员找到相关资料检验无误后再进行填补，该步骤必须由相关业务部门的业务人员完成或在其监督指导下完成。

值得注意的是，在数据收集的过程中，如果对于某个字段要求必须输入，则可以通过系统导入时自动判断是否为 null，如果为 null 则导入不成功，需从源头控制数据质量。

3．格式内容清洗

格式内容清洗是根据已有明确的国家标准、地方标准、行业标准，对污染源主数据进行符合标准规范的处理。如果数据是由系统日志而来的，那么通常在格式和内容方面会与元数据的描述一致；如果数据是由人工收集或用户填写而来的，则数据格式内容上出现问题的可能性会增大。格式内容问题通常有以下几类：①时间、日期、数值、全半角等显示格式不一致，此类问题通常与输入有关，将其处理成一致格式即可；②数据值含有“非法”字符，如统一社会信用代码应由数字和英文字母组合构成，但代码中出现了多余的空格或其他符号，则需要以半自动半人工的校验方式找出并去除；③数据值与该字段应有内容不符，如统一社会信用代码填写值为中文，污染源名称填写值为统一社会信用代码等，该类问题并不能简单地做删除操作，需要甄别问题类型后再行处理。

7.3.4　数据治理

污染源主数据治理的核心内容是对筛选出的主数据字段，在完成数据清洗后，按照现行的国家、省级、地市级、行业及数据规范实行统一治理，以提升污染源主数据的数据质量。

7.3.5　数据入库

在污染源数据治理过程中，数据入库的核心内容是在数据治理后，根据需要的主数据信息，将污染源主数据写入数据治理成果表中。该步骤需记录每条污染源主数据的唯一编码，以便于后续的数据反馈。

将每个字段按照已定义的数据字段格式逐项写入数据治理成果表时，需要注意的是，数据治理成果表中包含污染源主数据的数据治理成果，因此需要对每一次修改严格把关，除记录修改人、时间、内容外，还应该建立数据治理成果表的备份表，以便于追溯每次改动前后的数据。

7.3.6　数据反馈

污染源数据治理后的数据反馈是将数据反向推送至对应业务系统数据库。数据反馈的过程和数据采集相似，但方法由系统开发方与运维方确定，由数据治理团队提供服务支撑。

数据反馈的形式一般分为两种，一种是文件形式反馈，另一种是以数据库接口的形式自动提取。若以文件形式进行反馈，则根据业务部门的污染源数据需求将治理后的污染源主数据打包，并搭配业务镜像表中的污染源唯一编码，再发送至业务部门或业务系统运维方；若以数据库接口形式进行反馈，则需要将数据治理库的连接反馈业务部门或业务系统运维方，通过业务镜像表中的污染源唯一编码，将已治理的主数据更新至业务系统的污染源数据库中。

7.4 主数据管理工具

主数据管理工具包括以下内容。

主数据建模：以主数据标准体系为基准，通过可视化建模工具，定义主数据对象、编码规则、属性值和控制流程等基础要素，构建主数据标准模型。

主数据整合：利用数据清洗工具及扩展功能将各系统生成的主数据进行汇集，依据主数据标准和主数据模型定义的规则进行校验、清洗、发布，实现对主数据全生命周期的管理，并整合出统一、可信任的主数据。

主数据管理：按照标准主数据管理规程的要求，通过严格的管理流程，实现主数据创建、审批、发布、修改、冻结和失效等全生命周期管理，以及数据字典的管理维护，以确保数据的一致性、准确性、实时性和权威性。

标准文件资料管理：利用外部公共文档管理系统或内置管理功能，实现标准文件和相关资料的存储管理、版本管理和标准目录管理，配置智能化搜索引擎，实现智能、快捷、精确、高效的查询检索功能。

基础管理：对系统中的基础数据进行设置，配置灵活、安全可靠的权限管理和日志管理，包括用户、用户组、角色、资源、流程配置等，并对各类主数据进行统计分析，为主数据应用评价提供有力支撑。

7.5 主数据运营维护

主数据管理的最后一步就是把主数据实际运用至组织中，以发挥其效用。日常运营过程包括以下 4 个部分。

主数据管理优化：对主数据的新增、变更、使用等过程中的规范进行流程和制度的测试，以达到定岗定责、流程顺畅、标准鲜明的目标，对日常使用中的问题进行积累并不断优化。

主数据推广：把主数据管理推广到各个业务部门和业务系统中，以保障主数据的一致性，通过推广使用让数据辅助污染源监管部门的决策，以提高监管效率。

主数据质量提升：主数据是宝贵的数据资产，数据质量的好坏影响着数据价值，所以在日常运营中需要持续提升数据质量。

主数据价值衡量：组织要衡量主数据带来的价值，更加深入地了解主数据对组织管理、业务监管能力提升的作用。

参考文献

[1] 全国科技平台标准化技术委员会．生态科学数据元数据：GB/T 20533—2006[S]．北京：中国标准出版社，2006：1.

[2] 查易艺，袁烨．主数据在企业管理中的应用与研究[C]//中国电机工程学会电力通信专业委员会．中国电机工程学会电力通信专业委员会第十三届学术会议论文集[M]．北京：人民邮电出版社，2022：7.

[3] 冯贤凤，陈威．工业企业主数据管理平台设计与实现[J]．微型电脑应用，2021，37（2）：166-168.

[4] 李志华，李华军．基于大数据背景下提高供电局数据质量对策分析[J]．中国高新技术企业，2016（30）：177-179.

[5] 刘长恩，章恩武．应用主数据管理赋能石化企业数字化转型[J]．世界石油工业，2022，29（5）：33-38.

[6] 王兆君，王钺，曹朝晖．主数据驱动的数据治理：原理、技术与实践[M]．北京：清华大学出版社，2019.

[7] 辛良，侯效礼，陈越，等．中国矿业大学构建主数据管理平台[J]．中国教育网络，2016，215（10）：61-63.

[8] 朱颖，宋文顶．基于主数据管理的数据治理探索及实践[J]．中国金融电脑，2021，383（6）：76-81.

第 8 章 数据质量管理

8.1 概述

8.1.1 数据质量的定义

根据《DAMA 数据管理知识体系指南（原书第 2 版）》中的规定，数据质量既指与数据有关的特征，也指用于衡量或改进数据质量的过程。在 Wom Kim 的论文“A Taxonomy of Dirty Data”中，数据质量被定义为“数据适合使用的程度、满足特定用户期望的程度”。《信息技术 数据质量评价指标》（GB/T 36344—2018）给出的数据质量定义是，在指定条件下使用时，数据的特性满足明确的和隐含的要求的程度。也有观点认为，数据质量是将质量管理技术应用于数据的活动的计划、实施和控制，以确保数据适合消费并满足数据消费者的需求。

此外，具体可从 4 个方面来定义数据质量：①从用户层级定义，即满足特定用户预期需要的程度；②从数据本身定义，即从数据质量的指示器和参数指标等方面来衡量；③从数据约束关系定义，即从数据的原子性、数据的关联性及对数据的约束规则度量数据质量；④从数据过程定义，即从数据能被正确使用、存储、传输等方面定义数据质量。

所有数据都有一定程度的质量，该程度在一定意义上是可评估、可测量的。数据质量不是追求 100%，而是从数据使用者的角度进行定义，满足业务、用户需要的数据即“好”数据。关于高质量的数据有许多定义：如果数据符合预期的使用目的，那么数据是高质量的；如果数据正确地表达了所描述事物和现象的真实构造，那么数据是高质量的；如果数据符合某个标准或达到人们期望的水平，那么数据是高质量的。

无论从哪个定义来看，数据质量都是指数据满足人们的隐性或显性期望的程度。人们判断数据质量的高低取决于人们的预期。然而人们的期望很复杂，不仅在于数据应该表示什么，还在于使用数据的目的及如何使用它们。所以，数据质量是相对的、主观的，有时也可能存在矛盾。

本书认为，污染源数据质量指“污染源数据满足业务应用的可信程度”，即在指定业务环境下，污染源数据符合数据消费者的使用目的，能满足业务场景具体需求的程度。

8.1.2　数据质量管理的定义

根据百度百科，数据质量管理是指对数据从计划、获取、存储、共享、维护、应用、消亡生命周期的每个阶段里可能引发的各类数据质量问题进行识别、度量、监控、预警等一系列管理活动，并通过改善和提高组织的管理水平使数据质量获得进一步提高。数据质量管理是循环管理过程，其主要目的是通过可靠的数据提升数据在使用中的价值，并最终为企业赢得经济效益。

吴博妍（2022）认为，在实际实施过程中，数据质量管理并不是简单的一个概念、一门技术、一个系统、一套管理流程……归根结底，数据质量管理是一个结合实际情况，集各个技术手段、业务能力和管理方法的综合性解决方案。通过有效的控制手段对数据进行有效的管理和控制，以此消除数据质量存在的问题，提高企业数据的准确性并获得较高的经济效益。

《一本书讲透数据治理：战略、方法、工具与实践》指出，数据质量管理是数据治理的重要组成部分，通常用在数据模型设计、数据资产管理、主数据管理、数据仓库等解决方案中。数据质量管理可以是反应性的被动管理，也可以是预防性的主动管理。

参考《一本书讲透数据治理：战略、方法、工具与实践》，本书认为，我们可以简单地将污染源数据质量管理理解为一种业务原则，需要将合适的人员、流程和技术进行有机整合，减少污染源数据质量各维度的数据问题，提高数据质量，使污染源数据好用并发挥其价值。

8.1.3　数据质量管理的内容

根据百度百科，数据质量管理不仅包含对数据质量的改善，同时还包含对组织的改善。针对数据的改善和管理，其主要内容包括数据分析、数据评估、数据清洗、数据监控、错误预警等内容；针对组织的改善和管理，其主要内容包括确立组织数据质量改进目标、评估组织流程、制订组织流程改善计划、制定组织监督审核机制、实施改进、评估改善效果等多个环节。

练海荣等（2022）在政务数据质量管理实践中提出了现状评估、问题溯源、质量修复和考核评价“四步走”的解决方案，能够在不影响现有数据共享交换流程的基础上，形成数据汇聚与质量提升的“双循环”，独立运转、相互监督、相互促进。

结合深圳实际，本书将污染源数据质量管理的内容分为 5 个部分：数据质量调研、数据质量检查、数据质量提升、数据质量评估和数据质量管理工具。其中，数据质量调研的内容包括明确数据质量管理目标、识别核心数据、确定数据质量标准、评估数据质量水平、评估数据质量改进成本、发布数据质量管理工作基线报告；数据质量检查的内容包括明晰检查对象、制定检查规则、明确检查方法；数据质量提升的内容包括数据根因分析和问题处理；数据质量评估的内容包括从技术和业务两个角度制定评价方法，进行数据质量评估；数据质量管理工具的内容包括模型分析、设计原则和功能模块 3 个部分。

8.2 数据质量调研

数据质量相关现状及需求调研通常包含在针对整个数据治理工作的现状及需求调研中。从污染源数据质量管理的角度出发，应对当前污染源数据质量管理工作的现状开展以下调研和评估。

一是明确污染源数据质量管理目标。污染源数据质量管理工作首先要明确目标，包括污染源数据应用目标、质量提升目标、流程改进目标及绩效考核目标等，以为整个数据质量管理工作指明方向。

二是识别污染源核心数据。污染源数据质量管理工作需要聚焦于核心数据，根据业务影响和业务需求来确定污染源数据质量的管理范围，识别数据干系人（包括数据提供者、数据应用者、数据管理者等），并确定数据利益相关方如何使用数据及对数据质量的期望。通过调研的方式了解部门业务需求和应用需求，并确定支持这些业务和应用所需要的数据，以及数据应用的频率，形成数据/业务流程图、数据/应用流程图及数据全生命周期图，进而识别数据价值和成本。在综合考虑业务需求、业务影响等因素的前提下，对污染源数据质量管理工作进行优先级排序，确定污染源核心数据（通常包括主数据和其他核心业务数据）。这不仅可以为后续的原因分析提供帮助，也可以使部门对数据现状有一个更加全面、直观的理解和认识。

三是确定污染源数据质量标准。结合污染源数据质量目标和识别的核心数据，分析和设计数据质量评价指标。在国家标准、行业标准和地方标准的指导下，结合管理规范、工作流程、数据存储、业务规范等因素，制定污染源数据质量评价指标。在此阶段，可以充分调动各个部门的业务专家和技术人员共同参与指标的制定，以保障数据质量指标的完整性和合理性，同时也便于与业务部门在数据质量标准上达成共识。

四是评估污染源数据质量水平。围绕已确定的污染源数据质量管理范围和评价指标，从相关数据源提取数据，利用技术工具完成数据质量的初始评估，并记录问题的级别和类型。复杂业务规则的执行需要大量的计算和分析，手动的脚本监测已无法满足海量数据实时监测的要求。因此，在此阶段需要充分使用大数据分析技术，充分利用聚类分析、近邻分析、关联分析、属性分析等数据分析模型和算法，进行异常数据自动识别，同时要利用正态性检验、函数相关性等统计分析方法。

五是评估污染源数据质量改进成本。针对发现的每类数据问题进行根本原因分析，进而制定改进流程，并评估改进成本。数据的新鲜度是决定数据价值的一个因素，是否要修复历史数据需综合考虑修复成本。可以使用因果图或鱼骨图等技术来支撑根本原因分析。

六是发布污染源数据质量管理工作基线报告。通过污染源数据质量评估报告的发布，让数据干系人充分了解当前的数据质量水平。质量评估报告是对评估结果的分析和解释，通过图形化、统计报表等方式让数据干系人直观了解到数据评估范围、数据评估方法、数据评估标准、数据质量的当前水平、当前水平与质量目标之间的差距、数据质量改进的建议等内容。

8.3 数据质量检查

8.3.1 检查对象

数据质量检查的对象是污染源管理活动过程或业务系统自动产生的既定事实的数据，但是污染源业务数据种类多、数量大，对所有业务数据都进行监控的工作量太大，对大量仅用于本业务的数据花费时间和精力进行治理的性价比也低。因此，应对有较高价值的业务数据进行识别，并优先进行监控。为了与其他业务数据相区分，本书将这类数据称为核心业务数据。

核心业务数据可以从共享性、价值性、关键性几个方面来进行识别，只要符合其中一项，就可被识别为核心业务数据。共享性，即该业务数据会在其他业务或系统中使用到；价值性，即该业务数据有较高的价值，如可能会作为统计指标或辅助决策；关键性，即该业务数据是已被识别的核心数据的重要组成部分。

识别核心业务数据主要包括以下几个步骤：①熟悉业务，包括业务的背景、管理对象、流程和结果；②找到对应的业务系统，查找系统数据库中所有的业务数据表，记录数据表中的主要字段；③识别核心业务数据，将系统数据库中的字段进行数据类型分类，根据核心业务数据的三大特性（共享性、价值性、关键性）识别出核心业务数据的数据类型，然后利用三大特性判断出数据类型中属性值属于核心业务数据的字段。

8.3.2 检查规则

从规范性、完整性、准确性、一致性、时效性和有效性这 6 个数据质量特性制定数据质量检查规则。其中，规范性是指数据符合数据标准、数据模型、业务规则、元数据或权威参考数据的程度；完整性是指数据元素按照数据规则要求被赋予的数值程度；准确性是指数据准确表示其所描述的真实实体（实际对象）真实值的程度；一致性是指数据与其他特定上下文中使用的数据无矛盾的程度；时效性是指数据符合相关用户对信息获取时间要求的程度；有效性是指数据的值、格式和展现形式符合相关数据定义及业务定义的程度。以下从污染源数据管理的角度解释上述 6 个指标。

1．规范性指标

按照国家、省、市相关标准规范对数据格式（包括数据类型、数值范围、数据长度、精度等）或数据内容制定质量规则，结合污染源监管业务数据的特点，进一步将其细分为两类。一是基础数据质量规则。污染源基础数据包括业务基础类和通用基础类，业务基础类包括污染源名称、生产经营场所地址、统一社会信用代码、经纬度、法定代表人等，通用基础类包括行政区代码和行业代码等。举例来说，对于统一社会信用代码，需要按照《法人和其他组织统一社会信用代码编码规则》的相关规定，对登记管理部门代码、机构类别代码、登记管理机关行政区划码、主体标识码（组织机构代码）和校验码 5 种代码制定规则。二是业务数据质量规则。污染源业务数据包括监管数据、监测数据、执法数据等，根据监测要素及应用场景的不同，监测数据有不同的监测规范及评价规范，需要制定不同的数据质量规则。例如，《地表水环境质量标准》（GB 3838—2002）和《地下水质量标准》（GB/T 14848—2017）的分类等级要求不同，数据质量规则也不同。

2．准确性指标

污染源数据的准确性主要包括 3 个方面。①包含关系准确性。如果两个数据在事实上存在包含与被包含关系，应针对两者之间的关系制定规则，如同一个污染源记录的街道应该在记录的行政区范围内。②事实逻辑准确性。一方面，数据应与事实登记情况相符，如污染源统一社会信用代码必须为污染源实际核发登记的统一社会信用代码；另一方面，数据应与事实逻辑相符，如深圳市及各区空气质量 AQI 一般小于或等于 100。③数据唯一性。对于特定的字段、记录、文件或数据集需要满足唯一性，如一个污染源只能有一张有效的排污许可证。

3．完整性指标

污染源数据的完整性主要包括 2 个方面。①数据元素完整性。数据元素完整性质量规则主要涉及 2 个指标：一是必填字段不能为空，如污染源基础信息中的污染源名称、污染源地址、统一社会信用代码等字段不能为空；二是基于事实依据，关键数值型数据不能为 0，如经纬度数据不能为 0。②数据记录完整性。数据记录完整性质量规则主要涉及 4 个指标：一是业务全生命周期记录的完整性，即污染源从产生到注销整个生命周期均要求有数据记录；二是特定时间段记录的完整性，即一个数据集需涵盖规定时间段内产生的所有数据，如空气质量监测在一周内的数据记录内容必须全面覆盖 7 天的监测数据；三是监测点位记录的完整性，污染源监测数据通常包括水、气、声等环境要素的监测数据，应保证所有监测点位采集数据完整传输；四是监测指标记录的完整性，污染源监测数据通常包括水、气、声等环境要素的监测数据，应保证所有重要监测指标记录的完整性。

4. 有效性指标

污染源数据的有效性主要包括地址、时间、数值变动、监测数据的精度及检出范围等。其中，地址类有效性指地址类字段需要确保经纬度代表的地理位置在所属行政区域范围内。时间类有效性主要涉及 4 个指标：①时间类字段逻辑的有效性，即初始登记时间早于更新时间；②时间类字段数值的有效性，即确保记录的时间信息应处于正常有效范围内，记录时间不能出现时间穿越（大于当前时间），也不能远小于当前正常时间（如出现登记时间为 1900-01-01）；③数值变动的有效性，即数值型字段在固定更新频率内，数据变动阈值处于规定范围内；④监测数据精度及阈值的有效性，即监测数值的精度应在监测设备量出精度范围之内，监测数值应在监测设备实际量程范围内。

5. 一致性指标

污染源数据的一致性包括 3 个方面。①相同数据的一致性。对于同一数据，同一时间周期或者固定更新频率内，在不同位置保存或被不同应用或用户使用时数据应保持一致；数据发生变化时，存储在不同位置的同一数据需要统一修改，如数据迁移前后的属性值（表数量、表名称、表注释、字段数量、字段名称、字段注释、表记录数）应一致。②相同事项数据的一致性。对于表达同一事项的多个字段数据，同一时间周期或固定更新频率内相同事项内容的信息记录应保持一致，如地址中记录的行政区信息应与行政区字段记录的行政区保持一致。③网页展示端数据与原始数据的一致性。对于各个系统展示的数据，应与展示数据的初始来源数据（如 Excel、数据表等）保持一致。

6. 时效性指标

污染源数据的时效性主要包括 2 个方面。①业务数据的时效性。对于随时间变化数据量不断增长的业务数据，新增业务的创建时间应为临近时间或当前时间。②在线监测数据的时效性。对于在线监测数据，各监测指标应该按照监测数据采集频率进行更新。

8.3.3 检查方法

数据质量规则确定后，下一步就应采用技术手段核实数据是否满足规则要求。表 8-1 总结了文献中的数据质量检查方法。

表 8-1　数据质量检查方法

序号	方法来源	方法描述
1	《湖北省市县级国土空间总体规划数据库技术规范　第 2 部分：质量检查细则》(DB42/T 1941.2—2022)	提出了数据完整性检查、空间数据基本检查、空间属性数据标准型检查、空间图形数据拓扑检查、表格数据检查、图数一致性检查、规划内容检查 7 个检查类别，包括目录及文件规范性、数据格式正确性、图层完整性、行政区范围、代码一致性、编号唯一性、字段必填性等检查项目

序号	方法来源	方法描述
2	《时序卫星影像数据质量检查与评价》（GB/T 41449—2022）	检查内容包括数据完整性、数据一致性、空间质量、时间质量、辐射质量、光谱特性、极化特性、附件质量。检查方式有以下几种：①计算机自动检查，即通过软件自动分析和判断结果，如可计算值（属性）的检查、值域的检查、各类统计计算等；②计算机辅助检查，即通过人机交互检查、筛选并人工分析和判断结果，如检查影像数据的对比度、清晰度等；③人工检查，即通过人工分析和判断结果，如影像数据文件的多余和遗漏等。在质量检查工作中，应优先使用计算机自动检查、计算机辅助检查
3	《数字地质数据质量检查与评价》（DZ/T 0268—2014）	数据质量元素分为一级质量元素和二级质量元素。一级质量元素包括数据完整性（多余、遗漏）、逻辑一致性（概念一致性、值域一致性、格式一致性、拓扑一致性、多数据集相关内容的一致性）、空间定位准确度（空间定位基础、校正精度、采集精度）、属性数据准确性（分类的正确性、定性属性正确性、定量属性准确性）、图面整饰规范性（注记规范性、符号规范性、要素压盖关系、图廓整饰规范性）、数据源有效性。括号内为二级质量元素。检查方法分为计算机自动检查、计算机辅助检查和人工检查。数据质量检查方式分为全数检验和抽样检验
4	《林业数据质量　数据成果检查验收》（LY/T 2924—2017）	检查验收方式分为自检和审验。检查内容包括但不限于：①一致性，包括定量元素一致性和定性元素一致性，定量元素一致性主要包括概念一致性、值域一致性、格式一致性和时间一致性，定性元素一致性主要包括与数据规范要求的符合程度；②可信度，主要包括数据生成的时间和机构、来源、数据的正确性等；③代表性，主要包括数据的完整性、抽样方法、数量、分布、取样位置等
5	《主数据在企业管理中的应用与研究》	对单列、跨列、跨表、跨行 4 类业务对象，从完整性、有效性、准确性、一致性、及时性、唯一性 6 个维度制定质量核查规则，设置源头校核流程、存储校核流程和应用校核流程
6	《基于数据库的数据质量检查》	通过执行质检存储、调用规则表过滤出质检表中的问题数据（不包括特殊数据），检查出的问题数据采用关键字标识与问题描述的方式记录到相应质检表问题数据表，记录执行质检语句到质检语句测试表，统计质检中的数据量到质检信息统计表，完成对数据的质检功能。该方法适用于没有数据质检过的历史数据、孤岛数据和实时性不高的新数据场景
7	《海洋观测规范　第 6 部分：数据处理与质量控制》（GB/T 14914.6—2021）	数据质量控制方法分为格式检验（文件名检验、数据记录格式检验）、缺测检验、时间一致性检验、时间范围检验、位置检验、着陆检验、全等性检验、“非法”码检验、范围检验、统计特性检验、气候特性检验、相关性检验、递增性检验、连续性检验（梯度检验、尖峰检验）、恒定检验（黏滞检验、卡值检验）、空间一致性检验、雷达有效观测范围检验、调和常数分析检验、过失误差检验、可视化图形绘制检验、综合分析检验

结合以上信息，本书将污染源数据质量监控方法分为自动监控方法和手动监控方法。无论是自动监控方法还是手动监控方法，均按照数据在关系型数据库中的单列、跨列、跨行和跨表的存储特性，从技术角度实现对数据的检查，从而发现数据质量问题。根据《华为数据之道》，单列数据质量规则关注数据属性值的有无，以及是否符合自身规范的逻辑判断，包括不可为空类、语法约束类、格式规范性类、长度约束类、值域约束类和实施参照标准类；跨列数据质量规则关注数据属性间关联关系的逻辑判断，包括单表等值一致性约束类、单表逻辑一致性约束类和单表有效数据约束类；跨行数据质量规则关注数据记录之间关联关系的逻辑判断，包括记录唯一类和层级结构一致约束；跨表数据质量规则关注数据集关联关系的逻辑判断，包括关联约束类、跨表等值一致性约束类和跨表逻辑一致性约束类。

1．自动监控

自动监控指根据已有现行的国家标准、行业标准、地方标准等，对适用的全部数据自动利用代码脚本的方式，对指定的数据库表中的全部数据进行检查。自动监控的内容一般由 3 个部分组成。①确定待检查数据情况：明确目标数据的存储位置（数据库、表），并确定需要检查的数据字段（数据字段是检查的最小单位，字段、字段的属性或字段间关系都可以成为一个检查对象）。②提取数据：根据数据库的链接方式，将数据库表中的唯一编码及目标字段全部提取。需要说明的是，部分业务数据的编码规则可能不是 GBK 形式，因此建议在提取目标字段后，先进行查看确认，否则后续为检查数据字段定义的检测规则可能失效。③检查数据字段：按照已有现行的国家标准、行业标准、地方标准等或业务相关人员提出的指定要求，以脚本的形式进行判断，如果发现问题，需要记录问题的形式及该数据在表中的唯一编码，以便于追溯问题源头。

2．手动监控

手动监控指按照规定的抽样方案，采用适用的抽样方法从数据集中抽取部分个体作为样本，经由检查人员进行质量检查。手动监控一般使用抽样检查的方式判断数据集质量，适用于质量比较稳定、数据量小、检查费用与时间有限的情况。地图数据的抽样方法分为两种，即基于要素的抽样和基于区域的抽样。

手动监控先要选取抽样单元（抽样单元根据数据质量评价对象的不同可以是某个区域或者某些属性数据），再对抽选出的数据进行人工判别，具体有 4 个步骤。①确定抽样方法。一般使用随机抽样方法，若数据量较少也可以选择全量检测。②在选定的数据集范围中划分检验集。检验集是数据质量范围内数据信息的集合，从中抽出样本，并进行检查，每个检验集应尽可能包含相同条件或相同时间产生的数据信息。③定义抽样比例或样本大小。抽样比例因数据总量的大小而不同，一般选取 5%～10%为抽样比例，或者根据数据质量要求或业务要求自定义抽样比例或样本大小。④人工校验。对抽选出的污染源数据进行人工检测，按照遵循国家、省、市及行业生态环境相关标准规范等或者业务部门业务需求，逐条、逐字段进行核验。一般情况下，由于自动监控程序对数据完整性、规范性、一致性、有效性、时效性的监控效果较好，建议人工监控重点关注数据准确性方面。

8.4 数据质量提升

8.4.1 根因分析

1．产生数据问题的阶段

从规划设计、数据创建、数据使用、数据老化到数据消亡的全生命周期的每个阶段都可能产生数据质量问题。

规划设计阶段：数据的定义或设计不当会产生数据质量问题。例如，系统设计时未设置录入界面必须在录入数据时必需的强制条件，导致部分数据项为空值。又如，系统设计时未对经纬度数值范围进行限制，造成系统用户填报的数值过大或者过小。

数据创建阶段：数据的录入不当会产生数据质量问题。污染源监管系统中数据录入的很多功能虽已实现自动化，但仍有错误或不合格的数据会被录入系统。例如，人工输入时出错或从列表中选择了错误的条目等。

数据使用阶段：要关注是否正确使用和解释了数据。污染源监管系统较多，一般需要跨多个系统输入相同的污染源数据，如污染源名称（深圳市某公司）要在环境影响评价系统、排污许可管理系统、固体废物监管系统中重复录入，可能会发生名称中少一个“市”字的问题。同样，将数据迁移到新系统或在整合系统数据时，在数据的集成和传输过程中数据的值可能由于丢失、放错位置，在导出/导入时产生数据不一致的问题。

数据老化阶段：污染源数据并非静止的，而是在监管过程中随着时间不断变化的。例如，污染源排放是动态变化的，污染物在线监测数据可实现按秒更新。

数据消亡阶段：应对使用完的数据进行归档及销毁操作。通常来说，数据消亡可以进一步分为两个阶段：数据归档和数据销毁。前一个阶段关注数据是否被正确归档，后一个阶段关注数据是否被安全销毁，这与数据质量、数据安全及个人隐私保护都有关系。

2．产生数据问题的层面

（1）业务监管层面

缺乏顶层设计：早期由于缺乏统一的顶层设计，生态环境主管部门的内设机构、直属机构和派出机构因自身业务需求建设了不同的数据系统，缺乏统一的数据标准、录入工具和数据出口，产生了数据不统一和“数据孤岛”等问题，数据质量无法得到有效保障。

缺乏有效管理策略：首先，由于缺乏有效的数据认责机制，没有明确数据归口管理部门和岗位职责，数据质量出现问题时找不到具体责任人，各业务部门之间相互推诿；其次，由于缺乏有效的数据管理制度和流程，数据质量问题从发现、指派、处理到优化缺少统一的流程和制度，数据质量问题的解决没有形成闭环管理；最后，对于历史数据质量检查、新增数据质量校验没有明确有效的控制措施，数据质量问题持续出现且无法考核。

（2）业务应用层面

数据需求模糊不清：业务部门在系统建设前期提出的数据需求不清晰，如数据的业务描述、业务规则不清晰，导致技术人员无法构建出合理、正确的数据模型。在后期业务开展过程中，业务部门又提出变更业务需求，需求改变会使数据模型设计、数据录入、数据采集、数据传输、数据装载、数据存储等环节均受到影响，可能会导致数据质量问题的发生。

录入数据不规范：业务部门既是数据需求的提出方，也是数据的生产方。业务部门的工作人员在数据录入的过程中难免出现拼写错误，数据填报错行，大小写、全半角、特殊字符录错等，导致数据录入不规范，影响数据质量。

（3）技术操作层面

数据设计：数据库表结构、数据库约束条件、数据校验规则的设计开发不合理，就会造成数据录入无法校验或校验不当，引起数据重复、不完整、不准确。

数据传输过程：数据传输包含数据采集、数据转换、数据装载、数据存储等环节。数据采集和转换常见的问题是，采集过程中采集点、采集频率、采集内容、映射关系等采集参数和流程设置不正确，或者数据采集接口效率低，导致数据采集失败、数据丢失、数据映射和转换失败。数据装载和存储常见的问题是，数据存储设计不合理，数据的存储能力不足，在后台人为调整数据会引起数据丢失、数据无效、数据失真、记录重复。同时，数据接口本身也可能存在问题，如数据接口参数配置错误、网络不可靠等都会造成数据传输过程中发生数据丢失或传输错误等数据问题。

数据迁移过程：数据迁移是将数据从旧系统过渡到新系统，或从一个数据源迁移到另一个数据源。迁移过程中涉及数据采集、清洗、转换、装载等流程，且迁移的数据源本身的数据质量难以保证，因此需要对数据源的数据质量问题进行识别和处理。

8.4.2　问题处理

数据质量问题有多种分类方法。刘秀源（2019）认为，数据质量问题按照数据来源可以分为单个数据源的数据质量问题和多个数据源的数据质量问题（表 8-2）。

表 8-2　数据质量问题层级及主要原因

数据来源	问题层次	问题原因
单个来源	数据模式层	不合理的模式设计、缺乏完整性约束等
	数据实例层	存在着问题数据
多个来源	数据模式层	不合理的模式设计、不标准的数据模型
	数据实例层	存在失效数据、不一致的数据等

本书总结了目前已有的数据处理规范，将其作为数据质量问题处理的依据（表 8-3）。

表 8-3　数据处理相关规范

序号	参考文献	处理方法
1	《地名地址数据处理技术规范》（DB36/T 1232—2020）	处理原则：①不得损失、破坏或降低原始数据的几何精度和属性精度；②所有数据层的命名及属性项的定义及各项的名称、宽度、类型、内容须符合《地名地址数据规范》（DB36/T 1231—2020）的要求；③DB36/T 1231—2020 中定义为必填的属性项必须填写，不能为空，定义为选填的属性项，数据源中有相应信息的必须填写，没有相应信息的根据其他资料尽量填写；④数据整合处理时，不应对数据的空间位置进行修改，但如发现兴趣点、街巷（道路）、政区等要素关系不合理时，可根据实际情况查实后进行修改，同时进行备注。 数据整合处理包括数据合并、数据组织重构、数据导入编辑、数据检查、标准化处理、数据入库、建立索引及词库 7 个步骤。 数据更新流程包括输入更新信息、后台审核、历史版本留存、数据更新入库 4 个步骤
2	《组织机构代码问题数据处理规范》（DB65/T 3887—2016）	将问题数据分为数据录入问题和电子档案问题。 处理方法：①数据录入处理依据数据录入问题修改页面中的提示内容进行处理；②机构名称、机构地址、经营范围、行政区划、批准机构代码、批准机构名称、注册资金、批准文号、注册号、注册日期、办证日期依据证、照及批准文件上的内容进行处理，并保证一致性；③法定代表人（负责人）名称、法人证件号码、经办人名称、经办人证件号码依据身份证明文件进行处理；④机构类型依据《组织机构代码数据采集规范》（DB65/T 3636—2014）中 6.1 的规定执行；⑤经济类型、经济行业，依据 DB65/T 3636—2014 中 6.7、6.8、6.9 的要求，并对照证、照及批准文件上注明的经营范围或主要职责进行处理；⑥职工人数、主管机构代码、主管机构名称、电话号码、邮政编码、信息是否公开，依据"申领组织机构代码证基本信息登记表"的填写内容进行处理；⑦外方投资国别依据 DB65/T 3636—2014 中 6.15 的规定处理；⑧货币种类依据 DB65/T 3636—2014 中 6.16 的规定处理；⑨行政区划依据 DB65/T 3636—2014 中 6.17 的规定处理
3	《机器状态监测与诊断 数据处理、通信与表示 第 2 部分：数据处理》（GB/T 25742.2—2013）	数据处理流程依次包含数据采集（DA）、数据操作（DM）、状态检测（SD）、健康评估（HA）、预测评估（PA）和建议生成（AC）6 个模块，每个模块与外部系统、数据存储和模块配置进行双向数据交换，每个模块的处理结果将进行技术显示和信息表示

序号	参考文献	处理方法
4	《建筑节能设计室内热环境数据获取与处理方法标准》（T/CECS 922—2021）	规定了缺失值处理、数据一致性检查和异常值检测的方式方法。缺失值处理方法中，数据可分为允许缺失项和不允许缺失项 2 种，可采用筛选、查找等方法对数据进行缺失值处理，并根据原始信息和原始数据对查找到的缺失项进行填补。对于无法补全的内容，若为允许缺失项，则无须补全；若为不允许缺失项，则应根据数据分级原则进行降级或删除处理。数据一致性检查方法中，可规定数据的合理范围，超出范围即为可疑数据，可采用筛选、可视化等方法对数据进行一致性检查，并根据原始信息和数据对可疑数据进行判定和修正。对于无法修正的数据，应结合具体情况分析，进行删除处理。数据异常值检测可采用统计分析计算、数据可视化等方法进行检验
5	《近岸海域环境监测技术规范 第二部分 数据处理与信息管理》（HJ 442.2—2020）	根据审核发现不合格数据或存疑后，及时反馈给相关人员，通过对采样和实验记录等复核和确认后进行更正或舍弃数据，并提供相关说明，按照数据审核流程重新审核、上报监测数据。 判定为计算和填写问题的数据，更正后重新审核后上报监测数据，如数据计算和填写错误由数据汇总单位提出，在重新上报数据的同时应提交上报数据说明，并附问题及处理措施。判定为无效的数据，应在有效时间范围内，重新补充监测和重新审核后，上报监测数据；无法在有效时间范围内补测的视为未测，提交上报数据时加以说明，并附问题及处理措施。 在进行趋势判断发现问题时，对判定为有效的监测数据，即便出现异常，在未找到确切原因的情况下也不应舍弃

综上所述，可将数据质量问题的处理思路总结如下：①界定问题类型，即问题层面是属于模式层还是实例层，是系统问题、规则问题、管理问题还是流程问题，并找出问题产生的根本原因及产生环节；②查询处理规范，即是否已有相关标准规定了这类问题该如何处理，理论上的处理方式是否适用于实际，如果不适用则可采取暂时搁置或通过专家论证的方式确定处理方案；③制定处理程序，对于不同的问题类型应制定相应的处理流程，形成规范的处理方法，定期对方法的有效性进行评估；④反馈处理效果，即同样的数据质量问题是否会反复出现，解决旧的问题是否会导致新的问题产生，处理过程中是否遇到了阻碍，数据治理人员应及时进行反馈，并调整或优化相关流程。

8.5　数据质量评估

数据质量评估主要从数据质量管理技术指标和数据质量管理业务指标两个方面进行。

数据质量管理技术指标是从技术角度对数据进行评估，参考《信息技术数据质量评价指标》（GB/T 36344—2018），从规范性、完整性、准确性、一致性、时效性、有效性制定评估方法，见表8-4。

表 8-4 数据质量管理技术指标评估方法

指标性质	指标名称	指标描述	计算方法
规范性	数据标准	数据符合数据标准的度量。 注1：评价数据质量时需要收集数据在命名、创建、定义、更新和归档时遵循的标准，包括国际标准、国家标准、行业标准、地方标准或相关规定等。 注2：和数据归档一样，甚至更重要，在一个完整的数据规则中旧数据的销毁一般也有一个比较详细且具有可执行性的规定	$X=A/B$ 式中：A 为满足数据标准要求的数据集中元素的个数；B 为被评价的数据集中元素的个数
	数据模型	数据符合数据模型的度量。 注1：数据模型是一种直观描述组织数据结构的手段，是数据表达的规范。 注2：评价数据质量时需要检查是否存在清晰、可理解的数据模型定义及这些数据的组织形式	$X=A/B$ 式中：A 为满足数据模型要求的数据集中元素的个数；B 为被评价的数据集中元素的个数
	元数据	数据符合元数据定义的度量。 注：元数据标注、描述或刻画其他数据可以使检索或使用信息更容易。评价数据质量时需要检查是否提供了可供解读的元数据文档。 示例：包含各字段名称、描述、类型值域等内容的数据字典为一种元数据文档	$X=A/B$ 式中：A 为满足元数据定义的数据集中元素的个数；B 为被评价的数据集中元素的个数
	业务规则	数据符合业务规则的度量。 注1：业务规则是一种权威性原则或指导方针，是用来描述业务交互并建立行动和数据行为结果及完整性的规则。 注2：评价数据质量时需要检查是否存在良好归档的业务规则	$X=A/B$ 式中：A 为满足业务规则的数据集中元素的个数；B 为被评价的数据集中元素的个数
	权威参考数据（权威参考源）	参考数据是系统、应用软件、数据库、流程、报告及交易记录和主记录用来参考的数值集合或分类表。 注：评价数据质量时需要收集参考数据列表。 示例：一张用于一个特定字段的有效值列表为一种参考数据类型	$X=A/B$ 式中：A 为满足参考数据规则的数据集中元素的个数；B 为被评价的数据集中元素的个数
	安全规范	安全规范是安全和隐私方面的规则，包括数据权限管理、数据脱敏处理等	$X=A/B$ 式中：A 为满足安全规范要求的数据集中元素的个数；B 为被评价的数据集中元素的个数

指标性质	指标名称	指标描述	计算方法
完整性	数据元素完整性	按照业务规则要求，数据集中应被赋值的数值元素的赋值程度	$X=A/B$ 式中：A 为被赋值的数据集中元素的个数；B 为预期被赋值的数据集中元素的个数
	数据记录完整性	按照业务规则要求，数据集中应被赋值的数据记录的赋值程度	$X=A/B$ 式中：A 为被赋值的数据集中元素的个数；B 为预期被赋值的数据集中元素的个数
准确性	数据内容正确性	数据内容是否是预期数据	$X=A/B$ 式中：A 为满足数据正确性要求的数据集中元素的个数；B 为被评价的数据集中元素的个数
	数据格式合规性	数据格式（包括数据类型、数值范围、数据长度、精度等）是否满足预期要求。 示例：性别一栏不能出现男/女以外的内容、身份证号不能出现标点符号、对字符编码的一些限制等都需要通过规定内容的格式来实现	$X=A/B$ 式中：A 为满足格式要求的数据集中元素的个数；B 为被评价的数据集中元素的个数
	数据重复率	特定字段、记录、文件或数据集意外重复的度量	$X=A/B$ 式中：A 为重复的数据集中元素的个数；B 为被评价的数据集中元素的个数
	数据唯一性	特定字段、记录、文件或数据集唯一性的度量	$X=A/B$ 式中：A 为满足唯一性要求的数据集中元素的个数；B 为被评价的数据集中元素的个数
	“脏”数据出现率	正确字段、记录、文件或数据集之外无效数据的度量。 示例：事务发生回滚时，由于回滚机制不健全或不完善导致可能出现“脏”数据	$X=A/B$ 式中：A 为有“脏”数据出现的数据集中元素的个数；B 为被评价的数据集中元素的个数
一致性	相同数据一致性	同一数据在不同位置存储或被不同应用或用户使用时数据的一致性；数据发生变化时，存储在不同位置的同一数据被同步修改	$X=A/B$ 式中：A 为满足一致性要求的数据集中元素的个数；B 为被评价的数据集中元素的个数
	关联数据一致性	根据一致性约束规则检查关联数据的一致性	$X=A/B$ 式中：A 为满足一致性要求的数据集中元素的个数；B 为被评价的数据集中元素的个数

指标性质	指标名称	指标描述	计算方法
时效性	基于时间段的正确性	基于日期范围的记录数或频率分布符合业务需求的程度	$X=A/B$ 式中：A 为满足有效性要求的数据集中元素的个数；B 为被评价的数据集中元素的个数
	基于时间点的及时性	基于时间戳的记录数、频率分布或延迟时间符合业务需求的程度	$X=A/B$ 式中：A 为满足及时性要求的数据集中元素的个数；B 为被评价的数据集中元素的个数
	时序性	数据集中同一实体的数据元素之间的相对时序关系	$X=A/B$ 式中：A 为满足时序性要求的数据集中元素的个数；B 为被评价的数据集中元素的个数
有效性	有效性	数据的值、格式及展现形式遵守其数据定义及业务定义的程度	$X=A/B$ 式中：A 为满足有效性要求的数据集中元素的个数；B 为被评价的数据集中元素的个数

数据质量管理业务指标是从业务角度对数据进行评估，主要包括 5 个方面。①真实性：指数据库中的实体必须与对应的现实世界中的对象一致，以样本数据的真实数据为衡量标准。例如，根据欧姆定律，$I=U/R$，产生电流的必要条件是存在电压，若 VOCs 工况监控系统中，某家企业在电压为 0 时，电流大于 0，则该数据的真实性存疑。②精准性：指数据精度符合业务需要，以样本数据满足业务对精度需求的比率为衡量标准。例如，污染源监测数据中，污染物浓度的有效数字位数直接影响该数据的精准性。③一致性：指数据与其他系统（或系统内部）一致，以样本数据不同存储的匹配率为衡量标准。例如，不同污染源监管系统中，污染源的基础信息应保持一致。④可理解性：指数据含义明确且易于理解，以样本数据易于理解的记录比率为衡量标准。⑤可用性：指数据可获得，可满足业务使用，以样本数据可获得记录的比率为衡量标准。例如，排污许可管理中，自行监测、执行报告等环境管理数据可获得的比率。

8.6 数据质量管理工具

数据治理、ETL、数据分析、数据集成、数据可视化等领域都已经取得了飞速发展，而数据从不同的地方经过各种途径抽取到数据中心后，由于数据源异构、数据本身的正确性、抽取方式，以及数据中心自身的问题，数据中心的数据存在不同的质量问题，由此引发的数据质量衡量、数据质量检验、数据质量监控、数据质量提升等技术实现手段仍有较大的发展空间。随着数据价值落地诉求的日益增长，数据质量相关技术重新被业界所关注并逐步加大投入，以期获得革命性的改进，提升数据质量管理的效率，降低数据质量优化的成本。为此，国内外学者提出了多样的解决办法与策略，Chu F 等（2005）提出数据清洗技术，主要针对数据由各个业务系统抽取集成到数据中心这一过程进行“脏”数据的分析、研究和处理，期望经过数据清洗处理后的数据能够在数据质量方面得到保障。但经过数据清洗后，仍无法避免数据质量问题。Prasad K H 等（2011）、Sidi F 等（2012）提出对数据进行数据质量分析，即数据质量评估和监控，以确保数据质量的提高。国内数据质量管理平台提出的数据质量策略包括建立数据质量评估体系、落实数据质量优化流程、监控方案部署、具有持续改进机制的系统管理 4 个方面，可以根据组织机构日益变化的数据条件作出相应的调整，为组织机构的业务决策提供高质量的数据支持。

本书以数据质量模型为理论基础，描述其结构和组成部分，明确数据质量管理工具的设计原则，进而提出数据质量管理工具功能模块。

8.6.1 数据质量模型分析

数据质量模型包含数据对象、对象质量特性、数据质量规则、对象质量特性分析结果和结果可视化。其中，数据对象指的是数据质量模型中需要处理的数据，以数据库方式来表示；对象质量特性指的是数据对象在数据质量方面所具有的性质，即规范性、准确性、完整性、有效性、一致性和时效性；数据质量规则指的是通过设定相关规则来确保数据对象的数据质量；对象质量特性分析结果指的是通过对应的数据质量规则检查和评估数据对象能否满足质量特性的要求；结果可视化指的是对以上结果进行分析，展示出数据对象在一定的质量特性上的可能规律，并进一步完善数据质量模型，从而提高数据质量。

8.6.2 数据质量管理工具设计原则

易用性原则：在数据质量精益管理模型研究过程中将形成切实可行的数据质量管理工具，以支撑模型研究过程。该工具应保证其易用性，以实现指标可选，查询维度可变，模型可配。

高可用性原则：数据质量精益管理模型涉及系统数据资源管理平台数据，应保证避免数据抽取出现错误、不全等问题，保证抽取数据的高可用性。对于数据质量管理工具，应采用分布式等手段实现高可用性，以避免网络波动等造成的影响。

经济原则：充分整合利用已有的业务系统、网络、服务器资源，以较少的代价保证系统稳定高效地运行，尽可能减少数据质量管理工具接入系统平台产生的影响。

按需扩展原则：要充分考虑目标系统数据的质量问题，充分考虑业务系统的需求。在初始建设时要考虑成本的节约及时效性等，避免重复建设；建设时要整合业务系统共性，设计适合多个目标系统的共同体系，以满足系统的可扩展性、可维护性、可伸缩性，实现可持续发展目标。

易维护原则：指易于操作、维护，并便于自动化管理，而不增加或少增加附加操作，提供数据可视化工具以便于系统维护。

安全性原则：指在数据传输、存储、恢复等过程中提供必要的安全保障措施。

8.6.3 数据质量管理工具功能模块

基于数据质量模型理论，规划设计数据质量管理工具的内容包括四大板块。

一是数据质量特性管理功能要求。数据质量属性管理中包括数据质量特性分类和定量分析。一方面，数据质量特性分类包括规范性特性、准确性特性、完整性特性、有效性特性、一致性特性和时效性特性；另一方面，对数据质量特性进行分析时，需要给出定量分析的计算标准和满足数据质量属性的判断标准，从而通过计算结果得出数据质量属性的满足程度。

二是数据质量规则管理功能需求。数据质量规则为数据质量属性分析处理提供基础，以便于对数据进行分析并获得信息。按照数据质量规则的处理功能可将其分为规范化规则类和数据质量检测规则类。规范化规则类的主要作用是将数据进行统一的规范化转化，消除因数据来源不同导致的差异，使数据质量管理工具可以对规范化的数据进行处理，从而提升数据的精度和工作效率。规范化规则又可以被划分为两种类型：一种是由系统提供的规则；另一种是由用户根据系统规则而自定义的规则，此规则可以由用户进行修改、删除等操作。数据质量检测规则类是为检测、分析和处理特定的数据质量特性而制定的，不同的数据质量属性需设置不同的数据质量检测规则。

三是数据质量流程管理功能需求。同一个数据源可能要进行标准化处理、数据质量检测处理等多种规则处理，若这些处理分散在不同的应用中，则会导致数据质量处理操作难度增大、处理混乱。因此，数据质量流程管理是必要的。在一个过程中，分析处理的数据来源是一致的，使用者可以定制不同的规范化处理和检测处理规则，数据质量流程管理工具建立并运行此流程。

四是可视化管理功能需求。数据可视化显示可以让用户清晰地看到数据质量特性处理结果。第一步，展示哪些数据存在问题、存在哪些数据质量问题；第二步，展示用户需求的满意度；第三步，通过对数据质量满意程度的分析，得到对应的数据质量问题的严重性，并恰当地给出提升数据质量的措施建议。

参考文献

[1] 全国信息安全标准化技术委员会．信息安全技术 数据安全能力成熟度模型：GB/T 37988—2019[S]．北京：中国标准出版社，2019：14.

[2] 全国地理信息标准化技术委员会．时序卫星影像数据质量检查与评价：GB/T 41449—2022[S]．北京：中国标准出版社，2022：2-3.

[3] 全国海洋标准化技术委员会．海洋观测规范 第 6 部分：数据处理与质量控制：GB/T 14914.6—2021[S]．北京：中国标准出版社，2021：4.

[4] 全国机械振动、冲击与状态监测标准化技术委员会．机器状态监测与诊断 数据处理、通信与表示 第 2 部分：数据处理：GB/T 25742.2—2013[S]．北京：中国标准出版社，2013：3-9.

[5] 江西省自然资源厅．地名地址数据处理技术规范：DB36/T 1232—2020[S]．北京：人民交通出版社，2020：1-2.

[6] 湖北省自然资源厅．湖北省市县级国土空间总体规划数据库技术规范 第 2 部分：质量检查细则：DB42/T 1941.2—2022[S]．北京：人民交通出版社，2022：2-4.

[7] 新疆维吾尔自治区质量技术监督局．组织机构代码问题数据处理规范：DB65/T 3887—2016[S]．北京：人民交通出版社，2016：2-3.

[8] 全国国土资源标准化委员会．数字地质数据质量检查与评价：DZ/T 0268—2014[S]．北京：中国标准出版集团，2014：8-9.

[9] 中国工程建设标准化协会．建筑节能设计室内热环境数据获取与处理方法标准：T/CECS 922—2021[S]．北京：中国建筑工业出版集团，2021：9-10.

[10] 上海市计算机行业协会．工业大数据平台 数据治理 技术规范：T/SCTA 005—2021[S]．北京：中国环境出版集团，2021：4.

[11] 中华人民共和国生态环境部．近岸海域环境监测技术规范 第二部分 数据处理与信息管理：HJ 442.2—2020[S]．北京：中国环境出版集团，2020：5.

[12] 全国林业信息数据标准化技术委员会．林业数据质量 数据成果检查验收：LY/T 2924—2017[S]．北京：中国标准出版社，2017：3.

[13] 崔娟娜．主数据管理系统在企业信息化建设项目中的应用[J]．工程建设与设计，2021，467（21）：201-203.

[14] 常志军，许丽媛，于倩倩，等．基于生命周期模型的科技文献数据管理体系研究[J]．农业图书情报学报，2022，34（6）：36-49.

[15] 李树训．论“生态环境法典”之“生态环境”的阐释[J]．中国环境管理，2022（5）：112-119.

[16] 李志华，李华军．基于大数据背景下提高供电局数据质量对策分析[J]．中国高新技术企业，2016（30）：177-179.

[17] 刘秀源．工业大数据环境下数据质量关键问题研究[D]．济南：齐鲁工业大学，2019.

[18] 练海荣，孙晓宁，张未来．基于智能化数据探索的数据质量管理方法[J]．信息通信技术与政策，2022（2）：16-21.

[19] 李洪涛．基于数据库的数据质量检查[J]．中国管理信息化，2021，24（23）：165-167.

[20] 梅宏．数据治理之论[M]．北京：中国人民大学出版社，2020.

[21] 麦好．机器学习实践指南：案例应用解析[M]．北京：机械工业出版社，2014.

[22] 彭中遥．生态环境损害赔偿诉讼制度研究[M]．北京：中国社会科学出版社，2022.

[23] 秦晓东，郑如顺．政务数据治理下民政部门主数据管理平台的设计与实践[J]．中国新通信，2021，23（14）：34-37.

[24] 宋天龙．网站数据挖掘与分析：系统方法与商业实践[M]．北京：机械工业出版社，2015.

[25] 吴博妍．大数据背景下中小型企业的数据质量管理研究[J]．老字号品牌营销，2022（2）：127-129.

[26] 肖凤德，王兵围．领导力：卓越领导者如何在组织中管理与创新[M]．北京：人民邮电出版社，2014.

[27] 张艳娥．中国特色社会主义制度创新研究[M]．北京：中国社会科学出版社，2016.

[28] CHU F，WANG Y，PARKER D S，et al. Data Cleaning Using Belief Propagation[C]//Proceedings of the 2nd international workshop on Information quality in information systems. NY USA：ACM，2005：99-104.

[29] 刘中超．数据中心的数据质量管理工具设计与实现[D]．武汉：华中科技大学，2013.

[30] PRASAD K H，FARUQUIE T A，JOSHI S，et al. Data Cleansing Techniques for Large Enterprise Datasets[C]// Proceedings of the 2011 Annual SRII Global Conference. NJ，USA：IEEE，2011：135-144.

[31] SIDI F，PANAH P H S，AFFENDEY L S，et al. Data quality：A survey of data quality dimensions[C]//2012 International Conference on Information Retrieval & Knowledge Management（CAMP）. NY，USA：IEEE，2012：300-304.

[32] KIM W，CHOI B J，HONG E K，et al. A Taxonomy of Dirty Data[J]. Data Mining & Knowledge Discovery，2003，7（1）：81-99. DOI：10.1023/A：1021564703268.

[33] 用友平台与数据智能团队．一本书讲透数据治理：战略、方法、工具与实践[M]．北京：机械工业出版社，2022.

[34] 华为公司数据管理部．华为数据之道[M]．北京：机械工业出版社，2020.

[35] 全国信息技术标准化技术委员会．信息技术数据质量评价指标：GB/T 36344—2018[S]．北京：中国标准出版社，2018：3-5.

第3部分

污染源数据治理实践

深圳市作为改革开放的重要窗口，围绕着建设中国特色社会主义先行示范区的定位，积极走在数字化城市建设前列，努力打造智慧化城市的标杆，先后印发了《深圳市新型智慧城市建设总体方案》和《深圳市城市大数据中心建设实施方案》，明确提出要建设城市大数据中心，构建全市统一的“大数据湖”。其中，深圳市生态环境局负责生态环境主题库建设，具体任务为“通过政务信息资源共享交换体系，将数据汇集到城市大数据中心并及时维护和更新，保障数据的完整性、准确性、时效性和可用性，为智慧城市建设提供坚实的数据支撑”。

为了加快推进广东省数据要素市场化配置改革，广东省人民政府办公厅于2021年5月印发了《广东省首席数据官制度试点工作方案》（粤办函〔2021〕63号），选取省公安厅、人力资源和社会保障厅、自然资源厅、生态环境厅等6个省直部门，以及深圳、广州等10个地市开展试点。深圳市按照广东省的统一部署，制定了《深圳市首席数据官制度试点实施方案》（深府办函〔2021〕71号），在市政府和有条件的区、部门试点首席数据官制度。深圳市生态环境局作为试点单位之一，其任务是明确首席数据官的职责范围，健全评价机制，创新数据共享开放和开发利用模式，提高数据治理和数据运营能力，助力深圳市智慧城市和数字政府建设。

深圳市第二次污染源普查结果显示，至2017年年末，全市普查对象数量为96 026个

（不含移动源），包括 95 364 个工业源、14 个畜禽规模养殖场、537 个生活源、102 个集中式污染治理设施等，污染源体量较大。与如此体量的污染源相比，深圳市生态环境领域的执法力量明显薄弱。面对复杂的污染源现状，为了对全市污染源进行有效监管，生态环境主管部门积极开展信息化建设工作，依托“空天地”一体化的生态环境监测感知网络，建设一流的生态环境大数据中心和智慧环保监管平台。生态环境大数据中心基于生态环境物联网数据和视频接入平台，实时接入水环境、大气环境、生态环境、核与辐射、固定污染源、柴油货车、水体管控 7 类监测监控数据，全面汇聚审批、信访、执法、处罚、监督等业务数据，形成了 12 类数据资源体系和数据管理目录，有效支撑了生态环境质量和生态环境治理能力双提升。智慧环保平台包括智慧环保监管、智慧环保应用、智慧环保服务和智慧环保政务四大平台，其中智慧环保监管平台包括固定污染源监管、行政处罚、执法指挥调度、环境应急管理、网格化环境监管、移动执法、机动车排污管理等 18 个模块，以污染源管理为核心，建立全生命周期的污染源动态信息库，构建从事件发现、指挥调度、执法处罚到结果反馈的闭环管理模式。

随着污染源监管业务的开展，深圳市持续加大智慧环保监管平台的建设力度，不断完善多环境要素的物联感知端、精准协同的指挥端及高效运转的处理端，构建可视、可溯、可靠的智慧监管模式，有效提升了全市污染源的精准监管水平。但有些方面仍需加强，如深圳市智慧环保平台建设项目虽然已开展了数据标准、目录、关联、质量控制等数据治理方面的初步设计，但仍需开展实际的数据治理工作，以与现有的数据管理工作充分整合，解决各部门数据标准不一致、数据“信息孤岛”、数据时效性差等问题，使污染源数据资源价值充分发挥。

因此，深圳市着手开展了污染源数据治理工作，通过深入调研深圳市污染源数据现状，提炼污染源监管的重点需求，探讨污染源数据治理分步实施路径，并通过核心数据的治理工作试点形成了一套规范化的污染源数据治理模式。

通过有计划、有步骤的工作，深圳市污染源数据治理已取得初步成效。2021 年，以污染源基础数据为突破口，针对污染源数据质量中存在的不一致、不准确、不完整、不规范、不关联等问题，精准制定了 13 类数据治理规则，打通了环境影响评价、污染源普查、排污许可管理、环境统计、执法监督、行政处罚等相关污染源管理业务之间的关联关系。2022 年，初步解决了重点污染源数据本身存在的“信息孤岛”、数据碎片化、关联性差、缺乏统一标准、数据不准确等问题，明晰了市区级数据互通、互补、及时流转与共享应用的方式方法，形成了一套独具深圳特色的污染源数据治理标准体系，为污染源数据全生命周期治理工作的开展奠定了坚实基础。

第 9 章
顶层设计

9.1 组织架构

9.1.1 组织机构

1. 深圳市生态环境局组织机构

深圳市生态环境局共 13 个内设机构、5 个直属单位和 11 个派出机构，其中内设机构［以下简称机关各处（室）］包括办公室、督察处、规划发展处、法规和标准处、水生态环境处、大气环境处、自然生态和海洋生态环境处（土壤生态环境处）、固体废物和化学品处（环境应急管理处）、环境影响评价和排放管理处（审批综合处）、应对气候变化处（生态环境监测与科技处）、污染源管理处、机关党委（人事处）、核与辐射安全管理处；直属单位包括深圳市生态环境综合执法支队（以下简称执法支队）、深圳市饮用水水源保护管理办公室（以下简称水源办）、深圳市生态环境监测站（以下简称生态监测站）、深圳市生态环境智能管控中心（以下简称智控中心）和深圳市环境科学研究院（以下简称环科院）；派出机构（以下简称各管理局）包括深圳市生态环境局福田管理局、深圳市生态环境局罗湖管理局、深圳市生态环境局盐田管理局、深圳市生态环境局南山管理局、深圳市生态环境局宝安管理局、深圳市生态环境局龙岗管理局、深圳市生态环境局龙华管理局、深圳市生态环境局坪山管理局、深圳市生态环境局光明管理局、深圳市生态环境局大鹏管理局和深圳市生态环境局深汕管理局。

广东省深圳生态环境监测中心站（原深圳市环境监测中心站，以下简称监测中心站）是深圳市生态环境局接受广东省生态环境厅委托管理的公益一类事业单位。

2. 深圳市生态环境局首席数据官组织机构

根据《深圳市生态环境局首席数据官制度试点实施方案》（深环办〔2021〕117 号），深圳市生态环境局首席数据官的组织架构由首席数据官和数据办公室构成（图 9-1）。其中，首席数据官由局信息化工作分管领导担任；数据办公室由主任、副主任和数据联络员组成，智控中心主要负责人任主任，局办公室、污染源管理处、执法支队、监测中心站、生态监测站、智控中心、环科院等单位分管负责人任副主任，各管理局、直属单位、机关各处（室）相关负责人任成员，各管理局、直属单位、机关各处（室）指定的在编人员任数据联络员。

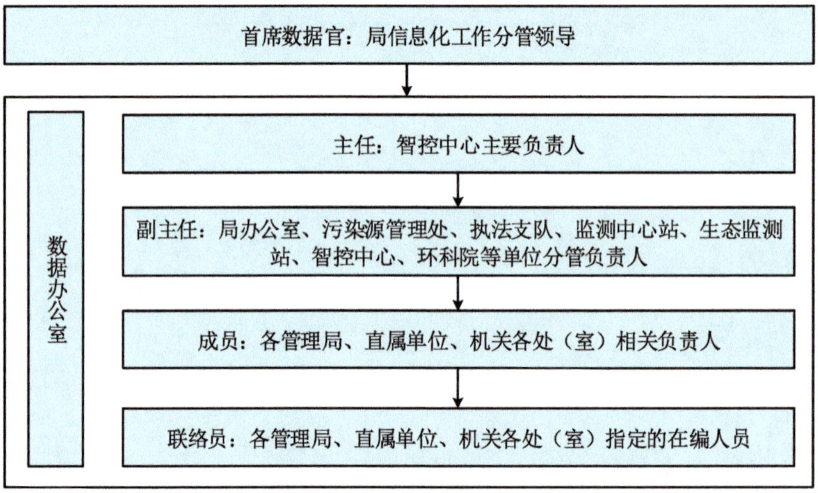

图 9-1　深圳市生态环境局首席数据官组织架构

根据深圳市生态环境局首席数据官组织架构的设计，明确首席数据官、数据办公室及各部门的职责分工，确保首席数据官制度更具执行力。

首席数据官职责：在深圳市生态环境局网络安全与信息化领导小组的领导下，推动生态环境领域数字政府改革建设，贯彻省、市数字政府改革建设重要决策部署和工作安排，统筹全局生态环境数据资源管理，推进数据管理融合创新工作。

数据办公室职责：落实首席数据官决策部署要求，开展首席数据官工作总结，定期向首席数据官报告工作进展，负责首席数据官试点管理制度的宣贯与执行；参照国家和地方生态环境数据管理办法和数据标准规范，建立健全生态环境首席数据官工作机制和评价机制，完善数据共享协调机制，制定生态环境数据、信息化项目管理制度和标准规范，提升全局生态环境数据的完整性、规范性及安全性；统筹协调并推进落实生态环境首席数据官数据管理的各项具体工作，制订工作方案和行动计划，推进生态环境数据资源管理和融合创新工作；负责衔接与首席数据官工作相关的局内外日常沟通、联络和协调工作，在首席数据官领导下对各部门首席数据官制度的执行情况进行履职评价、监督与通报，对各部门信息化建设和数据管理制度、规范的落实情况进行评估。

各管理局、直属单位、机关各处（室）职责：负责落实首席数据官的决策部署，推进本部门生态环境数据资源管理和融合创新工作，向首席数据官报告本部门生态环境数据资源管理、融合创新和职责落实情况工作进展；负责本部门数据调研和普查登记时的统筹协调工作，提出数据开发利用需求，推广数据应用系统使用；负责对本部门数据质量进行审核把关，确保纳入生态环境大数据中心的数据符合相关规范与标准；负责本部门信息化项目的规范管理，推进数据共享负面清单，落实数据分类分级，做好数据安全工作；积极配合推进首席数据官的各项工作，建立沟通协调机制，各部门均需安排一名在编人员担任数据办联络员，以确保各项工作任务及时传达落实。

3．污染源数据治理组织机构

深圳市污染源数据治理组织架构由上至下由决策层、管理层和执行层构成（图 9-2）。根据数据治理组织机构的分层设计，需要明确各角色在数据治理工作中的职责，以保证数据治理团队的工作效率。

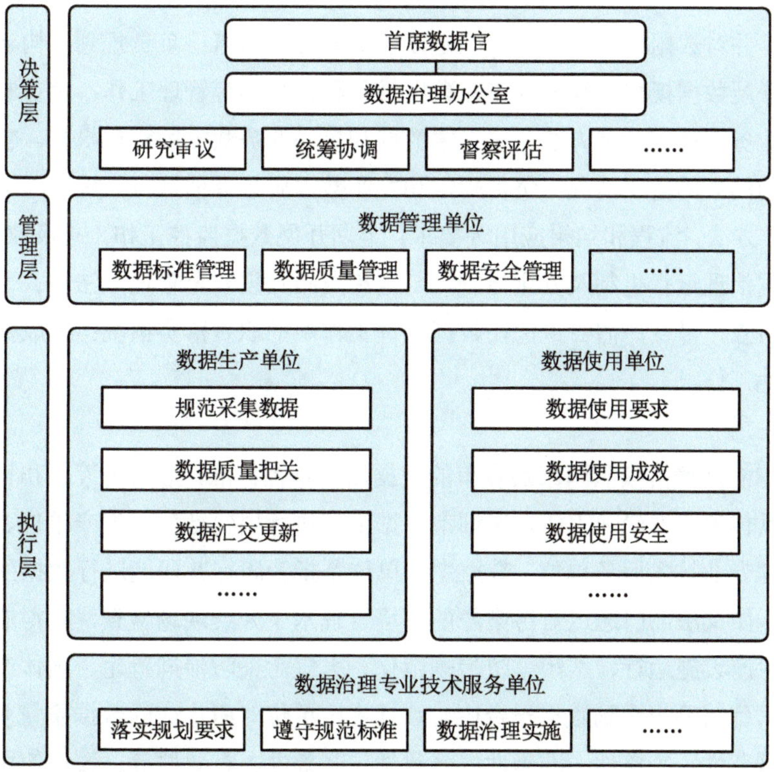

图 9-2　深圳市污染源数据治理组织机构

（1）决策层

决策层由首席数据官和数据治理办公室组成。首席数据官是污染源数据治理办公室的领导者，是数据治理组织架构中领导力的重要来源，统筹管理污染源数据治理工作；数据治理办公室的日常工作由智控中心负责。同时，智控中心作为数据管理、技术支撑单位，牵头开展全局数据治理管理工作，构成管理层。

首席数据官职责：贯彻国家、省、市数据治理重要决策部署，统筹管理数据治理工作，做好数据治理工作安排，推动与数据分类分级、数据治理等相关的标准体系建设，提升数据治理能力。

数据治理办公室职责：贯彻落实上级部门（国家、省、市）发布的与数据治理相关的法律法规、方针和政策文件等；负责制定和发布数据治理相关战略规划，掌握数据治理的总方向；研究审议数据治理制度、标准规范、工作方案与推进措施；对与数据治理相关的重大事项进行决策；统筹协调解决数据治理工作过程中出现的问题；负责建立数据治理监督检查机制，制定和发布监督检查办法。

（2）管理层（数据管理单位）

管理层（数据管理单位）职责：负责制定基于数据战略规划的发展规划和工作计划，并报决策层批准、发布；研究制定与数据治理相关的制度、规范与标准等；研究制定和发布数据标准，并对数据标准的执行情况定期监督和抽样检查；负责规划、构建和管控数据架构，统筹开展数据模型、数据分布、数据目录和元数据等管理工作；负责制定和发布主数据和核心业务数据的管理方法，建立主数据和核心业务数据的管理机制，督促各单位对数据质量规则约束的落实情况；负责制定和发布数据质量评估规范，规定污染源数据质量评估的指标、方法、流程和结果应用等要求；定期开展数据监控工作，通报数据质量情况；建立健全数据治理运行机制及安全措施，制定和发布数据安全管理办法等；开展数据治理工作的监督检查，督查评估各单位在数据治理工作中的职责落实情况；完成数据治理办公室交办的其他工作。

（3）执行层

执行层指的是严格按照国家及省市的数据治理规范标准，落实决策层和管理层的工作部署，开展具体的数据治理工作。深圳市数据治理执行层包括数据生产单位、数据使用单位和数据治理专业技术服务单位。数据生产单位是指为履行其职能进行数据生产并获得数据的各单位，如执法部门通过对污染源的环境管理水平开展现场检查，获得的污染源环保手续办理、生产设施运行、水污染防治规范化、大气污染防治规范化、固体废物污染防治规范化等数据都需要记录到数据平台中。数据生产单位对所生产的数据质量负责，数据质量包括数据规范性、完整性、准确性、一致性、时效性、有效性等。数据使用单位是指依职能申请、下载和使用数据的各单位。数据使用单位和数据生产单位可能不是同一单位，如执法部门生产数据，但是也会使用其他业务部门的环评审批、在线监测、固体废物监管等数据来对污染源进行监管。数据治理专业技术服务单位是指接受数据管理单位、数据生产单位或数据使用单位委托，开展数据治理专业技术服务工作的单位。随着数据治理工作在生态环境信息化工作中的重要性不断增强，必须推进数据治理的专业化、产业化进程。

数据生产单位职责：明确采集数据的目的、范围、用途、方式、格式和流程；负责对本单位生产数据的质量把关，确保数据的规范性、完整性、准确性、一致性、时效性、有效性，并对发现的数据问题进行整改；实现数据的主动及时汇交和持续更新；会同数据主要使用单位确定数据共享属性、开放级别和使用要求，并对数据共享申请进行审批；负责对其生产的数据在汇交、更新、共享、使用、安全等方面协助配合其他单位开展整理、确认、解释、说明等相关工作；完成数据治理办公室交办的其他工作。

数据使用单位职责：提出数据详细需求，并与数据生产单位进行需求沟通，明确数据是否符合使用需求及数据使用注意事项；对于数据使用过程中发现的问题，主动与数据生产单位沟通处理，确保数据使用成效；按要求汇交基于数据使用而产生的成果数据；确保数据使用安全；完成数据治理办公室交办的其他工作。

数据治理专业技术服务单位职责：负责落实数据治理的战略规划和发展规划的相关要求，按照工作计划实施数据治理工作；严格遵守数据治理相关制度、规范与标准中的要求，确保数据治理各项工作合规；根据数据管理单位发布的数据标准，对数据的定义、组织、监督和保护进行标准化，保障数据的内外部使用和交换的一致性和准确性；根据数据管理单位建立的数据架构落实本单位的数据模型、数据分布、数据主题域、数据目录、元数据管理等；按照数据管理单位发布的主数据和核心业务数据的管理办法，严格按照已制定的数据质量规则开展主数据和核心业务数据的数据治理工作；负责落实数据管理单位发布的数据安全管理办法，落实数据安全保护责任，配合数据安全专项检查工作，确保数据安全；负责接受数据管理单位的监督，配合开展定期检查工作。

9.1.2　组织模式

深圳市污染源数据治理的组织模式为半集中模式。智控中心作为数据治理的归口管理部门，统筹数据生产单位、数据使用单位和数据治理专业技术服务单位的数据治理工作；同时，数据生产单位和数据使用单位提供业务专家和技术专家，与数据治理专业技术服务单位对接，构建合作关系，解决数据问题，提升数据质量，促进数据赋能业务。

9.1.3　配套制度

深圳市积极响应国家战略需求，贯彻落实广东省数据管理的工作部署，如严格按照《广东省公共数据管理办法》《广东省政务数据资源共享管理办法（试行）》《广东省数据资源“一网共享”平台数据资源分类分级指南》等相关文件规范数据的采集、分类、使用、共享、应用和安全管理等工作，促进数据资源深度开发利用。同时，深圳市发布了一系列政策措施以推进数据价值的持续释放。例如，2015 年 11 月，深圳市人民政府印发了《深圳市政务信息资源共享管理办法》，规范和促进深圳市政务信息资源共享，优化政务信息资源配置，有效支撑业务协同，提高行政效能，促进服务型政府建设。值得一提的是，2019 年 9 月，为扎实推进智慧环保平台建设，打造一流的生态环境大数据中心，深圳市生态环境局办公室（该职能现已转至智控中心）印发了《深圳市生态环境数据治理工作方案》；

2022 年 5 月，为助力全市智慧城市和数字政府建设，加强全局生态环境数据规范管理与有效利用，深圳市生态环境局印发了《深圳市生态环境局生态环境数据管理办法（试行）》。污染源数据治理是一个持续且动态的数据全生命周期监控过程，表 9-1 列出了在此过程中的配套政策制度。

表 9-1　深圳市污染源数据治理配套制度

序号	文件名称	主要内容	具体作用
1	《广东省公共数据管理办法》（粤府令第 290 号）	作为广东省首部省级层面关于公共数据管理的政府规章，从公共数据目录管理，公共数据的采集、核准与提供，公共数据的共享和使用，重点领域数据应用，公共数据开放，公共数据开发利用，数据主体权益保障，安全管理，监督管理，法律责任 10 个方面规范公共数据管理，促进公共数据资源开发利用。该办法有诸多制度创新，包括国内首次明确将公共服务供给方数据纳入公共数据范畴、首次在省级立法层面真正落实“一数一源”、首次明确数据交易标的等	规范公共数据采集、使用、管理，保障公共数据安全，促进公共数据共享、开放和利用，释放公共数据价值，提升政府治理能力和公共服务水平
2	《广东省人民政府办公厅关于印发广东省政务数据资源共享管理办法（试行）的通知》（粤府办〔2018〕50 号）	对政务数据主管部门、省级政务部门、运营中心和第三方机构等在编目采集、共享应用、安全管理、监督考核等方面的权责和关系进行细致的规定	解决当前政务数据资源条块分割、标准不一、“信息孤岛”突出、开发利用水平低等问题，进一步规范政务数据资源编目、采集、共享、应用和安全管理，促进政务数据资源深度开发利用
3	《广东省政务数据目录编制和治理规范试点实施方案》	明确广东省政务数据目录编制和治理规范试点范围、主要任务、责任分工、工作流程和有关要求。深圳市作为试点之一，主要任务是预编制政务数据目录基本要素信息、核查政务数据目录基本要素信息和完善政务数据目录扩展要素	开展政务数据目录治理工作试点，全面梳理政务数据、摸清家底，编制形成广东省各行业系统统一的政务数据目录，建立全省上下一致、标准统一、动态管理的政务数据目录
4	《广东省数据资源“一网共享”平台数据资源分类分级指南》	内容涵盖分类分级的目标和原则、数据分类的一般要求、分类维度、分类工作流程和分类维护改进，以及数据分级的一般要求、分级方法、分级工作流程、分级维护变更和数据安全分级管控要求	有效保障数据安全，落实数据资源分类分级工作，推动广东省公共数据资源共享开放和开发利用
5	《深圳经济特区数据条例》	内容涵盖个人信息数据、公共数据、数据市场、数据安全等方面，是国内数据领域首部基础性、综合性立法，率先明确提出了“数据权益”，并着重强化个人信息数据保护	规范数据处理活动，保护自然人、法人和非法人组织的合法权益，促进数据作为生产要素开放流动和开发利用，加快建设数字经济、数字社会、数字政府

序号	文件名称	主要内容	具体作用
6	《深圳市人民政府关于印发深圳市政务信息资源共享管理办法的通知》(深府〔2015〕99 号)	明确信息共享原则，各部门对于信息共享工作的任务分配。督促各单位建立数据采集、入库和更新的管理制度，加强采集和生成数据的质量管理，确立“谁提供，谁负责”“谁使用，谁管理，谁负责”“谁运行，谁负责”的共享管理机制	明确了政务信息共享平台的管理要求，为生态环境数据治理奠定了基础
7	《关于印发〈深圳市生态环境数据治理工作方案〉的通知》(深环办〔2019〕20 号)	明确深圳市生态环境数据治理工作的指导思想、工作目标、工作内容、工作计划、保障措施。其工作内容包括全面梳理全市现有生态环境数据、组织开展生态环境数据资源调查、建立生态环境数据规范标准体系、建立生态环境大数据资源目录、出台生态环境数据管理制度、持续开展生态环境数据治理工作等	为深圳市生态环境数据治理指明了方向，明确了各机构的职责分工和工作的具体内容，规定了各项任务的完成时限
8	《深圳市人民政府关于印发新型智慧城市建设总体方案的通知》(深府〔2018〕47 号)	明确打造新型智慧城市的工作思路、总体目标、总体框架、建设原则、实施机制、重点工程和保障措施，提出到 2020 年，实现“六个一”发展目标，即“一图全面感知、一号走遍深圳、一键可知全局、一体运行联动、一站创新创业、一屏智享生活”	落实深圳市委、市政府关于打造国家新型智慧城市标杆市的战略部署，促进深圳现代化、国际化创新型城市和社会主义现代化先行区的建设
9	《深圳市人民政府关于加快智慧城市和数字政府建设的若干意见》(深府〔2020〕89 号)	明确了智慧城市和数字政府建设的总体要求，提出了跑出新型基础设施建设“加速度”、深化公共服务“一屏智享”、强化城市治理“一体联动”、培育数字经济发展“新动能”、筑牢网络安全防护“防火墙”的具体行动计划，明确了各单位的职责分工，建立了完善的保障措施	明确了智慧城市和数字政府建设的具体要求，为生态环境数据治理提供了治理思路和借鉴参考
10	《深圳市人民政府办公厅关于印发〈深圳市首席数据官制度试点实施方案〉的通知》(深府办函〔2021〕71 号)	明确了试点背景、工作目标、试点范围、主要任务、工作要求，规定了建立首席数据官工作机制、明确首席数据官职责范围、开展首席数据官评价总结的具体内容和预期成效	为生态环境数据治理的顶层设计和组织架构奠定了基础，为后续的数据治理工作成果评估提供了思路
11	《深圳市生态环境局关于印发〈深圳市生态环境局生态环境数据管理办法(试行)〉的通知》(深环办〔2022〕30 号)	共分为 7 个章节，包括总则，职责分工，数据的生产、汇交与更新，数据的使用、安全与共享，局外数据管理，监督检查，附则，明确了各部门的岗位职责及工作目标，对数据治理的细节要求作出了规定	明确了数据生产者、数据使用者、数据管理者的责任和义务，规范了数据共享与数据管理行为，为数据治理的责权划分提供了依据

9.2 数据战略

“十四五”期间，深圳市经济将进入数字经济发展阶段，对于数据产业的发展也有全新的需求，行业将进入集成创新、快速发展、深度应用的阶段，结构优化也进入了一个新阶段。数据战略为组织发展提供了重要依据，既能提升组织运营效率，也可以增强组织核心竞争力。为了使组织获得长远发展，全面提高数据管理水平，有必要建立一整套行之有效的数据战略规划。按照《中华人民共和国国民经济和社会发展第十四个五年规划和 2035 年远景目标纲要》总体部署和深圳市“十四五”规划纲要整体要求，编制数据战略，着重阐述数据治理的主要任务、数据治理体系的建设、数据治理安全保障体系的落实和数据治理成果的不断完善等方面，以为其他组织在数据治理方面提供一种行之有效的策略。

9.2.1 指导思想

建立健全污染源数据治理制度和标准体系，加强数据汇聚、共享开放和开发利用，统筹推进技术融合、业务融合、数据融合，充分发挥数据的基础资源作用和创新引擎作用，构建完善的数据全生命周期质量管理体系，加强数据资源整合和安全保护，促进数据高效流通使用，提高污染源数据的准确性、完整性、规范性、有效性、一致性和时效性，提升污染源监管的规范化、精细化、智慧化和差异化水平，推动生态环境治理体系和治理能力现代化。

9.2.2 目标分期

战略目标往往不可能一蹴而就，综合内外部情况分析后，应对目标进行排期，将目标分为短期目标、中期目标、长期目标 3 个部分。短期目标是通过梳理自身现状，找出污染源数据最基础、最迫切、最集中的问题，加以规划解决，如数据顶层规划缺乏，各数据系统各自为政，系统之间的数据不标准、不一致，导致组织机构内部数据应用集成困难、数据分析不准确的问题；中期目标是基于数据实现污染源监管能力升级和业务创新，如通过数据的精细化使用，拓展污染源监管的新功能，构建污染源监管的新方式，探索污染源监管的新模式；长期目标是对污染源数据进行全面、深入、系统的挖掘，最大限度地发挥数据的使用价值，拓展成果应用的广度和宽度。

9.2.3 主要任务

1. 提升数据治理能力

一是提升数据资源目录建设能力。梳理深圳市污染源数据，构建数据资源目录，动态更新数据资源，满足数据应用要求。二是提升数据共享能力。推进跨层级、跨区域、跨系统、跨部门、跨业务的数据融合与开发利用，破解“数据壁垒”“信息孤岛”，基本形成横向打通、纵向贯通的数据共享机制。三是加强技术创新能力。重点提升数据生成、采集、存储、加工、分析、安全与隐私保护等通用技术水平，提高数值、文字、图形图像、音视频等多样化数据处理能力，补齐关键技术短板，推动自主开源框架、组件和工具的研发。四是构建数据治理体系。开展数据治理相关技术、理论、工具及标准的研究，加强元数据、主数据、业务数据、数据标准、数据质量的管理，构建涵盖规划、实施、评价、改进的数据治理体系，增强组织数据治理意识。

2. 推动数据高质量发展

一是加强数据分类分级管理，促进数据资源规划，创建科学的分类，精准分级、治理有序，构建数据治理体系，促使数据真实可信。二是围绕数据全生命周期，通过质量监控、诊断评估、清洗修复、数据维护等方式，提高数据质量，确保数据可用、好用。三是健全数据管理能力评估体系，落实数据安全管理认证制度，推动数据管理能力成熟度评估模型、数据安全管理等国家标准贯标，持续提升组织数据管理水平。

3. 打造数据共享空间

开发云、边、端协同大数据存算模型，支持海量数据的高效传输和发布，提高数据流动效率。逐步构建数据共享空间等，形成精准的供需对接，对数据共享机制作出及时反应，促进数据高效共享。

4. 筑牢数据安全防线

一是完善数据安全保障体系。强化数据安全顶层设计，推进数据分类分级管理、数据安全共享使用，开展数据安全能力成熟度评估、数据安全管理认证等。提高数据安全保障能力，指导数据安全态势感知平台的构建，提升对敏感数据泄露、数据违法跨境流动和其他安全隐患的监控、分析和处置能力。加强隐私计算、数据脱敏、密码等数据安全技术与产品的研发应用，提升数据安全产品供给能力。二是增强数据安全管理能力。推进数据安全管理制度建设，拟订有关配套管理办法、标准规范，组织实施数据的分类分级管理，拟订重要数据保护目录，对重要资料实行备案管理、定期评估、重点保护。三是构建数据安全监测系统。依托大数据平台、重要的网络节点，形成敏感数据监测发现、数据异常流动分析、数据安全事件追踪溯源的功能等。

9.2.4　主要策略

1. 数据治理体系构建之道

数据治理体系构建需要从组织层面全面考虑，以满足组织发展需求。首先，需要明确组织的使命和愿景，并确定数据治理体系的长期发展方向，以辅助组织发展。其次，在组织规范和实施规则方面，应制定细化的数据治理流程，提高组织的工作效率。最后，应建立完善的绩效考核机制，以促进数据治理的有效实施。

数据治理体系构建的5个核心为“理”“聚”“管”“治”“用”。其中，“理”是指梳理组织当前的数据资源，形成数据脉络；“聚”是指构建全面的数据汇聚机制，实现数据的共享互通；“管”是指元数据管理、数据标准管理、主数据管理、业务数据管理等；“治”是指实现数据的清洗、分类、转换、关联、质检、治理、入库等；“用”是指将已治理完成的数据应用至实际业务中，释放数据价值。

数据治理体系的构建也需要考虑技术层面的因素。首先，应建立安全可靠的数据库系统，以保证数据安全，并选择合适的数据库管理软件，以便获取高质量的数据。其次，应建立一套有效的数据治理工具，实现从元数据、主数据、数据标准、数据质量到数据处理、数据资产、数据交换和数据安全等的数据全过程管理，以确保业务数据在采集、集中、转换、存储、应用整个过程中的完整性、准确性、规范性、一致性、有效性和时效性。最后，应根据组织的业务特点，选择合适的数据分析工具，以便更好地理解数据，挖掘有价值的信息。

2. 数据安全保障体系实施

在构建数据安全保障体系时，需要重点考虑安全性、可靠性和可控性。利用技术手段来保证安全性，如使用数据加密、访问控制等来保护组织的数据不被窃取或篡改。可靠性则要求信息化系统能够持续运行，以确保组织数据能够安全可靠地获取、存储和使用。可控性则要求组织能够审计和控制信息化系统中所有的数据流动，以确保数据治理过程中不发生未经授权的数据流动。

在实施数据安全保障体系时，除了采取技术手段，还需要有有效的治理机制。组织应该制定一系列数据安全政策，规范数据治理行为，明确责任和权限，并建立完善的审计机制，以确保数据安全政策能够有效实施。

3. 数据治理成果持续改善

组织在推进数据治理改善的过程中可以采取一些措施，以持续提高组织的数据治理水平。首先，组织可以利用各种数据治理工具和技术，如数据库管理系统、数据治理工具、数据可视化和数据治理平台等，以提高组织数据治理的效率。其次，组织还可以通过开展定期的数据审计，检查数据治理过程中的合规性，确保数据安全。最后，组织还可以通过开展培训活动来丰富工作人员的数据治理理论知识，提升监管人员的数据治理技能，以提高数据治理的效率和准确性。

9.3 数据架构

9.3.1 数据模型

数据模型从实际作用上来说是为了描述数据、数据的语义、数据之间的关系及数据的约束而建立的数据规范与相关图示。

1. 污染源数据模型

在数据治理过程中，为了厘清污染源关联关系，探索污染源血缘关系，最终实现污染源数据的全生命周期治理，需要将待治理污染源基础信息保存至污染源基础信息表中。由图 9-3 可知，污染源基础库汇聚了待治理的污染源数据清单，并保存在污染源基础信息表中，随着治理污染源数量的不断增加，最终形成了污染源基础信息库。

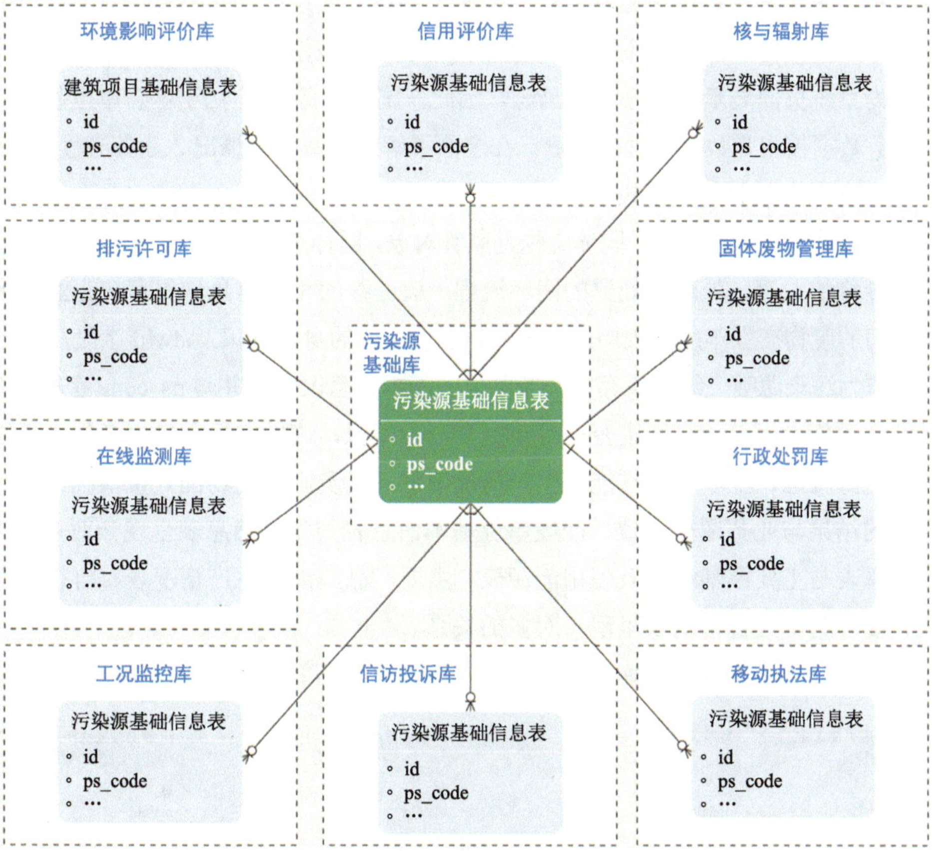

图 9-3　深圳市污染源基础库-污染源基础信息表

污染源数据治理的目标是实现污染源的全生命周期治理，在实施层面需要将污染源基础库-污染源基础信息表中的污染源数据与业务数据库自身的污染源基础信息表进行关联，一方面掌握待治理污染源存在哪些业务数据，另一方面便于后续的污染源数据治理（从污染源信息中提取污染源主数据、业务数据等信息，对比、校验、治理后给出污染源主数据、核心业务数据等数据的推荐值）。关联通过污染源唯一编码（ps_code）建立，该字段是污染源基础库-污染源基础信息表中的主键，另外每个业务数据库的污染源也有污染源唯一编码（ps_code）字段。从污染源全生命周期层面来看，一个污染源可以存在多条业务数据（如一个污染源由于建设、改建、扩建可能存在 3 条环评数据），因此图 9-3 显示出污染源基础库-污染源基础信息表与业务数据库-污染源基础信息表呈现一对多的关系。

每个业务数据库-污染源基础信息表的建立都需要结合业务特点，以业务数据库中的单位信息表为基础建立。若单位信息表中已存在污染源唯一编码（ps_code），则从业务数据库中单位信息表继承至业务数据库-污染源基础信息表，否则需要从全市的污染源基础信息库中提取并人工赋予污染源唯一编码（ps_code）。

2. 污染源业务数据模型

在数据治理过程中，污染源基础信息来源于各业务系统中的污染源信息，更准确地说来源于业务系统中污染源的污染源/单位基本信息表，该表汇总了整个业务系统的污染源信息，并作为系统页面展示的污染源信息源。因此，围绕业务系统中污染源/单位基本信息表梳理的业务数据模型是数据治理的关键。在全面了解业务数据库情况、业务流程的前提下，可梳理、建立污染源业务数据模型。

以固体废物监管系统为例，固体废物是监管对象，固体废物监管业务关注的是污染源产生的固体废物的贮存、处理和处置的闭环流程。该过程的相关信息均保存在企业上报至生态环境部门的废物产生年度报表中，该报表记录着企业的身份标识及 dwid 字段，dwid 字段信息又被作为污染源唯一编码保存于产废单位的基本信息表中，并与 ps_code 字段相对应。

从业务逻辑上讲，一家产废企业每年提交一份年报，这份年报会包含多份主要原辅材料及使用能源信息、主要产品产能等生产情况信息，以及固体废物的处置情况信息。数据库中呈现的结果与业务逻辑一致，产废单位基本信息表与年报信息表呈现一对多的关系，即年报信息表与主要原辅材料及使用能源表、主要产品产能等生产情况表、自行利用处置情况表、委外利用处置情况表呈现一对多的关系。

根据上述业务逻辑及数据库分析，可建立固体废物监管业务数据模型（图 9-4）。

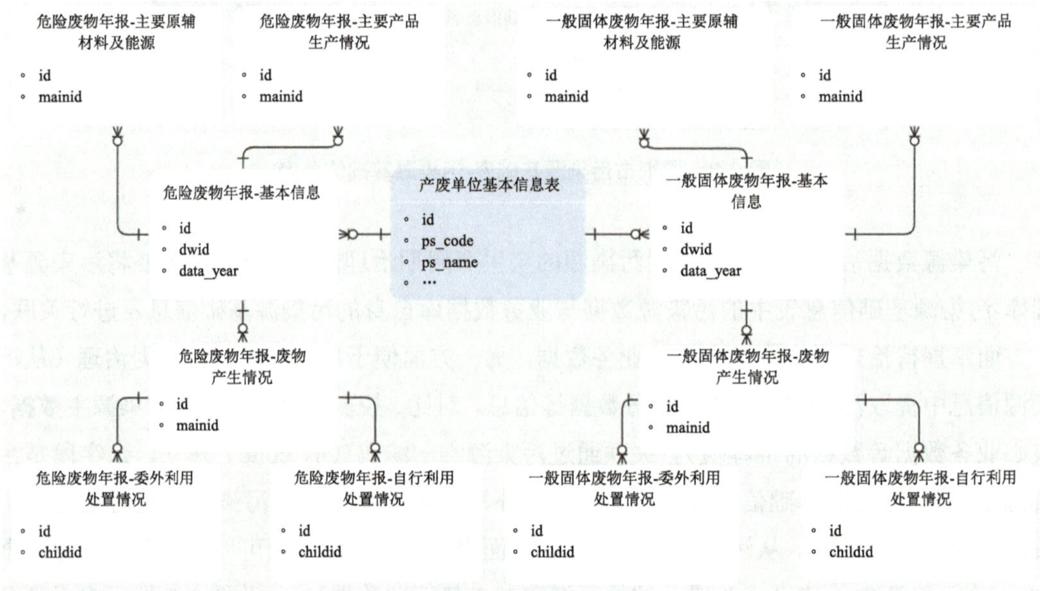

图 9-4　深圳市固体废物监管业务数据模型

9.3.2　数据分布

1. 数据清单

根据生态环境数据分类，梳理出深圳市污染源数据的数据分类、数据名称、数据明细、更新频率和数据主要应用系统（表 9-2）。

表 9-2　深圳市污染源数据清单

<table>
<tr><th colspan="2">数据分类</th><th>数据名称</th><th>数据明细</th><th>更新频率</th><th>主要应用业务系统</th></tr>
<tr><td colspan="2" rowspan="5">固定污染源基础数据</td><td>基本信息</td><td>该数据包含污染源编码、污染源名称、统一社会信用代码、企业名称、曾用名、企业地址、经纬度等</td><td>不定期</td><td>固定污染源信息管理系统</td></tr>
<tr><td>产品及产能信息</td><td>该数据包含产品名称、生产能力、计量单位、设计年生产时间（小时）等</td><td>不定期</td><td>固定污染源信息管理系统</td></tr>
<tr><td>原辅料及燃料信息</td><td>该数据包含名称、种类、年最大使用量、设计单位等</td><td>不定期</td><td>固定污染源信息管理系统</td></tr>
<tr><td>废水及废气治理设施信息</td><td>该数据包含治理设施编号、治理设施名称、治理工艺、是否为可行技术、关联生产设施编号等</td><td>不定期</td><td>固定污染源信息管理系统</td></tr>
<tr><td colspan="4">其他</td></tr>
<tr><td colspan="2" rowspan="2">固定污染源监测数据</td><td>在线监测数据</td><td>该数据包含污染源监测指标、监测值等</td><td>分钟、小时、日、月、年</td><td>污染源废水/废气自动监控系统</td></tr>
<tr><td colspan="4">其他</td></tr>
<tr><td rowspan="5">固定污染源监管数据</td><td rowspan="2">环境影响评价数据</td><td>建设项目环境影响评价审批类数据</td><td>该数据包含项目名称、统一社会信用代码、审批类型、环评文件类型、所属区域、所属街道、国民经济行业代码、环评类别、建设单位、批准日期等字段</td><td>不定期</td><td>环评综合管理系统</td></tr>
<tr><td>建设项目环境影响评价备案类数据</td><td>该数据包含备案编号、项目名称、编制环评单位、详细地址、项目状态、项目类别、备案时间、项目类型、备案信息等字段</td><td>不定期</td><td>环评综合管理系统</td></tr>
<tr><td rowspan="3">排污许可管理数据</td><td>排污许可单位原辅燃料信息</td><td>该数据包含原辅燃料类型、材料名称、设计使用量等字段</td><td>不定期</td><td>排污许可管理系统</td></tr>
<tr><td>排污许可单位治理设施信息</td><td>该数据包含治理设施名称、编号、工艺方法等字段</td><td>不定期</td><td>排污许可管理系统</td></tr>
<tr><td>排污许可单位生产设施信息</td><td>该数据包含生产设施名称、编码、生产设计值等字段</td><td>不定期</td><td>排污许可管理系统</td></tr>
</table>

数据分类		数据名称	数据明细	更新频率	主要应用业务系统
固定污染源监管数据	排污许可管理数据	产品及产能信息	该数据包含产品名称、编码、生产能力值等字段	不定期	排污许可管理系统
		企业排污许可信息	该数据包含排污单位名称、统一社会信用代码、排污许可证编号、有效期限、发证日期、发证机关等	不定期	排污许可管理系统
		排污许可证详情信息	该数据包含大气污染物排放信息、水污染物排放信息、自行监测信息、执行报告信息、信息公开信息、环境管理台账记录信息、其他许可内容等字段	不定期	排污许可管理系统
	施工扬尘数据	工地扬尘点位信息	该数据包含项目名称、监管部门、所属区域、所在街道、项目类型、工地状态、污染源编码、污染源名称、统一社会信用代码、组织机构代码等	小时	大气环境质量综合管理系统
		监测信息	该数据包含区域、TSP、PM_{10}、$PM_{2.5}$、监测时间、监测点、污染源编码、监测点编码、监测点名称、监测因子编码、监测因子（污染物）名称、监测因子（污染物）单位、监测时间、监测值、是否超标、超标倍数等	小时	大气环境质量综合管理系统
		告警信息	该数据包含告警时间、工地项目名称、监管部门、区域、告警类型、告警描述、污染源编码、告警类型、频次、告警开始时间、告警结束时间、告警内容、处理状态、处理时间等	小时	大气环境质量综合管理系统
	移动执法数据	移动执法任务	该数据包含执法ID、任务名称、企业名称、法定代表人、法人代表、行政区划、执法人、执法人部门、办结时间、执法状态等字段	日	移动执法系统
		监察执法笔录	该数据包含被调查对象名称、被调查对象统一社会信用代码、地址、被询问人姓名、笔录内容等字段	日	移动执法系统
	行政处罚数据	行政处罚立案审批信息	该数据包含处罚主体、案件编号、当事人、地址、案件来源、立案时间、处罚文号、处罚日期、处罚金额（万元）、区划名称等	日	行政处罚系统

数据分类		数据名称	数据明细	更新频率	主要应用业务系统
固定污染源监管数据	行政处罚数据	行政处罚结案审批信息	该数据包含处罚主体、案件编号、当事人、地址、案件来源、立案时间、处罚文号、处罚日期、处罚金额（万元）、区划名称等	日	行政处罚系统
		行政处罚决定书	该数据包含处罚对象、统一社会信用代码、违法行为、决定书文号、处罚决定、决定日期等字段	日	行政处罚系统
		行政处罚双公示	该数据包含行政处罚决定书文号、违法行为类型、处罚类型、罚款金额、违法事实、处罚依据、处罚内容、行政相对人名称、行政相对人类别等	日	行政处罚系统
	清洁生产审核	清洁生产企业注册详情信息	该数据包含企业名称、所属辖区、重点行业类别、企业状态、名单公布时间、审核截止时间、企业公开信息类型等	日	清洁生产管理系统
		清洁生产评估验收数据	该数据包含企业 ID、填报类型、培训宣传次数、培训总人数、减排量等	日	清洁生产管理系统
	信用评价	企业环境信用评价信息	该数据包含参评企业信息、企业评价信息、企业相关附件信息等	季度	企业环境信用评价系统
	固体废物监管	固体废物产废企业标签信息	该数据包含企业编码、统一社会信用代码、标签 ID、标签名称、数据录入时间、数据更新时间等	不定期	固体废物智慧监管系统
		固体废物产废企业注册信息	该数据包含产废企业名称、统一社会信用代码、产废经营地址、行业类型、企业类型等	日	固体废物智慧监管系统
		固体废物产废企业类型信息	该数据包含产废企业固体废物类型等	日	固体废物智慧监管系统
		产废月报	该数据包含废物种类、名称、数量、本月生产量、贮存量、处置量等	日	固体废物智慧监管系统
		产废年报	该数据包含企业编码、上年贮存量、本年度产生量、年底贮存量、委托处置量等	日	固体废物智慧监管系统
		危险废物转移联单	该数据包含联单编号、废物类型、废物名称、处置方式等	日	固体废物智慧监管系统
		危险废物台账信息	该数据包含固体废物台账日期、企业编码、固体废物唯一主键、固体废物类型编码、固体废物类型名称、台账状态、产生量、委外处置量、自行利用量等	不定期	固体废物智慧监管系统

数据分类		数据名称	数据明细	更新频率	主要应用业务系统
固定污染源监管数据	固体废物监管	生活垃圾处理单位信息	该数据包含统计日期、企业编码、企业名称、设计处理规模、接收量、处置量、炉渣产生量、飞灰产生量、垃圾渗滤液、数据录入时间、数据更新时间等	不定期	固体废物智慧监管系统
		固体废物医疗企业基础信息数据	该数据包含机构名称、机构属性、行政区、地址、联系人、联系电话、监督人员、监督人员电话、企业编码、区域编码、点位类型、风险级别等字段	不定期	固体废物智慧监管系统
		产废单位 AI 调度图（医废）	该数据包含深圳医疗废物收运情况、深圳新冠医疗废物收运数量、收运类型、医疗机构情况、企业编码、区域编码、点位类型、风险级别等字段	不定期	固体废物智慧监管系统
		固体废物医疗收运统计数据	该数据包含全市当日收集合计、疫情相关废物收集数、集中医学隔离观察点、发热门诊收集量等	不定期	固体废物智慧监管系统
		医疗废物收运量智能日报	该数据包含日报日期、医疗废物当日收运量、新冠医疗废物当日收运量、污泥当日收运量等	日	固体废物智慧监管系统
		固体废物监管预警消息处理信息	该数据包含告警消息 ID、处理人 ID、处理步骤、处理意见、附件、处理状态、处理时间、是否删除、数据入库时间、数据更新时间、数据来源等字段	不定期	固体废物智慧监管系统
	核与辐射	电离辐射在线监测数据	该数据包含气象站湿度、气象站气压、大流量累计采样体积、大流量采样开始时间、电离室剂量率、监测时间、监测值等	实时	核与辐射安全管理系统
		电磁辐射在线监测数据	该数据包含电场强度、磁场强度、监测时间、监测值等	实时	核与辐射安全管理系统
		核应急移动实验信息	包含点位名称、经纬度、监测指标、日期、监测值等	实时	核与辐射安全管理系统
		环境 γ 辐射累积剂量信息	包含监测日期、样本信息、监测值等	不定期	核与辐射安全管理系统
		环境地表 γ 辐射剂量率	包含监测日期、样本信息、监测值等	不定期	核与辐射安全管理系统
	其他				

数据分类	数据名称	数据明细	更新频率	主要应用业务系统
移动污染源基础数据	基本信息数据	该数据包含号牌号码、号牌种类、初次登记日期、品牌、车辆型号、车辆类型、燃料种类、状态、使用性质、是否进口、强制报废期止、原号牌号码、原号牌种类、发动机型号等	日	机动车排放监管系统
	其他			
移动污染源监测数据	机动车尾气遥感监测数据	该数据包含遥测点位数据、实时监控数据、查询统计数据、三级联网数据、尾气监管数据等	不定期	机动车排放监管系统
	机动车排放检测数据	该数据包含基础信息数据、申请检测数据、检测数据、数据预警、超标复检数据、监控视频数据等	不定期	机动车排放监管系统
	机动车点位监测数据	移动式点位监测数据、机动车黑烟车点位检测数据、非道路移动机械监测点监测数据等	不定期	机动车排放监管系统
	其他			
移动污染源监管数据	用车大户管理数据	用车大户企业数据、用车大户车辆数据、车辆检查记录数据等	不定期	机动车排放监管系统
	排放监督执法数据	路检检查数据、年检机构检查数据、新车检查数据、违法查处数据、非道路移动机械管理数据等	不定期	机动车排放监管系统
	其他			

2．数据资源全景图

深圳市污染源数据以数据来源进行分类可以分为内部系统自行产生数据、各区级管理局上报上传数据及其他委办局共享对接数据。以上数据按照业务需求和数据属性分别存储在深圳市生态环境相关数据库中，如环评数据、排污许可数据、在线监测数据、行政处罚数据分别存储在环评数据库、排污许可数据库、在线监测数据库和行政处罚数据库中。存储在深圳市生态环境数据库中的数据可以为现有、计划的生态环境保护专题活动（如涉水污染源专题、涉气污染源专题、涉固体废物污染源专题等）提供数据支撑，并根据专题活动的需求从不同的数据库表筛选业务数据，最终以大屏展示、污染源“一张图”、多维分析报表、大数据挖掘分析和智能研判等形式提供数据应用服务（图 9-5）。

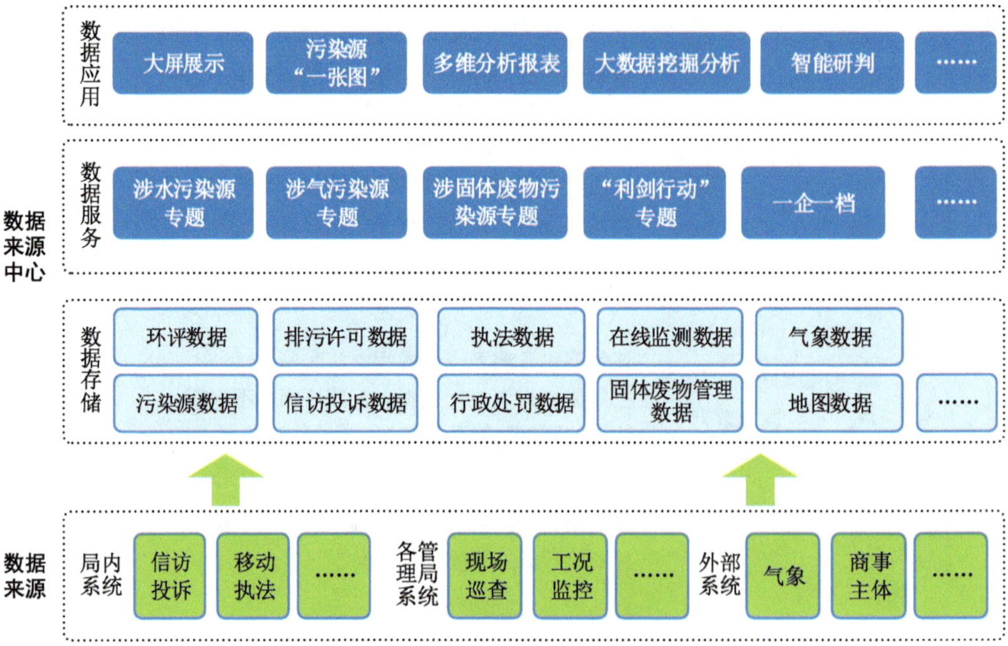

图 9-5 深圳市污染源数据资源全景

3. 数据地图分布应用

结合深圳市智慧环保平台中现有的系统情况，梳理深圳市污染源相关重要业务数据库信息，对重要数据库中的重要字段进行整理，以污染源基础数据为核心，掌握各重要业务数据库与污染源之间相关的关联字段，通过关联字段串联业务数据和污染源基本信息数据，展示污染源与 10 个重要业务库数据流向关系（图 9-6）。

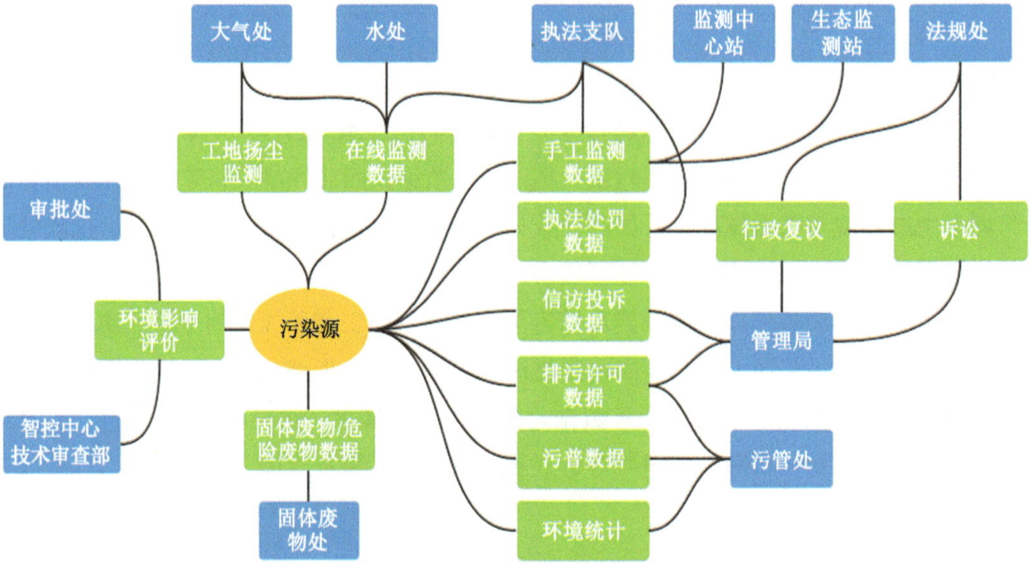

图 9-6 深圳市污染源数据地图分布

污染源数据地图是以数据为导向构建的关系图，它以污染源为核心，并根据业务数据进行展开。一方面，从内向外进行扩展，与污染源相关的业务数据（如工地扬尘、在线监测、环评等）被物理保存在不同的数据库中，为生态环境局各业务部门提供数据服务，如大气处、水处、执法支队利用在线监测数据开展相关业务。另一方面，从外向内进行汇聚，不同业务部门产生的污染源数据按照环保业务属性、数据特点被物理保存在不同的业务数据库中，如大气处、水处、执法支队在业务开展过程中均会产生污染源在线监测数据，这些数据通过整合、梳理、汇聚并保存于在线监测数据库中。这些数据最终汇聚形成了深圳市污染源的全生命周期数据。

9.3.3　数据共享

深圳市污染源数据共享遵循“分级分类、依职共享、依法公开、统一服务”的原则。数据生产单位根据国家、省、市有关规定为数据定级，确定数据共享类别，分为无条件共享、有条件共享、不予共享三类。可无条件提供给其他单位使用的为无条件共享类，依条件可提供给其他单位使用的为有条件共享类，依法不能提供给其他单位的为不予共享类。

第 10 章 现状分析和评估

2019 年机构改革后，深圳市生态环境智能管控中心组织建设深圳市智慧环保平台，以生态环境大数据中心（“一中心”），智慧政务、智慧监管、智慧服务、智慧应用平台（“四平台”）为架构，实现生态环境监管精准化、环境治理系统化、绿色发展科学化、政务管理信息化四大核心价值。在深圳市智慧环保平台的建设过程中，深圳市原有的生态环境信息系统部分停用，部分继续使用，同时也在开发建设其他信息系统。污染源数据治理工作先采用与电话、即时通信软件、部门访谈、座谈会、调查问卷等相结合的方法开展调研及资料收集工作，从总体上了解停用、在用和在建系统的基本情况，各类数据的管理情况和各机构数据的质量现状，再分析污染源数据的治理需求，明确污染源数据的治理方向。

10.1 系统现状调研与分析

10.1.1 系统现状调研

1. 停用系统

整理停用系统清单包括系统名称及对应的数据库。调研主要收集停用系统的设计文档，包括需求设计、概要设计、详细设计、数据库设计、使用说明书等，核实停用系统中是否存在需要接入生态环境大数据中心的数据。

2. 在用系统

整理在用系统清单包括系统名称及对应的数据库。调研整理在用系统的现有功能是否满足相关职能部门现有业务需求和业务发展需求，收集在用系统的设计文档，包括需求设计、概要设计、详细设计、数据库设计、使用说明书等，核实是否还有在用系统未列入污染源数据清单，以及系统中的数据是否可以接入生态环境大数据中心。

3. 在建系统

整理在建系统清单包括系统名称及产生的业务数据。调研主要收集在建系统设计文档，包括需求设计、概要设计、详细设计、数据库设计、使用说明书等，核实系统对应的业务数据是否计划接入生态环境大数据中心。

10.1.2 系统现状分析

深圳市共建设了 27 个污染源相关业务系统。污染源管理信息化系统的建设和使用改变了传统监管的路径束缚，将污染源监管与信息化建设深度融合，以精细和动态的方式使环境管理自动化、智能化、规范化、差异化，实现了“横向到边、纵向到底”的环境管理要求。例如，深圳市生态环境执法部门建设了覆盖全市 577 家重点涉水排污单位的水平衡智能监控系统，对 600 家涉 VOCs 排放的污染源实施工况监控，在全市 2 000 余家施工工地安装了一体化监控监测设备，在 300 多家重点危险废物产生单位使用了视频监控系统，在进入深圳市的主要道路、货运通道、物流园片区、市区主要道路定点安装了 20 套机动车尾气遥测设备和 112 套黑烟车智能监控设备，并依托全市统一的生态环境综合执法指挥调度系统构建了可视可溯可靠的智慧监管模式，突出了精准执法、科学治污，有效提升了全市的污染源执法效能，并依法严厉打击了各种环境违法行为。

将污染源业务系统按照系统使用情况进行分类，停用系统 4 个，占比 14.8%；在用系统 21 个，占比 77.8%；在建系统 2 个，占比 7.4%；以数据库管理类型进行分类，污染源业务系统主要使用 Greenplum、SQLServer、Oracle、Mysql 4 种数据库管理软件，其中 Greenplum 数据库管理类型数量最多，达 20 个，占比 74.1%；SQLServer 数据库、MySql 数据库、Oracle 数据库分别为 3 个、2 个和 2 个，占比分别为 11.1%、7.4%和 7.4%。以数据库类别进行分类，污染源业务系统的数据库类别可简单命名为业务库和历史库，其中业务库指生态环境大数据中心在用或可用的业务数据库，共 18 个，占比 66.7%；历史库指从原数据库导入至生态环境大数据中心后，原数据库不再录入新的数据库，数量为 9 个，占比 33.3%。

深圳市各个污染源信息化监管系统的各类污染源数据已按照“一网统管”的要求接入生态环境大数据中心进行统一归口、存储和管理，数据信息通过接口服务及时共享、更新，提高了信息化监管效率。但是，由于不同业务系统之间并未对污染源实行统一编码，造成同一污染源基础信息在不同业务系统中不一致；同时，由于不同业务系统在污染源数据统计上的口径不一、方式不同，导致业务部门的部分数据存在“打架”现象。例如，不同业务系统统计的同一家污染源排放的污染物的种类、浓度和总量可能不同；部分需要从国家级平台、省级平台接入的污染源数据往往由于数据权限、数据接口未开放等多种原因，数据对接困难。此外，深圳市仍有部分纸质存储的污染源数据需要将其电子化和数据化，并人工存储至生态环境大数据中心。

10.2 数据现状调研与分析

10.2.1 数据现状调研

业务数据现状方面，主要调研现有业务数据及数据名称、各类业务数据储存位置、各类业务数据如何管理。

数据管理现状方面，主要调研数据管理单位、管理责任人；是否有完善的数据管理制度，并按照管理制度管理；业务数据是否制定数据标准，并按照数据标准管理。

数据质量现状方面，主要调研评估数据质量是否达标、本数据在使用过程中存在的问题、是否已经制定了数据质量提升方法。

10.2.2 数据现状分析

1. 业务数据现状

深圳市的现有业务数据及数据名称详见表 9-2。各类业务数据储存在数据应用系统的数据库中，并将数据通过接口服务接入生态环境大数据中心，在生态环境大数据中心进行统一管理，完成业务数据的共享、更新、合并、问题发现及问题反馈。

2. 数据管理现状

深圳市已编制印发《深圳市政务信息资源共享管理办法》《深圳市生态环境局生态环境数据管理办法（试行）》等制度，规定了数据管理的适用范围、职责分工、遵循原则、任务分工、使用流程等。相关管理办法发布后，各部门积极响应并全面贯彻落实，严格按照管理办法生产、使用和管理污染源数据，推动污染源数据管理规范化、程序化、多层次的协作机制和工作流程的建立，使各部门在科学分工、权责清晰的基础上强化合作配合度，形成污染源数据管理的强大合力。但是由于数据标准尚在建设中，部分污染源数据在不同系统、不同统计口径、不同加工方法的情况下会产生不同的定义和属性信息，且不同业务人员对同一污染源数据的理解会出现偏差。

3. 数据质量现状

按照表 8-4 的要求，从数据质量的 6 个特性对深圳市污染源数据的整体数据质量进行评估，由于具体的数据质量评估结果涉及敏感信息，不在本书中具体展示。

污染源业务系统的需求不一、要求的数据属性不同且数据标准尚在建设中，导致出现部分污染源内容缺失、不真实、前后不一致等问题，以下将从数据的规范性、完整性、准确性、一致性、时效性和有效性 6 个方面展示数据质量问题及其对污染源监管业务的影响。

（1）数据规范性问题

污染源数据必须符合国家、省、市发布的相关规范或标准的要求和格式，但调研过程中发现部分数据的长度、字母、格式和数值不符合要求。例如，污染源统一社会信用代码的长度、编码和代码不符合《法人和其他组织统一社会信用代码编码规则》的要求，污染源行政区划代码不符合《中华人民共和国行政区划代码》（GB/T 2260—2007）的要求等。

（2）数据完整性问题

在调研过程中发现，部分数据信息缺失或不完善，主要表现为企业基础信息中的污染源名称、地址、统一社会信用代码、经纬度、行政区、街道、社区、园区等字段不完善，监测监管信息中的手工监测数据、执法数据、环境管理现状等数据缺失。

（3）数据准确性问题

在调研过程中发现，部分污染源数据的准确性不高，主要表现为以下几个方面：企业未按照数据库属性要求根据实际情况准确填写地址所属区、街道、社区及详细地址；数据入库过程中未对字段进行条件约束和校验，导致重复录入数据、一个污染源存在多个地址、经纬度信息错误等问题；业务系统数据分类和对应的筛选值不符；在线监测数据出现与实际数据偏差较大、无法利用等问题。

（4）数据一致性问题

在调研过程中发现，深圳市机构垂改之前，各区管理局根据自身污染源监管的需要，数据存储在各自建设的业务系统中，即使这些业务数据已全部接入生态环境大数据中心，但是这些不同来源的污染源数据库也存在字段类型、字段长度、命名等信息不一致的情况，导致不同业务系统间的数据命名、数据结构、约束规则等不一致，形成“一数多源”的现象。

（5）数据时效性问题

在调研过程中发现，污染源数据中的企业变动信息未与市场监管部门的工商法人信息库实时对接，不能及时获取企业新增、变更和注销的信息，导致污染源数据库中的企业信息存在更新不及时的现象；同时，由于上下级数据报送审批流程机制存在问题，部分数据的时效性不强，无法支撑实时更新的数据需求。

（6）数据有效性问题

在调研过程中发现，部分污染源数据的值、格式和展现形式不符合业务定义和数据定义的要求，如污染源生产经营场所的经纬度与地址不符，超出所属行政区域内；污染源行业代码与所属行业不符；污染物许可浓度超出其遵守的污染物浓度标准中的数值范围；年份值超出当前年份，月份值大于 12，时分秒值超过 60 等。

针对发现的数据问题，应及时找到可能的原因，并制定相应的解决办法。例如，基于发现的数据问题，一方面，根据系统开发单位的开发职责和职能部门的系统使用需求，从系统使用层面及数据库层面找到直接、切实、可操作的解决方法；另一方面，根据全局数据流统一管理的要求，在污染源数据管理层面找到解决方法，从源头解决数据问题。

10.3 数据管理成熟度评估

10.3.1 评估流程

一是在充分理解成熟度模型内部结构和特点的基础上，参考《科学数据管理办法》等相关文件，重点对现场摸底调研获取的生态环境数据治理资料进行梳理、分析，理解污染源数据现状及发展情况，为管理能力评估打下坚实的基础。

二是基于污染源数据基础现状、管理现状、业务发展现状，统筹考虑污染源数据管理发展过程中的特性，以数据管理能力成熟度评估架构为基础，通过专家咨询，制定污染源数据管理能力评分标准，其中包括分值、各能力项的分值权重及计算过程等。

三是依据 DCMM 模型核心能力域和能力项指标体系，将核心能力域涉及的数据战略、数据治理、数据架构、数据应用、数据安全、数据质量、数据标准和数据生存周期共计 8 项一级指标，以及能力项涉及的数据战略规划等 28 项二级指标的成熟度评分分值最高设定为 5 分，0～1、1～2、2～3、3～4、4～5 这 5 个评分区间分别对应初始级、受管理级、稳健级、量化管理级和优化级这 5 个成熟度等级。

四是以污染源数据现状为基础，运用专家评分法、层次分析法，参照已设定的评分标准进行打分，根据得分结果对深圳市污染源数据管理的成熟度进行整体评估。

10.3.2 评估结果

根据污染源数据管理成熟度评估流程，污染源数据管理成熟度评估可参考表 10-1 进行打分，并生成雷达图直观展现各主题域的评估结果（图 10-1）。

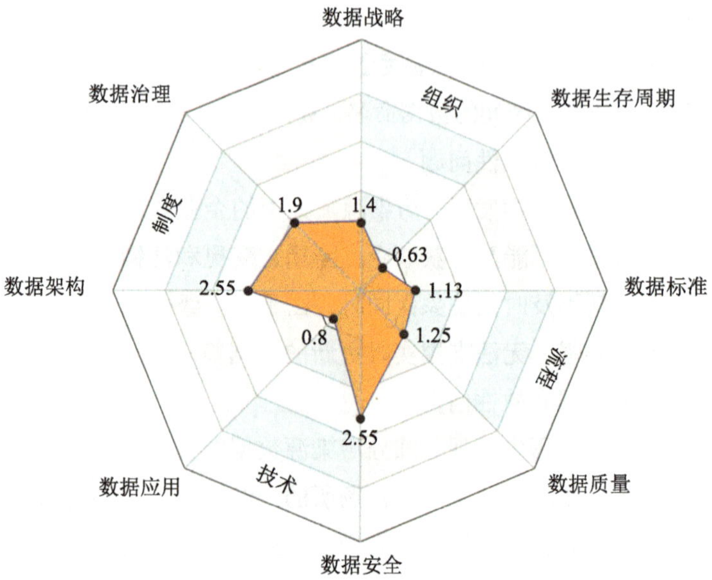

图 10-1　污染源数据管理成熟度评估分析（示例）

表 10-1　污染源数据管理各主题域评估表（示例）

序号	核心能力域	能力项	分值设定	权重	打分①	得分②	等级③
1	数据战略		5	1			
1.1		数据战略规划	5	0.4			
1.2		数据战略实施	5	0.3			
1.3		数据战略评估	5	0.3			
2	数据治理		5	1			
2.1		数据治理组织	5	0.4			
2.2		数据制度建设	5	0.3			
2.3		数据治理沟通	5	0.3			
3	数据架构		5	1			
3.1		数据模型	5	0.25			
3.2		数据分布	5	0.25			
3.3		数据集成与共享	5	0.25			
3.4		元数据管理	5	0.25			
4	数据应用		5	1			
4.1		数据分析	5	0.4			
4.2		数据开放共享	5	0.3			
4.3		数据服务	5	0.3			
5	数据安全		5	1			
5.1		数据安全策略	5	0.3			
5.2		数据安全管理	5	0.4			
5.3		数据安全审计	5	0.3			
6	数据质量		5	1			
6.1		数据质量需求	5	0.25			
6.2		数据质量检查	5	0.25			
6.3		数据质量分析	5	0.25			
6.4		数据质量提升	5	0.25			
7	数据标准		5	1			
7.1		业务术语	5	0.25			
7.2		参考数据和主数据	5	0.25			
7.3		数据元	5	0.25			
7.4		指标数据	5	0.25			
8	数据生存周期		5	1			
8.1		数据需求	5	0.25			
8.2		数据设计和开放	5	0.25			
8.3		数据运维	5	0.25			
8.4		数据退役	5	0.25			

注：①根据实际情况打分；②得分=打分×权重；③根据得分确定等级。

第 11 章

元数据管理

在 27 个污染源监管业务系统中，重点污染源综合管理系统、移动执法系统、行政处罚系统等 17 个污染源监管系统的元数据均纳入元数据管理工具的监督管理范围，剩下的 10 个区属系统的数据由于存储位置分散、系统相对独立等暂未进行元数据管理，后续将全部纳入元数据管理的范围。各污染源监管系统的表单数、字段数和元数据数见表 11-1，使用以下流程和工具对 549 603 个元数据（总计）进行管理。

表 11-1　污染源监管系统元数据统计

序号	污染源监管系统名称	数据库名称	表单数量	字段数量	元数据数量
1	重点污染源综合管理系统	fpsms	68	1 077	9 693
2	移动执法系统	YDZF_ShenZhen	206	4 250	38 250
3	行政处罚系统	szxzcf	314	6 699	60 291
4	VOCs 工况监控系统	stage_vocs	17	132	1 188
5	机动车排放监管系统	fvems	80	1 463	13 167
6	环评综合管理系统	HP_SZ	219	4 554	40 986
7	排污许可管理系统	permitSzKF	998	2 330	20 970
8	清洁生产系统	szep_clean	29	378	3 402
9	企业环境信用评价系统	feece	32	449	4 041
10	污染源废水自动监测管理系统	frelwater	117	1 829	16 461
11	污染源废气自动监测管理系统	frelgas	49	880	7 920
12	污染源全过程信息管理系统	FSWPMS	64	946	8 514
13	面源整治管理系统	fnpsm	29	475	4 275
14	固定污染源总量控制和减排系统	ftcrm	52	741	6 669

序号	污染源监管系统名称	数据库名称	表单数量	字段数量	元数据数量
15	固定污染源信息管理系统	TMAIN	63	1 659	14 931
16	固体废物智慧监管系统	frelswm	57	904	8 136
17	核与辐射安全管理系统	yt_hyfs	2 229	32 301	290 709
总计			4 623	61 067	549 603

11.1　元数据管理流程

11.1.1　业务系统设计阶段

数据模型在数据治理中承担着承上启下的作用，向上承接业务需求，向下对接数据库系统。数据模型的设计和管理是数据治理的开端，良好的数据模型可使组织的数据治理工作事半功倍。在数据模型中，业务模型描述了业务主题、业务规则定义，这些是业务元数据；物理模型包含数据实体、数据实体间的关系、数据结构、主外键关系等内容，这些是技术元数据；数据关联关系是开展元数据血缘分析的基础。因此，污染源监管系统的设计阶段，系统建设方严格按照相关规范和标准进行数据建模，并且给系统数据库中的表格和字段赋予元数据；数据治理团队全程参与并对系统建设方予以监督。

业务系统建设方的具体职责如下：

一是参考《华为数据之道》，明确业务元数据、技术元数据、操作元数据设计原则。其中，业务元数据的设计原则是，一个主题域分组下有多个主题域，一个主题域下有多个业务对象，一个业务对象下有多个逻辑实体，一个逻辑实体下有多个属性，一个属性下有一个数据标准；每个数据标准可被一个或多个属性引用，每个属性归属于一个逻辑实体，每个逻辑实体归属于一个业务对象，每个业务对象归属于一个主题域，每个主题域归属于一个主题域分组。技术元数据的设计原则是，物理表设计须满足三范式，如为了降低系统的总体资源消耗，提高查询效率，可反范式设计；物理表、视图和字段的设计须基于用途进行分类；承载业务用途的物理表、虚拟表、视图必须与逻辑实体一一对应，承载业务用途的字段必须与属性一一对应；系统间的数据传递须优先采用数据服务。操作元数据的设计原则是，日志目的不同的，进行分类设计；日志目的相同的，进行相同设计（非自研场景按软件包适配）。

二是对污染源监管系统数据库中数据表的字段赋予元数据，如给污染源名称、排污许可证编码、废水污染物种类赋予元数据（表 11-2～表 11-4）。

表 11-2　污染源名称的元数据

元数据类型	数据类型	数据内容
业务元数据	中文名称	污染源名称
	英文名称	Name of pollution source
技术元数据	物理数据库表名称	dr-b-main-baseinfo（污染源基础信息库-污染源基础信息表）
	字段名称	ps_name（污染源名称）
	字段类型	字符串类型
	存储位置	污染源基础信息库
	数据存储文件格式	TextFile
	数据库类型	关系型数据库
	数据库连接	Jdbc:mysql://××××××××
	数据接口	http://×××
	数据权限	公开
	安全等级	安全
	数据更新频率	与污染源营业执照的更新频率相同
操作元数据	数据使用者	业务部门
	管理者	智控中心
	创建人	张三
	创建时间	××××年××月××日××时××分××秒
	修改人	李四
	修改时间	××××年××月××日××时××分××秒
	数据的访问方式	mybatis
	访问时间	××××年××月××日××时××分××秒
	数据访问权限、组和角色	仅生态环境主管部门人员可访问
	数据备份	完全备份
	归档人	王五
	归档时间	××××年××月××日××时××分××秒

表 11-3　排污许可证编码的元数据

元数据类型	数据类型	数据内容
业务元数据	中文名称	排污许可证编码
	英文名称	Pollution discharge permit code

元数据类型	数据类型	数据内容
技术元数据	物理数据库表名称	PWXK_BASE_ITEM_DATA（排污许可-污染源基础信息表）
	字段名称	XKZNUM（许可证编码）
	字段类型	字符串类型
	存储位置	排污许可证管理系统
	数据存储文件格式	TextFile
	数据库类型	关系型数据库
	数据库连接	Jdbc:mysql://××××××××
	数据接口	http://×××
	数据权限	公开
	安全等级	安全
	数据更新频率	当污染源重新申请排污许可证时需更新数据
操作元数据	数据使用者	业务部门
	管理者	智控中心
	创建人	张三
	创建时间	××××年××月××日××时××分××秒
	修改人	李四
	修改时间	××××年××月××日××时××分××秒
	数据的访问方式	mybatis
	访问时间	××××年××月××日××时××分××秒
	数据访问权限、组和角色	仅生态环境主管部门人员可访问
	数据备份	完全备份
	归档人	王五
	归档时间	××××年××月××日××时××分××秒

表 11-4　废水污染物种类的元数据

元数据类型	数据类型	数据内容
业务元数据	中文名称	废水污染物种类
	英文名称	Types of wastewater pollutants
	衍生指标	污染物 ID
	监测方法	手工/自动监测
	采样时间	××××年××月××日××时××分××秒

元数据类型	数据类型	数据内容
业务元数据	采样地点	深圳市××区××街道××社区××号
	采样工具	水质自动采样器
	采样方法	浅水采样
	采样机构	××检测有限公司
	检测地点	深圳市××区××街道××社区××号
	检测时间	××××年××月××日××时××分××秒
	检测机构	××检测有限公司
技术元数据	物理数据库表名称	PWXK_BASE_ITEM_FSINFOTABLE（排污许可-废水基本信息表）
	字段名称	WRWNAME（污染物名称）
	字段类型	字符串类型
	存储位置	排污许可证管理系统
	数据存储文件格式	TextFile
	数据库类型	关系型数据库
	数据库连接	Jdbc:mysql://××××××××
	数据接口	http://×××
	数据权限	公开
	安全等级	安全
	数据更新频率	手工检测结果出具后即可更新
操作元数据	数据使用者	业务部门
	管理者	智控中心
	创建人	张三
	创建时间	××××年××月××日××时××分××秒
	修改人	李四
	修改时间	××××年××月××日××时××分××秒
	数据的访问方式	mybatis
	访问时间	××××年××月××日××时××分××秒
	数据访问权限、组和角色	仅生态环境主管部门人员可访问
	数据备份	完全备份
	归档人	王五
	归档时间	××××年××月××日××时××分××秒

11.1.2　业务系统运行阶段

1．元数据采集

污染源监管系统初验时，系统建设方需要将业务元数据和操作元数据以 Excel 格式的说明文档的形式移交至数据治理专业技术服务单位，数据治理专业技术服务单位将数据导入元数据管理工具的数据库中，结合数据治理专业技术服务单位使用元数据管理工具自动抽取的技术元数据，生成数据库清单、表清单和字段清单，保存至元数据管理工具的数据库中。采集至数据库中的元数据由数据治理专业技术服务单位进行验核。元数据检核主要针对元数据的一致性和元数据关系的健全性进行，并对元数据获取数据源及这些数据源之间的关系进行集中登记管理。

2．元数据发布与维护

元数据检核通过后，由数据治理管理层在组织内正式发布检核确认后的元数据。数据治理专业技术服务单位负责已发布元数据的日常维护，其中包括元数据数量和定义的更新、元数据映射关系及元数据版本的管理等。数据治理专业技术服务单位应定期从应用系统中抽取元数据，并与元数据库中的对应信息进行比较，保证元数据维护及时、准确地反映实际情况的变化。如在检查中发现差异，数据治理专业技术服务单位应出具各类元数据的差异报告，并分发给相关职能部门确认，经确认无误后再进行元数据的更新维护。

3．元数据使用

组织内各机构均可以向数据治理专业技术服务单位提交元数据查询和使用请求，并经数据管理单位审批通过后，方可进行元数据的使用。元数据的使用包括元数据查询、元数据报表及元数据分析，应区分业务用户、技术用户和 IT/操作用户的元数据使用范围，明确其访问控制权限。

4．元数据变更

污染源监管系统建设方若要变更元数据，应向数据治理专业技术服务单位提出变更申请，提出需要变更的元数据清单及变更细节。数据治理管理层接受元数据变更申请，应考量变更的必要性，并与变更影响相关方开展变更影响分析，变更细节确认后方可批准变更。元数据变更批准后，数据治理专业技术服务单位应组织元数据采集（技术元数据直接由元数据管理工具抽取至数据库中，业务元数据和操作元数据由系统建设方提供更新文档至数据治理专业技术服务单位，由数据治理专业技术服务单位导入数据库中），进行元数据质量检核，并通过血缘分析和影响分析确定与此变更相关的数据对象、数据处理模块和数据流程，形成完整的数据流图及元数据变更说明文档，发送至变更元数据上下游环节的各数据使用部门。数据治理专业技术服务单位组织落实变更后的元数据发布。变更发布时应主动推送至变更提出部门等相关部门，并及时更新和记录发布版本作为唯一的最新版本，同时要求保留历史版本信息。

11.2 元数据管理工具

11.2.1 数据采集功能

以深圳市各污染源业务系统对应的业务数据为目标开发的元数据管理工具，需要从错综复杂的生态环境系统中自动实时解析和采集各种元数据。与一般的元数据获取方式不同的是，深圳市部分污染源监管业务系统开发的时间较早，开发之初还没有统一的智慧环保平台的概念，因此出现了部分业务系统及对应数据库相互独立的情况。另外，系统开发商的不同也造成了业务系统数据库的软件及业务数据存储逻辑的不一致。基于上述情况，需要对每个业务系统的元数据采集及获取进行测试与核对。因此，前期获取业务数据库的链接后，通过后台程序定期更新所有已配置数据库的元数据基本信息。

析取所有数据库定义：以遍历的方式获取所有已配置系统数据库的数据库、表、字段名称，同时避开因数据库的临时操作而创建的临时表、备份表、分表（图 11-1～图 11-3）。

```
def extract_one_db_def(self,dbid,db_name,conn_key,dbms):
    """析取一个数据库中库表定义"""
    # 开始采集 XX 数据库中的所有表的元数据
    last_table_name='===='
    sql=""
    # 将所有临时表、备份表、分表可能的特征记录保存
    pattern=re.compile(r'_(bak|bake|tmp|temp|copy)_?\d*$')
    pattern2=re.compile(r'^sheet\d*$')
    try:
        # 获取数据库链接
        dbhelper_src=self.db_util.get_dbhelper_by_key(conn_key)
        if(dbhelper_src==None):
            return
        dbms=dbms.lower()
        # 抓取该数据库下全部数据表元数据，根据数据库类型选择不同的数据库语句（不同的数据库语句见图 11-2）
        sql=self._table_def_sqls[dbms] % db_name
        rows=dbhelper_src.fetchall(sql)
        # 遍历数据库中全部的数据表
        for r in rows:
            # 获取表名称，并通过临时表、备份表、分表特征排除掉临时表、备份表、分表
            table_name=r[0]
            if(table_name.find("$")>0):
                continue
            if (pattern2.search(table_name)!=None):
                self._bak_table_cnt+=1
                continue
            if (pattern.search(table_name)!=None or (table_name in self._ignore_tables)):
```

```
                self._bak_table_cnt+=1
                continue
            if("_prt_" in table_name):
                self._bak_table_cnt+=1
                continue
            if(table_name.startswith(last_table_name)):
                tmp=table_name.replace(last_table_name,'').replace('_','').lower()
                if(tmp.startswith(('bak','copy','tmp')) or tmp.endswith(('bak','copy')) or util.is_date_num(tmp)):
                    self._bak_table_cnt+=1
                    continue
                if(tmp.startswith('1prtp20')):
                    self._bak_table_cnt+=1
                    continue
            # 处理临时表、备份表、分表以外的有效数据表
            self._extract_table_cnt+=1
            last_table_name=table_name
            table_desc='' if r[1]==None else r[1].replace("'","''")
            key="%s.%s"%(dbid,table_name)
            # 如果该数据表已存在于数据库中，且数据表描述发生变化，则在 db_table[数据表清单]表中更新该数据表
元数据
            if(key in self._exists_tables):
                if(table_desc!='' and table_desc != self._exists_tables[key]['table_desc']):
                    self.DBhelper_dest.execute("update ...")
                continue
            # 如果该数据表为新增表，则在 db_table[数据表清单]表中新增该数据表元数据
            sql="insert ..."
            self.DBhelper_dest.execute(sql)
        self.DBhelper_dest.commit()

        # 开始采集 XX 数据库中临时表、备份表、分表以外的有效数据表中的全部字段元数据
        sql="select ..."
        rows=self.DBhelper_dest.fetchall(sql)
        # 遍历有效数据表
        for r in rows:
           # 获取 db_table[数据表清单]中该有效表的 id 和名称，便于与 db_column[数据字段清单]中字段元数据信息关联
            table_id=r[0]
            table_name=r[1]
            xh=1
            # 抓取该有效表下的全部字段信息，根据数据库类型选择不同的数据库语句（不同的数据库语句详见图 11-3）
            sql=self._column_def_sqls[dbms] % (db_name,table_name)
            rows1=dbhelper_src.fetchall(sql)
            # 遍历数据表中全部的字段
            for r1 in rows1:
                self._column_cnt+=1
                # 获取该字段的元数据
                col_name=r1[0]
                col_desc='' if r1[1]==None else r1[1]
                data_type=r1[2]
                data_length=r1[3] if r1[3]!=None else 'null'
```

```
                    if(data_type.startswith('character varying')):
                        t_num=util.getNumber(data_type)
                        data_length=int(t_num[0]) if len(t_num)>0 else 'null'
                        data_type='varchar'
                    elif(data_type.endswith('without time zone')):
                        data_type='timestamp'
                    if(len(str(data_length))>6): data_length='null'
                    # 如果该字段已存在于数据表中且字段元数据发生变化，则在 db_column[数据字段清单]表中更新该字
段元数据
                    key="%s.%s"%(table_id,col_name)
                    if(key in self._exists_columns):
                        # 如果字段描述发生变化，则在 db_column[数据字段清单]表中更新该字段描述
                        if(col_desc!='' and col_desc != self._exists_columns[key]['col_desc']):
                            col_desc=col_desc.replace("'","''")
                            self.DBhelper_dest.execute("update ...")
                        # 如果字段数据类型发生变化，则在 db_column[数据字段清单]表中更新该字段数据类型
                        if(data_type!=None and data_type!='' and data_type != self._exists_columns[key]['data_type']):
                            self.DBhelper_dest.execute("update ...")
                        # 如果字段长度发生变化，则在 db_column[数据字段清单]表中更新该字段字段长度
                        if(data_length!='null' and data_length != self._exists_columns[key]['data_length']):
                            self.DBhelper_dest.execute("update ...")
                        continue
                    # 如果该字段为新增，则在 db_column[数据字段清单]表中新增该字段元数据
                    col_desc=col_desc.replace("'","''")
                    sql="insert ...""
                    zwlog.info(sql)
                    self.DBhelper_dest.execute(sql)
                    xh+=1
            self.DBhelper_dest.commit()
            # 若运行中发生错误则抛出异常
        except Exception as e:
            self.DBhelper_dest.commit()
        finally:
            # 记录日志
```

图 11-1　析取数据表、字段元数据脚本（python 语言）

```
    # 抓取 MySQL 类型数据库下全部数据表元数据脚本
    "MySQL":"select table_name,table_comment from information_schema.`TABLES` where table_schema='%s' order by
table_name"
    # 抓取 Greenplum 类型数据库下全部数据表元数据脚本
    "Greenplum":"select t.relname,t2.description from (select c.oid,c.relname from pg_class c join pg_namespace n on
c.relnamespace=n.oid where c.relkind='r' and c.relstorage in ('h', 'a','x') and n.nspname='%s') t left join (select d.objoid,d.description
from pg_description d where d.objsubid=0 ) t2 on t2.objoid=t.oid order by t.relname"
    # 抓取 Oracle 类型数据库下全部数据表元数据脚本
    "Oracle":"select t.TABLE_NAME, c.COMMENTS from ALL_TABLES t, ALL_TAB_COMMENTS c where t.TABLE_NAME
= c.TABLE_NAME and t.OWNER=c.OWNER and t.OWNER='%s' order by t.TABLE_NAME"
```

图 11-2　抓取不同数据库数据表元数据脚本（数据库语言）

```
    # 抓取 MySQL 类型数据库下数据表中字段元数据脚本
    "MySQL":"select column_name,column_comment,data_type,character_maximum_length from information_schema.`COLUMNS`
where table_schema='%s' and table_name='%s'"
    # 抓取 Greenplum 类型数据库下数据表中字段元数据脚本
    "Greenplum":"SELECT a.attname AS fields_name,
            pg_description.description AS fields_comment,
            pg_catalog.format_type(a.atttypid, a.atttypmod),
            null as data_length
     FROM
            pg_namespace    JOIN pg_class ON pg_class.relnamespace = pg_namespace.oid AND pg_namespace.nspname = '%s'
AND pg_class.relname='%s'
            join pg_catalog.pg_attribute a ON a.attrelid = pg_class.oid

            JOIN pg_type     ON a.atttypid = pg_type.oid
            LEFT JOIN pg_attrdef ON pg_attrdef.adrelid = pg_class.oid AND pg_attrdef.adnum = a.attnum
            LEFT JOIN pg_description ON pg_description.objoid = pg_class.oid AND pg_description.objsubid = a.attnum
     WHERE
            a.attnum > 0
            AND attisdropped <> 't'
            AND a.attname <> 'oid'
     ORDER BY a.attnum"
    # 抓取 Oracle 类型数据库下数据表中字段元数据脚本
    "Oracle":"select t.COLUMN_NAME,c.COMMENTS, t.DATA_TYPE,t.DATA_LENGTH from ALL_TAB_COLUMNS t,
ALL_COL_COMMENTS c where t.COLUMN_NAME = c.COLUMN_NAME and t.OWNER=c.OWNER and
t.TABLE_NAME=c.TABLE_NAME AND t.OWNER='%s' AND t.TABLE_NAME='%s' order by t.COLUMN_NAME"
```

图 11-3　抓取不同数据库数据表中字段元数据脚本（数据库语言）

测试数据库可访问性：由于网络或其他原因可能导致部分数据库无法访问，在元数据采集前需要测试所有数据库的可访问性。

11.2.2　数据存储功能

在元数据采集完成后，将获取的元数据进行存储，其中主要的元数据按照数据库、表、字段 3 个层级进行记录。元数据在数据库中的主要数据表内容及关联关系如图 11-4 所示。

数据库清单（表 11-5）：记录的数据库主要信息，包括数据库名称（英文）、数据库说明（数据库的中文名称及作用）、数据库管理软件（由于不同业务系统使用了不同的数据库管理软件，如 Greenplum、MySQL、Oracle 等，需要记录数据库管理软件以便于对数据进行管理）、开发时用的连接对象 key（数据库的连接）及数据库类别（数据库的作用，如业务库、历史库等，便于随后对污染源数据的管理与操作）等。

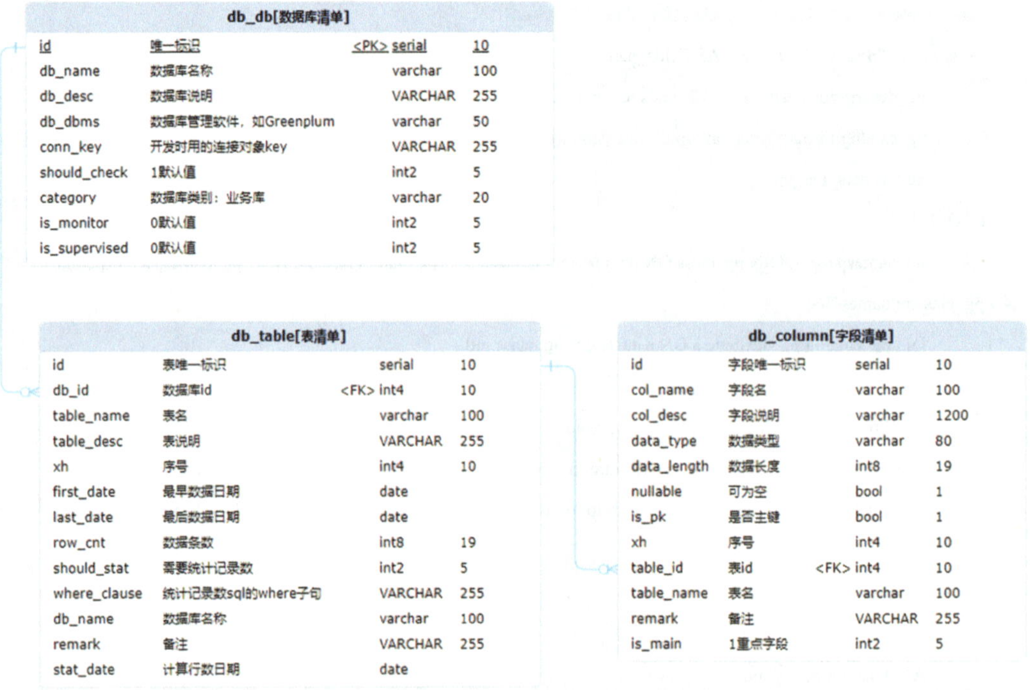

图 11-4　元数据存储主要数据表内容及关联关系

表 11-5　数据库清单 db_db（表）结构

序号	db_db 字段名	数据类型	长度	是否为主键	字段说明
1	id	int4	32	是	唯一标识
2	db_name	varchar	100	否	数据库名称
3	db_desc	varchar	255	否	数据库说明
4	db_dbms	varchar	50	否	数据库管理软件
5	conn_key	varchar	255	否	开发时用的连接对象 key
6	category	varchar	20	否	数据库类别

数据表清单（表 11-6）：记录数据库中每张表的信息，主要包括数据库 ID（db_table.db_id 与数据库清单的主键 db_db.id 关联）、数据表名称（英文）、数据表说明（数据表的中文名称及作用）、最早和最后数据日期（该表最早与最后数据对应的日期）、数据条数、数据筛选条件（部分表中的数据由于失效或其他原因不会在业务系统中使用，因此需要记录每

个数据表的筛选条件，以便于提取每张数据表的有效数据）、计算行数日期（最后监测数据表记录数日期）等。

表 11-6 数据表清单 db_table（表）结构

序号	db_table 字段	数据类型	长度	是否为主键	db_table 字段描述
1	id	int4	32	是	唯一标识
2	db_id	int4	32	否	数据库 ID（与数据库清单的主键 db_db.id 关联）
3	table_name	varchar	100	否	数据表名称
4	table_desc	varchar	255	否	数据表说明
5	first_date	date	0	否	最早数据日期
6	last_date	date	0	否	最后数据日期
7	row_cnt	int8	64	否	数据条数
8	where_clause	varchar	255	否	数据筛选条件
9	stat_date	date	0	否	计算行数日期

数据字段清单（表 11-7）：记录数据表中每个字段的信息，主要包括数据表 ID（db_column.table_id 与数据表清单的主键 db_table.id 关联）、字段名（英文）、字段说明（字段的作用）、数据类型（该字段设定的字段类型如 int、varchar 等，一方面确认字段的设置是否符合记录内容，另一方面便于后续在数据治理过程中提取数据）、数据长度（字段的设置长度）、可为空（该信息是否允许为空）、重点字段（记录是否为业务或数据治理的重点关注信息）等。

表 11-7 数据字段清单 db_column（表）结构

序号	db_column 字段	数据类型	长度	是否为主键	db_column 字段描述
1	id	int4	32	是	唯一标识
2	table_id	int4	32	否	数据表 ID（与数据表清单的主键 db_table.id 关联）
3	col_name	varchar	100	否	字段名
4	col_desc	varchar	1200	否	字段说明
5	data_type	varchar	80	否	数据类型
6	data_length	int8	64	否	数据长度
7	nullable	bool	0	否	可为空
8	is_main	int2	16	否	是否为重点字段（1 重点字段，0 非重点字段，默认 0）

11.2.3 数据库结构查询功能

利用元数据管理工具能够方便地了解各数据库类型、数据库注释、表名称、表说明、字段名称、字段类型、字段长度、字段说明，以及每天表数据量的变化情况等（图 11-5）。

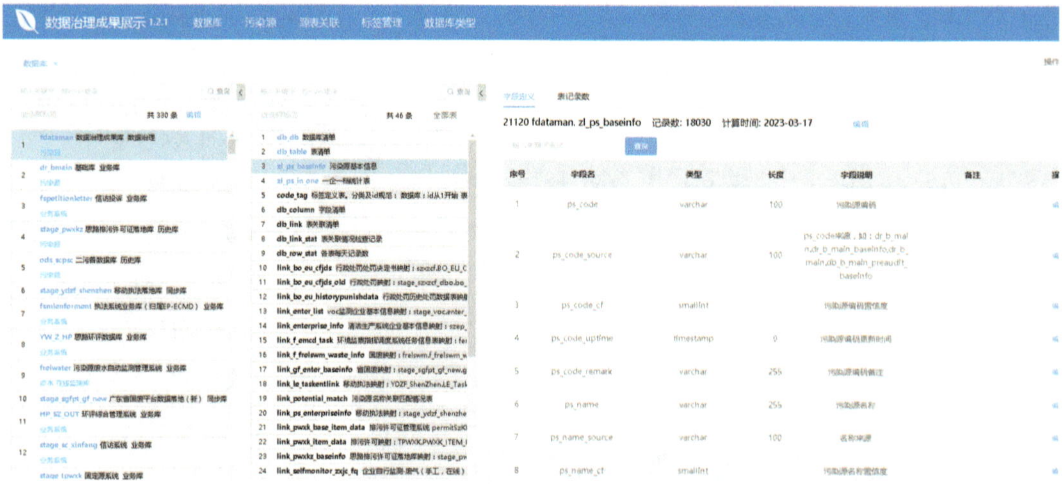

图 11-5 数据库结构查询功能界面

11.2.4 数据库搜索查询功能

利用元数据管理工具可实现对数据库的搜索查询，在数据库搜索框中输入目标数据库的英文或者中文名关键字，即可实现对目标数据库的搜索，快速定位目标数据库，搜索结果以列表形式展示。

图 11-6 数据库搜索查询功能

如图 11-6 所示，在红色框中输入关键字“移动执法”，即可在展示栏中得到数据库注释中含“移动执法”关键字的所有数据库记录，共 2 条。例如，数据库名称为“stage_ydzf_shenzhen”，数据库的注释为“移动执法落地库”，该数据库属于同步库的一种。相对于传统手工查找数据库需要几十秒以上且需要人工反复点击查看数据库，通过辅助工具查询时间减少到 1 秒以内，特别是对于不同数据库管理软件之间来回切换的查询，查询效率提升更加明显。

11.2.5　数据库标签编辑功能

利用元数据管理工具可实现对数据库标签的编辑，且不会影响原始数据库的结构和内容。通常，用户在查看相关数据库结构时需要对相关数据库做个性化标记，以便后续读取相关数据库时更易理解有关内容。然而，运用传统方法对数据库进行标记时，往往会对数据库本身的注释等产生影响。利用辅助工具对相关数据库添加个性化的标签、说明和备注时，所添加保存的数据不会返回原始数据库而是返回中间管理表，因此不会对原始数据库造成影响，同时后续可以在平台上随时查看数据库标签记录。

以移动执法数据库搜索结果中名称为“YDZF_ShenZhen”的数据库为例，选中该数据库，并单击编辑按钮，即可进入如图 11-7 所示的界面，在该界面上可对该数据库的序号、数据日期、标签、说明、备注等进行编辑。

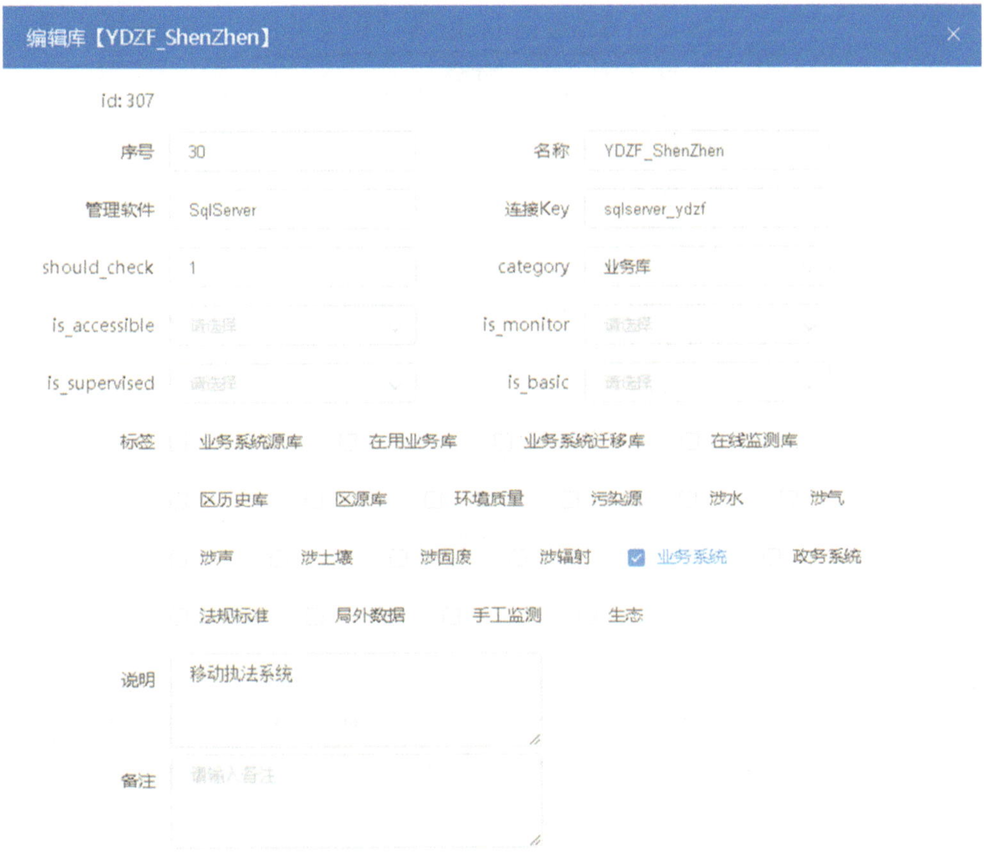

图 11-7　数据库标签编辑界面

11.2.6 数据表搜索查询功能

利用元数据管理工具可实现对数据表的搜索查询，在数据表搜索框中输入目标数据表的英文名或中文名关键字，即可实现对目标数据表的搜索，快速定位目标数据表，搜索结果以列表形式展示。

如图 11-8 所示，在搜索框中输入“信息”字段，即可在展示栏中得到数据表注释中含有“信息”关键字的所有数据库记录，共 25 条。例如，展示列表中的第二条，数据表名称为“ACT_HI_DETAIL”，数据表注释为“历史详细信息表”。

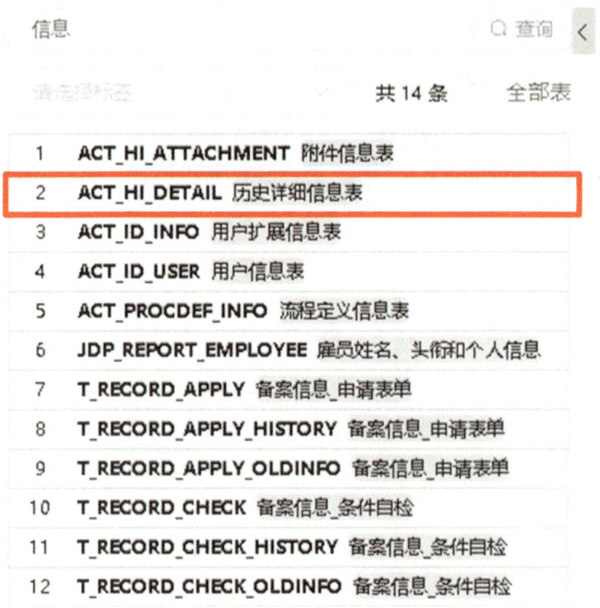

图 11-8 数据表搜索查询界面

11.2.7 数据字段搜索查询功能

利用元数据管理工具可以实现对数据字段的搜索查询，在数据字段搜索框中输入目标数据字段或关键字，即可实现对目标数据字段的搜索，快速定位目标数据字段，搜索结果以列表形式展示。

如图 11-9 所示，在搜索框中输入“污染源名称”字段，即可在展示栏中得到污染源基本信息表字段中含有“污染源名称”关键字的所有记录，且每条记录均含有字段名、类型、长度、字段说明、备注等信息。

图 11-9　数据字段搜索查询界面

11.2.8　数据字段备注编辑功能

利用元数据管理工具可实现对数据字段添加备注并编辑的功能。在字段定义展示界面（图 11-9），单击目标字段“操作”一列中对应的“编辑”按钮，则会弹出如图 11-10 所示的界面，在该界面可对该数据字段的备注进行编辑。

图 11-10　数据表字段编辑界面

在编辑字段备注时，如果将当前字段设为重要字段，则在该数据表字段展示时会优先排序在前。在对对话框中的输入字段进行备注时，系统会自动记录字段信息，同时不会影响原有数据表。

11.2.9　数据表记录数查询功能

利用元数据管理工具可实现对数据表记录的查询功能。如图 11-11 所示，选中“表记录数”标签按钮，则辅助工具可实时展示当前数据表一周内的数据变化量，同时也可通过标签快速选择查询前一月、后一月、本月、前一年、后一年等时间段的数据表记录数。此外，数据表记录数也会以列表的形式进行展示（图 11-12）。

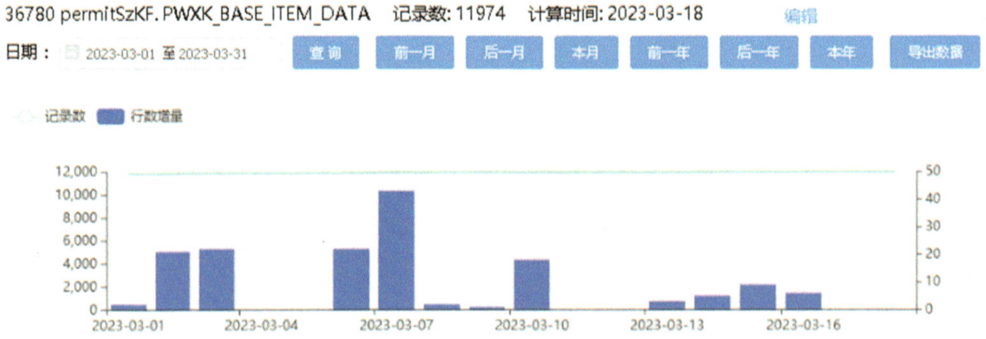

图 11-11　数据表记录数查询界面

日期	记录数	行数增量
2023-03-12	11951	0
2023-03-13	11954	3
2023-03-14	11959	5
2023-03-15	11968	9
2023-03-16	11974	6
2023-03-17	11974	0
2023-03-18	11974	0

图 11-12　数据表近一周记录数展示界面

11.2.10　源表关联辅助查询功能

利用元数据管理工具可实现对生态环境大数据中心基础数据表与主要业务数据表之间关联情况的可视化跟踪。如图 11-13 所示，在源表关联模块中记录了源数据库及说明、源表名及说明、源表关键字段、目标数据库及说明、目标表名等信息，单击“导出 Excel”按钮，即可将源表关联的查询结果导出，用户可自主选择保存路径和文件名称；单击“刷新”按钮，辅助工具将会重新计算最新的关联情况。

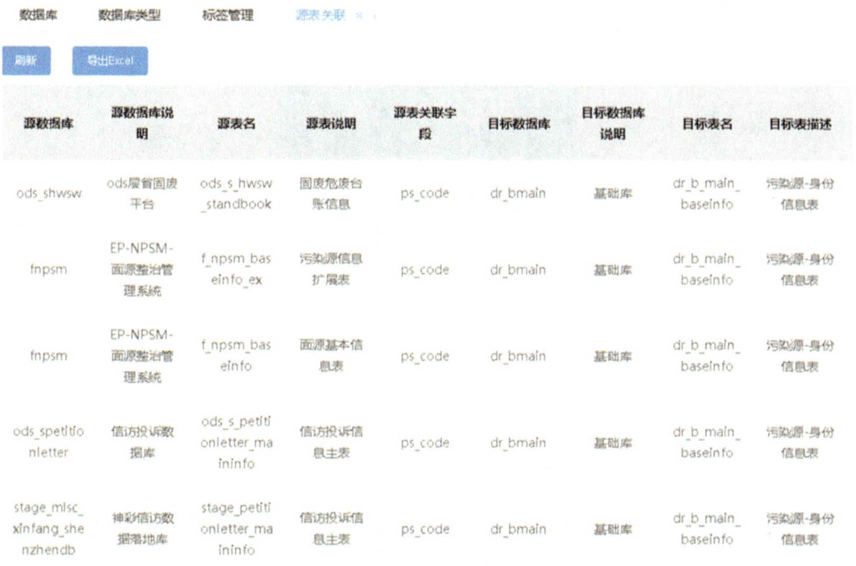

数据库　数据库类型　标签管理　源表关联 ×

刷新　导出Excel

源数据库	源数据库说明	源表名	源表说明	源表关联字段	目标数据库	目标数据库说明	目标表名	目标表描述
ods_shwsw	ods层管固废平台	ods_s_hwsw_standbook	固废危废台账信息	ps_code	dr_bmain	基础库	dr_b_main_baseinfo	污染源-身份信息表
fnpsm	EP-NPSM-面源整治管理系统	f_npsm_baseinfo_ex	污染源信息扩展表	ps_code	dr_bmain	基础库	dr_b_main_baseinfo	污染源-身份信息表
fnpsm	EP-NPSM-面源整治管理系统	f_npsm_baseinfo	面源基本信息表	ps_code	dr_bmain	基础库	dr_b_main_baseinfo	污染源-身份信息表
ods_spetitionletter	信访投诉数据库	ods_s_petitionletter_maininfo	信访投诉信息主表	ps_code	dr_bmain	基础库	dr_b_main_baseinfo	污染源-身份信息表
stage_misc_xinfang_shenzhendb	神彩信访数据落地库	stage_petitionletter_maininfo	信访投诉信息主表	ps_code	dr_bmain	基础库	dr_b_main_baseinfo	污染源-身份信息表

图 11-13　源表关联辅助查询界面

11.2.11　标签管理功能

利用元数据管理工具可实现对数据库、数据表标签的管理，并方便用户根据需求设立个性化的标签。如图 11-14 所示，在标签管理模块可显示数据库和数据表的所有标签情况，单击“编辑”按钮，即可实现对对应标签的编辑和修改；单击“删除”按钮，即可删除当前标签；单击右上角的“新增”按钮，即可实现对数据库、数据表标签的新增。

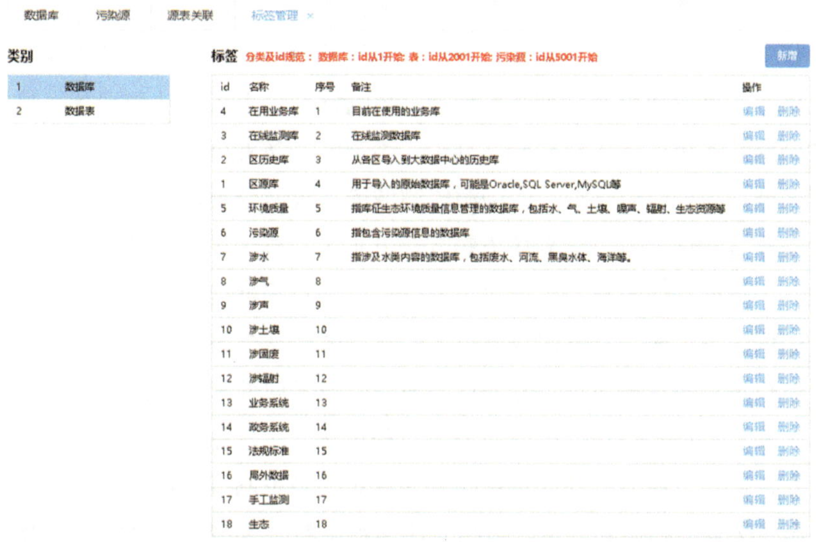

数据库　污染源　源表关联　标签管理 ×

类别

1	数据库
2	数据表

标签　分类及id规范：数据库：id从1开始 表：id从2001开始 污染源：id从5001开始　新增

id	名称	序号	备注	操作
4	在用业务库	1	目前在使用的业务库	编辑 删除
3	在线监测库	2	在线监测数据库	编辑 删除
2	区历史库	3	从各区导入到大数据中心的历史库	编辑 删除
1	区源库	4	用于导入的原始数据库，可能是Oracle,SQL Server,MySQL等	编辑 删除
5	环境质量	5	指库征生态环境质量信息管理的数据库，包括水、气、土壤、噪声、辐射、生态资源等	编辑 删除
6	污染源	6	指包含污染源信息的数据库	编辑 删除
7	涉水	7	指涉及水类内容的数据库，包括废水、河流、黑臭水体、海洋等。	编辑 删除
8	涉气	8		编辑 删除
9	涉声	9		编辑 删除
10	涉土壤	10		编辑 删除
11	涉固废	11		编辑 删除
12	涉辐射	12		编辑 删除
13	业务系统	13		编辑 删除
14	政务系统	14		编辑 删除
15	法规标准	15		编辑 删除
16	局外数据	16		编辑 删除
17	手工监测	17		编辑 删除
18	生态	18		编辑 删除

图 11-14　数据库表标签编辑界面

第 12 章 数据标准管理

数据标准管理作为污染源数据治理的重要基础，为污染源监管的业务、技术、管理等方面提供服务和支持。业务方面，通过对实体数据的标准化定义，使数据在整个机构拥有统一的定义，消除数据的二义性，提升污染源监管的效率；技术方面，数据的标准化可以促进机构数据共享，提升业务系统的开发实施效率，提高数据质量；管理方面，通过数据的标准化定义，明确数据的责任主体，为各业务主题的数据分析提供支持，提升数据处理和分析效率，实现数据驱动管理。

12.1 数据标准规划

首先，由数据治理专业技术服务单位收集现行的国家标准、地方标准和行业标准，作为数据标准制定的依据，如按照数据标准类别梳理出相关规范（表 12-1）。然后，由数据管理单位对整个机构的污染源监管和业务进行调研和分析，结合机构对数据标准管理的需求，明确数据标准范围和数据标准体系框架。数据标准体系可以从数据域、数据分类、数据实体、数据属性 4 个层次进行构建。其中，数据域是按业务领域划分的顶级数据分类，如污染源生产域、污染源监管域、污染源监测域等；数据分类是按照业务主题对数据域的细分，如污染源监管域又可以分为环境影响评价主题、排污许可主题、移动执法主题、行政处罚主题等；数据实体是每类数据对象的个体，是数据标准化的主体，需要规范数据实体的定义、标识、表示和允许值的数据单元；数据属性是描述数据实体的性质和特征的数据，从不同的视角看，数据属性可分为业务属性、技术属性和管理属性。业务属性定义数据与业务相关联的特性和用途，统一业务描述和理解，包括命名规则、编码规则、业务定义、业务规则、值集、维度、粒度等；技术属性定义数据与 IT 技术实现相关联的特性，对 IT 实施形成必要的指引和约束，包括字段名称、数据类型、数据格式、数据长度、度量单位、枚举值的限定等；管理属性定义数据标准在管理和使用方面各部门承担的责任，对数据归属进行确权，明确数据所属部门、数据管理部门、数据使用部门、标准发布日期等管理属性。

表 12-1　数据标准制定依据

序号	数据标准类别	标准制定依据
1	数据元标准	《电子政务数据元　第 1 部分：设计和管理规范》（GB/T 19488.1—2004）
2		《电子政务数据元　第 2 部分：公共数据元目录》（GB/T 19488.2—2008）
3		《地表水环境质量标准》（GB/T 3838—2002）
4		《环境空气质量标准》（GB 3095—2012）
5	参考数据标准	《个人基本信息分类与代码　第 1 部分：人的性别代码》（GB/T 2261.1—2003）
6		《个人基本信息分类与代码　第 2 部分：婚姻状况代码》（GB/T 2261.2—2003）
7		《个人基本信息分类与代码　第 3 部分：健康状况代码》（GB/T 2261.3—2003）
8		《个人基本信息分类与代码　第 4 部分：从业状况（个人身份）代码》（GB/T 2261.4—2003）
9		《世界各国和地区名称代码》（GB/T 2659—2000）
10		《中国各民族名称的罗马字母拼写法和代码》（GB/T 3304—1991）
11		《学历代码》（GB/T 4658—2006）
12		《政治面貌代码》（GB/T 4762—1984）
13		《职业分类与代码》（GB/T 6565—2015）
14		《中华人民共和国学位代码》（GB/T 6864—2003）
15		《数据元和交换格式信息交换日期和时间表示法》（GB/T 7408—2005）
16		《专业技术职务代码》（GB/T 8561—2001）
17		《经济类型分类与代码》（GB/T 12402—2000）
18		《语种名称代码　第 2 部分：3 字母代码》（GB/T 4880.2）
19		《中国语种代码》（GB/T 4881）
20		《语种熟练程度和外语考试等级代码》（GB/T 6865）
21		《党政机关公文格式》（GB/T 9704—2012）
22		《干部职务名称代码》（GB/T 12403）
23		《表示货币和资金的代码》（GB/T 12406）
24		《组织机构代码信息数据库（基本库）数据格式》（GB/T 16987）
25		《高等学校本科、专科专业名称代码》（GB/T 16835—1997）
26		《隶属关系代码》（GB/T 12404—1997）

序号	数据标准类别	标准制定依据
28	参考数据标准	《废水排放规律代码（试行）》（HJ 521—2009）
29		《环境信息分类与代码》（HJ/T 417—2007）
30		《环境信息元数据规范》（HJ 720—2017）
31		《地表水环境功能区类别代码》（HJ 522—2009）
32		《声环境功能区划分技术规范》（GB/T 15190—2014）
33		《土壤环境质量　建设用地土壤污染风险管控标准（试行）》（GB 36600—2018）
34		《地下水质量标准》（GB/T 14848—2017）
35	主数据标准	《中华人民共和国行政区划代码》（GB/T 2260—2007）
36		《国民经济行业分类》（GB/T 4754—2017）
37		《法人和其他组织统一社会信用代码编码规则》（GB 32100—2015）
38		《排污单位编码规则》（HJ 608—2017）
39	指标数据标准	《生态文明发展水平评价指标体系》（DB3502/T 101—2023）
40	接口规范	《政务信息资源交换体系》（GB/T 21062—2007）
41		《污染物在线监控（监测）系统数据传输标准》（HJ 212—2017）
42		《道路运输车辆卫星定位系统平台数据交换》（JT/T 809—2019）
43		《道路运输车辆卫星定位系统终端通讯协议及数据格式》（JT/T 808—2019）
44	元数据规范	《数据元和交换格式　信息交换　日期和时间表示法》（GB/T 7408）
45		《信息技术　通用多八位编码字符集（UCS）　第 1 部分：体系结构与基本多文种平面》（GB 13000.1—1993）
46		《环境信息分类与代码》（HJ/T 417）
47	数据管理规范	《电子政务数据资源开发数据管理规范》（DB44/T 2111—2018）
48		《电子政务数据资源开放数据技术规范》（DB44/T 2110—2018）
49		《政务信息资源标识编码规范》（DB44/T 2109—2018）
50	数据安全规范	《信息安全技术网络安全等级保护基本要求》（GB/T 22239—2019）
51		《信息系统密码应用基本要求》（GM/T 0054—2018）
52	数据质量规范	《环境数据库设计与运行管理规范》（HJ/T 419）
53		《环境信息数据字典规范》（HJ 723—2014）

12.2　数据标准制定

以污染源监管业务为核心，将需要管理的数据实体划分为业务数据、主题分析数据、主数据和参考数据。相应地，需要制定数据元标准、指标数据标准、主数据标准和参考数据标准，并从业务视角、技术视角和管理视角 3 个方面去完成数据标准化（表 12-2）。举例来说，“一般工业固体废物综合利用率”是一个指标数据，该数据从业务属性、技术属性和管理属性制定数据标准（表 12-3）。

表 12-2 数据标准内容

数据标准类别	业务视角	技术视角	管理视角
数据元标准	主题域、数据标准编号、中文名称、英文名称、业务定义、业务规则、同义词、应用范围等	数据类型、数据长度、数据精度、取值范围、应用代码、表示格式、缺省值等	数据归口管理部门、数据提供部门、数据使用者、数据生成系统、数据应用系统、制定依据、敏感度等
指标数据标准	主题域、业务对象、指标编码、中文名称、英文名称、指标定义、指标类型、应用范围、统计对象范围、统计维度、统计周期、计算规则、计量单位等	数据类型、数据长度、数据精度、取值范围等	数据归口管理部门、数据提供部门、数据使用者、数据生成系统、数据应用系统、制定依据、敏感度等
主数据标准	主题域、主数据编码、中文名称、英文名称等	数据类型、数据长度、取值范围等	数据归口管理部门、数据提供部门、数据使用者、数据生成系统、数据应用系统、制定依据、敏感度等
参考数据标准	主题域、主数据编码、中文名称、英文名称等	数据类型、数据长度、取值范围等	数据归口管理部门、数据提供部门、数据使用者、数据生成系统、数据应用系统、制定依据、敏感度等

表 12-3 “一般工业固体废物综合利用率”数据标准

序号	属性名称	属性值
1	主题域	污染源监管域
2	业务对象	固体废物
3	指标编码	C01
4	中文名称	一般工业固体废物综合利用率
5	英文名称	Comprehensive utilization rate of general industrial solid waste
6	指标定义	行政区域内一般工业固体废物综合利用量占一般工业固体废物产生量（包括综合利用往年贮存量）的百分率
7	指标类型	派生指标
8	应用范围	固体废物相关业务系统
9	统计对象范围	深圳市一般固体废物产生单位
10	统计维度	深圳市、各行政区

序号	属性名称	属性值
11	统计周期	年度
12	计算规则	一般工业固体废物综合利用率 = 一般工业固体废物综合利用量/（一般工业固体废物产生量 + 综合利用往年贮存量）×100%
13	计量单位	%
14	数据类型	数字型
15	数据长度	5
16	数据精度	2
17	取值范围	0～100
18	数据归口管理部门	深圳市生态环境智能管控中心
19	数据提供部门	固体废物和化学品处（环境应急管理处）
20	数据使用者	污染源管理处、深圳市生态环境综合执法支队
21	数据生成系统	固体废物监管系统
22	数据应用系统	重点污染源综合管理系统、固定污染源信息管理系统
23	制定依据	《中华人民共和国固体废物污染环境防治法》 《广东省循环经济发展实施方案（2022—2025 年）》
24	敏感度	内部使用级

在此过程中，数据管理单位根据数据需求开展数据标准的编制工作，确定数据项，由数据治理专业技术服务单位提供数据属性信息，如数据项的名称、业务含义、业务规则、安全级别、域值范围、数据类型、数据长度等。数据管理单位参照国际、国家、地方或行业标准对这些数据项进行标准化定义。

12.3 数据标准发布

数据标准发布指在标准制定完成后正式发布。数据标准一经发布，各数据生产单位、使用单位、管理单位及各业务系统均应按数据标准要求执行，如果需要对发布后的数据标准进行修改，则需要走正式的数据标准变更流程。

12.4 数据标准执行

数据标准执行涉及新建系统和现有运行系统的贯标。原则上，新建信息系统必须严格按照发布的数据标准执行；对于在用系统，应按照数据标准要求进行整改或建立映射关系，以满足深圳市污染源数据管理的统一要求。例如，数据元标准的贯标与数据建模有直接关系，涉及在用系统、在建系统中模型的映射及引用等。对于已建业务系统的落地，可以采用属性字段与数据元标准进行映射的方式，将业务系统中的物理表属性与数据标准关联，关联后通常检查两类内容：一类是模型中数据元标准的覆盖率，另一类是关联的原属性与标准的符合程度。对于在建的业务系统，要求其模型中的属性“直接引用”数据元标准，包括数据元的名称、规则等，在业务系统运行过程中仍需持续监控数据标准的执行情况，及时发现不符合标准项的模型并予以整改。

12.5 数据标准维护

由于业务运行与发展需要，或引用的国家标准等外部标准的变化，需要对已发布的数据标准进行修订或变更，数据标准的维护分初期、中期和后期三步进行。

在数据标准维护初期，需要完成需求收集、需求评审、变更评审、发布等多项工作，并对所有的修订进行版本管理，使数据标准“有迹可循”，以便保持数据标准体系和框架维护的一致性。此外，应制定数据标准运营维护路线图，遵循数据标准管理工作的组织结构与策略流程，由各机构共同配合实现数据标准的运营维护。

在数据标准维护的中期，主要完成数据标准日常维护工作与数据标准定期维护工作。日常维护是指根据业务的变化，常态化开展数据标准维护工作，如当业务系统中出现新的污染源监管指标时，应及时增加相应数据标准；当业务范围或规则发生变化时，应及时变更相应数据标准；当数据标准无应用对象时，应废止相应数据标准。定期维护是指对已定义发布的数据标准定期进行标准审查，以确保数据标准的可用性。通常来说，定期维护的周期一般为一年或两年。

在数据标准维护的后期，应重新制定数据标准在各机构、各业务系统的落地方案，并制订相应的落地计划。在数据标准体系下，由于增加或更改数据标准分类而使数据标准体系发生变化的，或在同一数据标准分类下因业务拓展而新增加的数据标准，应遵循数据标准编制、审核、发布的相关规定。

第 13 章 主数据管理

主数据管理本质上是从不同部门众多的业务系统中抽取出最核心、最需要共享的数据（主数据），集中处理数据的清洗和管理问题，并通过服务将统一、完整、准确、具有权威性的主数据分发到各个相关业务系统与决策支持系统中。

13.1 现状及需求调研

通过调研发现，一部分正在使用的业务系统是不同的业务处室以短期内达到一定业务管理目标为目的，仅着眼于实际业务，以自下至上的方式构建而成的。这类业务系统由于缺乏统筹规划和数据管理设计，使部分主数据在不同的业务系统中分散管理。这些分散管理的主数据缺乏一致性、准确性与完整性，导致出现数据关联共享困难、数据质量参差不齐、数据管理权属不明等问题。

理想的主数据管理是指把全部主数据存储到统一管理的主数据库中，所有业务系统均通过主数据 ID（如污染源基础信息的 ps_code 等）与主数据库相关联，对主数据进行查询和取用，以确保各业务系统污染源主数据的一致性。但在业务开展过程中，一些主数据的备份需要存储于该业务系统并进行短期维护，所以在主数据管理过程中，除领导层面的高度重视、组织机构支撑、管理制度保障外，还要考虑实际的业务需求，并且从技术上贯彻落实。

首先，全国排污许可证信息管理平台、广东省固体废物环境监管信息平台及其他业务系统属于外部系统，主数据管理工具对该类系统的控制力度低，多数情况下污染源数据只有通过局外系统所提供的同步接口才能在本地定期下载，然后在本地筛选并检验数据，再与主数据库实现同步。

其次，实时污染源数据反映了污染源当前的真实状态，但是因为同一污染源在不同时期名称、地址、规模和其他基础信息有所变更，或污染源所隶属的行政区、街道和其他由于行政管理体制改革而发生改变，业务系统要求既要保留数据的历史状态，又要保留其最新状态。

再次，各区管理局所建业务系统仅对所辖区内的污染源进行管理，从数量上看，和主数据库所管理的全市污染源差别较大，各区管理局有必要根据主数据统计分析区域污染源的分布，在该业务系统中备份主数据。

最后，在污染源的监管和执法工作中，现场检查笔录需利用移动执法系统填写，当此污染源不在市级污染源的主数据库中时，执法人员需要在移动执法系统中新增污染源以继续执法流程，这就要求主数据管理系统具备灵活的数据维护功能。

13.2　主数据识别

污染源数据可以分为基础数据、监管数据、监测数据和其他数据 4 种类型。结合共享性、有效性、唯一性和稳定性，表 13-1 对这 4 种数据类型进行了分析。监管数据、监测数据和其他数据因受到业务过程的影响，在不同的业务环节中会产生较大的变化，不符合稳定性要求，因此这 3 种数据不属于主数据类型。例如，污染源统一社会信用代码为污染源提供基础数据，与污染源的“身份证”相似，每个污染源对象仅有一个代码，每个代码仅唯一表示一个污染源对象，污染源统一社会信用代码在污染源的生态环境全生命周期管理中长期有效且不会改变，故统一社会信用代码具有稳定性；水污染源在线监测数据属于监测数据，水污染源在线监测系统对水质的 pH、温度、流量、COD_{Cr}、NH_3-N、TP、TN 和 TOC 等参数进行自动采样、分析测定并实时上报，测定的结果一直在不停地更新，各时间段的污染物排放数据不一，故水污染源在线监测数据不具有稳定性。

表 13-1　污染源数据中主数据分析

序号	数据名称	共享性	有效性	唯一性	稳定性	分析结论
1	基础数据	符合	符合	符合	符合	是
2	监管数据	符合	符合	符合	不符合	否
3	监测数据	符合	符合	符合	不符合	否
4	其他数据	符合	符合	符合	不符合	否

基础数据可进一步划分为污染源名称、污染源曾用名、污染源统一社会信用代码、污染源行政区划代码、污染源行政区划名称、污染源行业代码、污染源行业名称、污染源注册地址、污染源生产经营场所等。利用因素分析表，可以判断出哪些基础数据中属性值是主数据（表 13-2）。

表 13-2　污染源基础数据中主数据分析

序号	数据名称	共享性	有效性	唯一性	稳定性	分析结论
1	污染源名称	符合	符合	符合	符合	是
2	污染源曾用名	符合	符合	符合	符合	是
3	污染源统一社会信用代码	符合	符合	符合	符合	是
4	污染源行政区划名称	符合	符合	符合	符合	是
5	污染源行政区划代码	符合	符合	符合	符合	是
6	街道区划代码	符合	符合	符合	符合	是
7	污染源行业代码	符合	符合	符合	符合	是
8	污染源行业名称	符合	符合	符合	符合	是
9	污染源注册地址	符合	符合	符合	符合	是
10	污染源生产经营场所	符合	符合	符合	符合	是
11	污染源生产经营场所中心经度	符合	符合	符合	符合	是
12	污染源生产经营场所中心纬度	符合	符合	符合	符合	是
13	污染源状态	符合	符合	符合	符合	是
14	污染源邮政编码	符合	符合	符合	符合	是
15	污染源投产时间	符合	符合	符合	符合	是
16	是否在工业园区内	符合	符合	符合	符合	是
17	污染源所属园区名称	符合	符合	符合	符合	是
18	污染源法定代表人	符合	符合	符合	符合	是
19	污染源固定电话	符合	符合	符合	符合	是
20	污染源环保联系人	符合	符合	符合	符合	是
21	污染源环保联系人电话号码	符合	符合	符合	符合	是
22	污染源生产规模	符合	符合	符合	不符合	否
23	污染源所属流域	符合	符合	符合	符合	是

13.3　管理流程

13.3.1　明确数据责任单位

每类主数据都必须有一个源头，这里的“源”并非指数据来源，而是为数据的完整性、准确性和时效性负责的责任单位。即使主数据可能由多个源头产生，也必须从管理层面确定唯一的负责源。

各污染源监管业务系统中都维护着一套污染源数据，虽然不同系统的监管重点不同，管理的污染源也不同，但由于同一污染源涉及多个环境监管业务，不同业务系统中监管的污染源会不可避免地出现重叠。若以业务系统的建设方作为污染源数据的责任单位，则同一污染源会被多家单位管理，无法实现“一数一源”的目的。因此，污染源数据源在实践中采用属地管理原则，以污染源生产场所所在区域的管理局为该污染源的责任源。

13.3.2 数据采集

污染源数据治理过程中的主数据采集，是指从业务数据库中抓取目标数据的过程。因此，该过程需要结合已配置的业务系统数据库，将污染源主数据抽取至数据治理项目的数据库中。其过程大致如下：

- 确认目标数据库的连接及主数据位置（一般定位到数据表）；
- 确认主数据的筛选条件（由于某些数据存在软删除，即以“is_delete”或类似字段进行标记，因此数据表的筛选条件在此步确认）；
- 利用脚本从业务数据库中抽取污染源主数据；
- 建立业务污染源主数据映射表；
- 污染源主数据写入业务污染源主数据镜像表。

数据采集的第一步是确认目标数据库连接及主数据位置。数据治理执行团队应先与系统开发方进行充分交流和对接，由其提供业务数据库的地址，明确数据表功能，以及数据表间的业务逻辑和数据逻辑（数据流转及表间关联逻辑），再与系统开发方确认业务系统数据库中污染源主数据表的位置，并确认数据库连接是否正常及是否可以读取数据。

数据采集的第二步是确认主数据的筛选条件。一般情况下，业务系统的主要数据表，特别是对应前端系统页面上数据展示的主要数据表，不允许从数据表中物理删除，因此在创建表格时会创建软删除字段（如“is_delete”是否删除字段），通过该字段来剔除一些过期、作废或者不再使用的数据，或者利用导入/更新时间作为筛选数据的逻辑。上述内容需要数据治理方与系统开发方进行沟通确认，并检查系统界面上展示的污染源数据与数据表中的数据内容是否相符。

数据采集的第三步是利用脚本从业务数据库中抽取污染源主数据。按照第一步中确认的主数据表及第二步中主数据的筛选条件，从污染源业务数据库的主数据表格中通过数据库连接及 python 脚本抽取污染源主数据（图 13-1）。

数据采集的第四步是建立业务系统的污染源主数据映射表。根据污染源主数据识别过程中筛选的污染源主数据字段，建立每个业务系统的污染源主数据映射表。一般情况下，映射表中主数据字段等于或多于该业务系统的污染源主数据字段（业务系统可能没有全部的污染源主数据字段，如清洁生产系统没有污染源经纬度信息）。在建立映射表时，为了与业务系统的源数据表关联，一般以数据采集中第一步确认的业务系统的污染源主数据所在表的主键为映射表主键；同时，为了实现与数据治理成果表的关联，需要增加统一的污染源编码字段（即 ps_code），以此实现全部的污染源业务数据的关联。在建立镜像表的过程中须根据主数据的特征设置字段属性（如经度字段设置数据长度为 9、小数长度为 6，纬度字段设置数据长度为 8、小数长度为 6），也可以通过设置字段属性来约束污染源主数据的准入要求。以重点污染源综合管理系统为例，其镜像表结构如图 13-2 所示。

```
def run(self):
    #建立目标数据库连接
    myhelper=dbutil.DB_Util().get_dbhelper_by_key("<数据链接>")
    #获取目标数据库、表名称
    db_name = "<数据表名称>"
    table_name = "<数据表名称>"
    sql = f"select <主数据字段> from {db_name}.{table_name} where <筛选条件>;"
    #数据表中污染源数据逐行读取
    row=myhelper.fetchone(sql)
```

图 13-1　利用脚本从业务数据库中抽取污染源主数据

```
-- ----------------------------
-- Table structure for mir_fpsms
-- ----------------------------
CREATE TABLE "fdataman"."mir_fpsms" (
  "id" int4 NOT NULL,
  "src_id" varchar(100),
  "ps_name" varchar(255),
  "short_name" varchar(255),
  "detail_address" varchar(255),
  "short_address" varchar(255),
  "usc_code" varchar(32),
  "county_name" varchar(32),
  "street_name" varchar(32),
  "community_name" varchar(32),
  "system_weight" int2 DEFAULT 1,
  "ps_code" varchar(100),
  "lng" numeric(9,6),
  "lat" numeric(8,6),
```

```
    "trade_code" varchar(32),
    "trade_name" varchar(100)
);
COMMENT ON COLUMN "fdataman"."mir_fpsms"."id" IS '主键';
COMMENT ON COLUMN "fdataman"."mir_fpsms"."src_id" IS '业务系统 id';
COMMENT ON COLUMN "fdataman"."mir_fpsms"."ps_name" IS '污染源名称';
COMMENT ON COLUMN "fdataman"."mir_fpsms"."short_name" IS '简化的污染源名称';
COMMENT ON COLUMN "fdataman"."mir_fpsms"."detail_address" IS '生产经营地址';
COMMENT ON COLUMN "fdataman"."mir_fpsms"."short_address" IS '简化的生产经营地址';
COMMENT ON COLUMN "fdataman"."mir_fpsms"."usc_code" IS '统一社会信用代码';
COMMENT ON COLUMN "fdataman"."mir_fpsms"."county_name" IS '区名称';
COMMENT ON COLUMN "fdataman"."mir_fpsms"."street_name" IS '街道名称';
COMMENT ON COLUMN "fdataman"."mir_fpsms"."community_name" IS '社区名称';
COMMENT ON COLUMN "fdataman"."mir_fpsms"."system_weight" IS 'system weight';
COMMENT ON COLUMN "fdataman"."mir_fpsms"."ps_code" IS '污染源 ps_code';
COMMENT ON COLUMN "fdataman"."mir_fpsms"."lng" IS '经度';
COMMENT ON COLUMN "fdataman"."mir_fpsms"."lat" IS '纬度';
COMMENT ON COLUMN "fdataman"."mir_fpsms"."trade_code" IS '行业类别代码';
COMMENT ON COLUMN "fdataman"."mir_fpsms"."trade_name" IS '行业名称';
COMMENT ON TABLE "fdataman"."mir_fpsms" IS 'fpsms.f_psms_base_info 重点管理污染源综合管理系统-镜像表';
-- ----------------------------
-- Primary Key structure for table mir_fpsms
-- ----------------------------
ALTER TABLE "fdataman"."mir_fpsms" ADD CONSTRAINT "mir_fpsms_copy1_pkey" PRIMARY KEY ("id");
```

图 13-2　镜像表的一般结构（以重点污染源综合管理系统为例）

数据采集的第五步是将污染源主数据写入镜像表中，相关代码如图 13-3 所示。

```
#上接图 13-1 利用脚本从业务数据库中抽取污染源主数据
while row != None:
    #将第一步抓取的主数据值逐条读取并赋值
    <各个字段的值> = row
    #创建 sql 语句
    sql_insert = f"insert into fdataman.mir_fpsms(<插入的字段名称>) values (<各个字段的值>)"
    self.write_helper = self.dbutil.get_dbhelper_by_key('gp',re_connect=True)
    #执行 sql 语句，写入主数据值到镜像表中
    self.write_helper.execute(sql_insert)
    #读取源表中下一条数据
    row=myhelper.fetchone()
```

图 13-3　主数据写入镜像表

13.3.3 数据清洗

在开展主数据的数据治理之前，需要完成数据的初步清洗工作，主要是对主数据字段进行规范化调整，但不改变主数据的主体内容信息，包含但不限于：

- 字符的转换及空格字符的处理；
- 空值的处理；
- 时间、日期的处理。

关于字符的转换及空格字符的处理，数据清洗的内容是将不符合该字段内容的字符转换为符合该字段内容的字符，常见的情况为全角、半角格式的转换，同时也可以处理前后空格，处理过程如图 13-4 所示。

```
def normalize(val,to_quanjiao=True):
    """规范化字段，处理前后空格，全角半角。
    :name 输入的字段或统一社会信用代码
    :to_quanjiao 默认为 True，转成全角；False 则转为半角
    """
    if val is not None and val != '':
        if(to_quanjiao):
            return val.strip().replace("(","（").replace(")","）").replace(' ','')
        else:
            return val.strip().replace("（","(").replace("）",")").replace(' ','')
    else:
        return None
```

图 13-4　半全角括号及空格字符的处理

关于空值的处理，数据清洗的内容先要对是否为空值进行判断，再以数据库代码形式写入数据库中。判断是否为空值的过程如图 13-5 所示。

```
def is_null(val):
    #判断输入内容是否为空值
    #输入内容为 NoneType，,字符'None','null','', 则判断为空值
    if val is None or val == 'None' or val == 'null' or val = '':
        return True
    else:
        #将输入内容中空格全部转化为''，若处理后该字段为''，则判断为空值
        if val.replace(' ','') == '':
            return True
        return False
```

图 13-5　判断内容是否为空值

若内容为空值，则生成数据库脚本，如图 13-6 所示。

```
update <表格名称> set <字段名称> = null where <该条污染源数据的筛选条件>
```

图 13-6　将空值写入本条字段

13.3.4　数据治理

根据数据治理有关理论和标准，结合污染源数据特点和实际治理需求，制定了适用于污染源主数据的治理流程，即以污染源基础信息的关联治理为切入点，采用自动关联与人工校核的方式，对非经纬度信息字段（污染源名称、统一社会信用代码、地址、行政区、街道、行业代码等）和经纬度信息字段分类进行治理，最终给出各字段的推荐项值。

1．建立治理过程表

将待治理的污染源基础信息清单写入治理过程表（zl_ps_process system_source = zl_ps_baseinfo），一方面用作待治理污染源数据的储备池，另一方面用于记录污染源数据治理过程。同时，从环境影响评价、排污许可、移动执法、行政处罚、固体废物管理、信用评价、清洁生产、VOCs 工况监控、固定源管理等业务系统库中调出主要字段，如 src_id、ps_code、污染源名称、地址、统一社会信用代码等，如图 13-7 所示。

```
-- ----------------------------
-- Table structure for zl_ps_process
-- ----------------------------
CREATE TABLE "fdataman"."zl_ps_process" (
  "id" int4 NOT NULL DEFAULT nextval('"fdataman".zl_ps_process_id_seq'::regclass),
  "system_source" varchar(80),
  "src_id" varchar(100),
  "ps_code" varchar(100),
  "ps_name" varchar(255),
  "short_name" varchar(255),
  "name_ratio" int2,
  "used_name" varchar(255),
  "detail_address" varchar(255),
  "short_address" varchar(255),
  "address_ratio" int2,
  "reg_address" varchar(255),
  "usc_code" varchar(50),
  "enter_code" varchar(50),
  "trade_code" varchar(32),
  "trade_name" varchar(100),
```

```
    "lng_2k" numeric(9,6),
    "lat_2k" numeric(9,6),
    "lng_gaode" numeric(9,6),
    "lat_gaode" numeric(9,6),
    "region_code" numeric(12),
    "county_code" numeric(12),
    "county_name" varchar(100),
    "street_code" numeric(12),
    "street_name" varchar(100),
    "community_code" numeric(12),
    "community_name" varchar(100),
    "checker" varchar(20),
    "check_time" timestamp(0),
    "verifier" varchar(20),
    "verify_ok" int2 DEFAULT (-1),
    "verify_time" timestamp(0),
    "has_check_baseinfo" int2 DEFAULT 0,
    "has_check_latlng" int2 DEFAULT 0,
    "has_check_link" int2 DEFAULT 0,
    "is_link" int2 DEFAULT (-1),
    "remark" varchar(255),
    "is_delete" int2 DEFAULT 0,
    "entry_time" timestamp(0) DEFAULT now(),
    "update_time" timestamp(0),
    "system_weight" int2 DEFAULT 1,
    "under_taker" varchar(50),
    "batch" varchar(50)
);
COMMENT ON COLUMN "fdataman"."zl_ps_process"."system_source" IS '来源系统，如：治理库，排污许可，省固废';
COMMENT ON COLUMN "fdataman"."zl_ps_process"."src_id" IS '源系统 id';
COMMENT ON COLUMN "fdataman"."zl_ps_process"."ps_code" IS '污染源编码';
COMMENT ON COLUMN "fdataman"."zl_ps_process"."ps_name" IS '污染源名称';
COMMENT ON COLUMN "fdataman"."zl_ps_process"."short_name" IS '简化的污染源名称';
COMMENT ON COLUMN "fdataman"."zl_ps_process"."name_ratio" IS '名称相似度，[0,10]';
COMMENT ON COLUMN "fdataman"."zl_ps_process"."used_name" IS '曾用名';
COMMENT ON COLUMN "fdataman"."zl_ps_process"."detail_address" IS '生产经营地址';
COMMENT ON COLUMN "fdataman"."zl_ps_process"."short_address" IS '简化的生产经营地址';
COMMENT ON COLUMN "fdataman"."zl_ps_process"."address_ratio" IS '经营地址相似度，[0,10]';
COMMENT ON COLUMN "fdataman"."zl_ps_process"."reg_address" IS '注册地址';
COMMENT ON COLUMN "fdataman"."zl_ps_process"."usc_code" IS '统一社会信用代码';
COMMENT ON COLUMN "fdataman"."zl_ps_process"."enter_code" IS '固定源编码（固定源登记证号码）';
COMMENT ON COLUMN "fdataman"."zl_ps_process"."trade_code" IS '行业类别代码';
COMMENT ON COLUMN "fdataman"."zl_ps_process"."trade_name" IS '行业名称';
COMMENT ON COLUMN "fdataman"."zl_ps_process"."lng_2k" IS '大地 2000 经度';
COMMENT ON COLUMN "fdataman"."zl_ps_process"."lat_2k" IS '大地 2000 纬度';
```

```
COMMENT ON COLUMN "fdataman"."zl_ps_process"."lng_gaode" IS '高德经度';
COMMENT ON COLUMN "fdataman"."zl_ps_process"."lat_gaode" IS '高德纬度';
COMMENT ON COLUMN "fdataman"."zl_ps_process"."region_code" IS '所属行政区代码';
COMMENT ON COLUMN "fdataman"."zl_ps_process"."county_code" IS '区编码';
COMMENT ON COLUMN "fdataman"."zl_ps_process"."county_name" IS '区名称';
COMMENT ON COLUMN "fdataman"."zl_ps_process"."street_code" IS '街道编码';
COMMENT ON COLUMN "fdataman"."zl_ps_process"."street_name" IS '街道名称';
COMMENT ON COLUMN "fdataman"."zl_ps_process"."community_code" IS '社区编码';
COMMENT ON COLUMN "fdataman"."zl_ps_process"."community_name" IS '社区名称';
COMMENT ON COLUMN "fdataman"."zl_ps_process"."checker" IS '检查人';
COMMENT ON COLUMN "fdataman"."zl_ps_process"."check_time" IS '检查时间';
COMMENT ON COLUMN "fdataman"."zl_ps_process"."verifier" IS '复核人';
COMMENT ON COLUMN "fdataman"."zl_ps_process"."verify_ok" IS '复核结果，默认-1 未复核，0 未通过，1 通过';
COMMENT ON COLUMN "fdataman"."zl_ps_process"."verify_time" IS '复核时间';
COMMENT ON COLUMN "fdataman"."zl_ps_process"."has_check_baseinfo" IS '已人工核对基础信息，默认 0 未核对，1 已核对';
COMMENT ON COLUMN "fdataman"."zl_ps_process"."has_check_latlng" IS '已人工核对经纬度，默认 0 未核对，1 已核对';
COMMENT ON COLUMN "fdataman"."zl_ps_process"."has_check_link" IS '已人工核对关联，默认 0 未核对，1 已核对';
COMMENT ON COLUMN "fdataman"."zl_ps_process"."is_link" IS '已人工关联，默认-1 未处理，0 不关联，1 关联';
COMMENT ON COLUMN "fdataman"."zl_ps_process"."remark" IS '备注';
COMMENT ON COLUMN "fdataman"."zl_ps_process"."is_delete" IS '已软删除，默认 0 未删除，1 已删除';
COMMENT ON COLUMN "fdataman"."zl_ps_process"."entry_time" IS '数据入库时间';
COMMENT ON COLUMN "fdataman"."zl_ps_process"."update_time" IS '最后更新时间';
COMMENT ON COLUMN "fdataman"."zl_ps_process"."system_weight" IS '信息权重，1-5';
COMMENT ON COLUMN "fdataman"."zl_ps_process"."under_taker" IS '承接人--负责接收任务的';
COMMENT ON COLUMN "fdataman"."zl_ps_process"."batch" IS '治理批次';
COMMENT ON TABLE "fdataman"."zl_ps_process" IS '污染源信息及关联治理过程表';


-- ----------------------------
-- Primary Key structure for table zl_ps_process
-- ----------------------------
ALTER TABLE "fdataman"."zl_ps_process" ADD CONSTRAINT "zl_ps_process_pkey" PRIMARY KEY ("id");
```

图 13-7 治理过程表的一般结构

2. 简化字段，校验统一社会信用代码

将治理过程表和镜像表中的污染源名称（含曾用名）、地址等字段进行简化，即删除普适性字段，仅保留特异性的关键词，以提高字段对比相似度的准确性，如图 13-8 所示。例如，污染源名称“深圳市××纸制品有限公司”简化为“××纸制品”，地址“深圳市光明区公明街道上村社区莲湖工业区 D 栋”简化为“公明上村社区莲湖工业区 D 栋”。将污染源统一社会信用代码与工商法人库中的统一社会信用代码进行比对，校验统一社会信用代码是否准确。

```
Import re
_name_ptn=re.compile('\s|深圳市|深圳|（|）|\(|\)|技术|股份|有限|责任|公司')
_keep_ptn=re.compile('.*分公司\s*$')
def simplify_name(name):
    """简化企业名称"""
    if name==None:return None
    keep=re.match(_keep_ptn,name)
    rtn=re.sub(_name_ptn,'',name)
    if keep==None:
        return rtn
    else:
        return rtn+'公司'

_addr_ptn=re.compile('\s|广东省|广东|深圳市|深圳|罗湖区|福田区|宝安区|南山区|光明新区|光明区|龙华区|龙岗区|坪山区|大鹏新区|盐田区|深汕|特别|合作区|街道|办事处|街道办|居民委员会|居委会|社区|（|）|\(|\)')
def simplify_addr(addr):
    """简化地址"""
    if addr==None:return None
    return re.sub(_addr_ptn,'',addr)
```

图 13-8　简化名称和字段过程

3．补充为空的 ps_code

检查待治理的污染源基础信息清单中是否有污染源缺少 ps_code，对于缺少 ps_code 的污染源，利用污染源简化名称、简化曾用名、简化地址和统一社会信用代码关联生态环境大数据中心 dr_b_main_baseinfo 表，调出其中的 ps_code，并将其对应赋值给治理过程表中 ps_code 为空的污染源。

4．计算相似度，建立关联

遍历各业务系统的污染源镜像表，计算治理过程表与镜像表间污染源简化名称、简化曾用名、简化地址和统一社会信用代码的相似度，将相似度最高的污染源信息来源（业务系统污染源信息唯一编码）更新至治理过程表中该污染源信息的 src_id 字段内，以便于后续污染源数据治理结果反向更新至业务系统镜像表中，计算相似度过程如图 13-9 所示。

```
import difflib
def sim_ratio(str1,str2):
    """比较两个字符串的相似度，返回值范围[0,1]"""
    if str1 is None or str1=='': return 0
    if str2 is None or str2=='': return 0
    return difflib.SequenceMatcher(None,str1,str2).quick_ratio()
```

图 13-9　计算相似度

5. 确认关联关系

若第四步中建立关联时治理过程表与业务系统镜像表间的污染源简化名称、简化曾用名、简化地址和统一社会信用代码完全一致，则默认关联关系准确；否则，将根据相似度提取业务系统数据，进行人工关联确认。

6. 经纬度以外字段的治理

将治理过程表中简化后的污染源名称（含曾用名）、地址及统一社会信用代码等非经纬度字段与镜像表中的对应字段进行匹配、对比、计算相似度。首先，经综合考量各业务系统数据的准确性、规范性、完整性、一致性、有效性和更新及时性等情况，将各业务系统主数据质量按可信度赋值 1～5 分，分值越大代表可信度越高，具体赋分情况见表 13-3；其次，根据已建立的污染源关联关系提取各业务系统污染源字段信息，并按照表 13-3 赋予被提取污染源字段信息对应可信度分值（内容为空的不得分）；最后，将可信度得分最高项作为该字段的推荐值。

表 13-3　各业务系统主数据可信度赋分情况

序号	系统名称	分值
1	行政处罚（半年内）	5
2	行政处罚（1 年内）	4
3	排污许可	4
4	行政处罚（其他）	3
5	VOCs 工况监控	3
6	商事主体	3
7	信用评价	2
8	固体废物管理	2
9	其他	1

7. 经纬度字段的治理

将治理过程表中污染源经纬度在电子地图上自动定位（大地 2000 坐标系）。若位置相近可在电子地图上人工拖动微调位置，随后保存调整位置后的经纬度（大地 2000 坐标系）；若点位与实际地址偏离较大，则利用高德、百度、WGS84 等坐标系底图和对应的搜索引擎确认正确的污染源位置（记忆污染源周边建筑及道路特点），最终根据污染源周边建筑及道路特点在电子地图上重新定位污染源，并保存经纬度（大地 2000 坐标系）。

13.3.5　数据入库

数据入库的过程其实就是在完成数据治理后将污染源数据更新至治理过程表，并根据记录的污染源镜像表中的编码（src_id）将污染源唯一编码（ps_code）更新回各系统镜像表中。同时，将治理结果写入治理结果表（zl_ps_baseinfo），以作为数据治理的成果库。最后，将治理后的关联结果和主数据信息反馈更新到各业务系统中，实现治理结果的应用，如图 13-10 所示。

```
-- 污染源唯一编码更新至镜像表
update fdataman.<污染源镜像表名称> m
set ps_code = p.ps_code
from fdataman.zl_ps_process p
where p.src_id = b.src_id and p.is_link = 1 and p.system_source = '<污染源镜像表名称>'

-- 污染源数据更新至治理过程表
update fdataman.zl_ps_baseinfo b
set <需要更新的字段> = p.<更新后的值>
from fdataman.zl_ps_process p
where p.src_id = b.ps_code and b.system_source = 'zl_ps_baseinfo' and p.verify_ok = 1
```

图 13-10　污染源数据更新入库过程

13.3.6　主数据接口服务开发

发布主数据查询、更新、新增、冻结、分发、问题处理等接口，供各使用单位或系统按需调用。

1. 查询

查询接口实现对各类主数据的单个或少量查询功能。以部分污染源主数据查询接口为例，见表 13-4。

表 13-4　主数据查询接口服务开发示例

接口名称	根据关键字查询主数据，返回符合条件的所有主数据列表		
使用场景	各机关单位需要使用污染源基础信息时，调用此接口		
请求地址	/api/open/v1/md/ps/query		
请求方式	POST		
入参	参数名	必填	参数说明
	ps_code	否	污染源统一编码，精确匹配
	ps_name	否	污染源名称，模糊匹配，长度必须大于 1，不能包含空格。当符合条件的污染源条数大于 50 时，只返回前 50 个污染源信息

	参数名	必填	参数说明
入参	usc_code	否	污染源统一社会信用代码，精确匹配
	token	是	身份认证，管理员分配的固定值，token 决定了能访问的数据范围（如全市、本辖区）
	注：ps_code、ps_name、usc_code 至少要传一个		

	字段名	字段说明
返回数据（data）	ps_code	污染源统一编号
	ps_name	污染源名称
	addr	污染源地址
	usc_code	污染源统一社会信用代码
	ind_code	行业代码
	ind_name	行业名称
	county_code	区代码
	county_name	区名称
	street_code	街道代码
	street_name	街道名称
	community_code	社区代码
	community_name	社区名称
	lng_2k	大地 2000 经度
	lat_2k	大地 2000 纬度
	update_time	最后更新时间

返回示例

```
{
    "code":0,
    "msg": "",
    "data": {
        "total": 1,
        "dataList": [
            {
                "ps_code": "xxx",
                "ps_name": "某某企业",
                "addr": "某某地址",
                "usc_code": "xxx",
                "ind_code": "xxx",
                "ind_name": "xxx",
                "county_code": "xxx",
                "county_name": "xxx",
                "street_code": "xxx",
                "street_name": "xxx",
```

返回示例	"community_code": "xxx", "community_name": "xxx", "lng_2k": 113.123456, "lat_2k": 22.123456, "update_time": "2022-03-04 05:06:07", }] } }
备注	code=0 表示执行成功，此时 msg=""; code＞0 表示执行失败，此时 msg 为执行失败的相应提示信息，如： code=1，msg="token 无效，请与系统管理员联系"; total：符合条件的污染源总数； dataList：符合条件的污染源列表，不超过 50 个

2．更新

更新接口实现对单个主数据的更新功能。以部分污染源主数据更新接口为例，见表 13-5。

表 13-5　主数据更新接口服务开发示例

接口名称	根据统一污染源编码，更新污染源基础信息		
使用场景	各机关单位需要更新污染源主数据时，调用此接口 注：更新的数据须经过责任单位审核后才会生效		
请求地址	/api/open/v1/md/ps/update		
请求方式	POST		
入参	参数名	必填	参数说明
	ps_code	是	污染源统一编码，精确匹配
	ps_name	否	污染源名称
	addr	否	污染源地址
	usc_code	否	污染源统一社会信用代码，精确匹配
	ind_code	否	行业代码
	ind_name	否	行业名称
	county_code	否	区代码
	county_name	否	区名称
	street_code	否	街道代码
	street_name	否	街道名称
	community_code	否	社区代码

	参数名	必填	参数说明
入参	community_name	否	社区名称
	lng_2k	否	大地 2000 经度
	lat_2k	否	大地 2000 纬度
	remark	否	备注
	token	是	身份认证，管理员分配的固定值，token 决定了能访问的数据范围（如全市、本辖区）
	注：仅传入需要修改的字段，不需要修改的字段不用传，但至少要传一个		
返回数据	字段名		字段说明
	无		

返回示例	{
	"code":0,
	"msg": ""
	}		

备注	code=0 表示执行成功，此时 msg=""; code＞0 表示执行失败，此时 msg 为执行失败的相应提示信息，如： code=1，msg="token 无效，请与系统管理员联系"		

3．新增

新增接口实现新增单个主数据功能。以部分污染源主数据新增接口为例，见表 13-6。

表 13-6　主数据新增接口服务开发示例

接口名称	新增污染源基础信息		
使用场景	各机关单位需要新增污染源主数据时，调用此接口 注：新增的数据须经过责任单位审核后才会生效		
请求地址	/api/open/v1/md/ps/add		
请求方式	POST		
入参	参数名	必填	参数说明
	ps_name	是	污染源名称
	addr	是	污染源地址
	usc_code	是	污染源统一社会信用代码，精确匹配
	ind_code	是	行业代码
	ind_name	是	行业名称
	county_code	是	区代码

<table>
<tr><td rowspan="11">入参</td><td>参数名</td><td>必填</td><td>参数说明</td></tr>
<tr><td>county_name</td><td>是</td><td>区名称</td></tr>
<tr><td>street_code</td><td>是</td><td>街道代码</td></tr>
<tr><td>street_name</td><td>是</td><td>街道名称</td></tr>
<tr><td>community_code</td><td>是</td><td>社区代码</td></tr>
<tr><td>community_name</td><td>是</td><td>社区名称</td></tr>
<tr><td>lng_2k</td><td>是</td><td>大地 2000 经度</td></tr>
<tr><td>lat_2k</td><td>是</td><td>大地 2000 纬度</td></tr>
<tr><td>remark</td><td>否</td><td>备注</td></tr>
<tr><td>token</td><td>是</td><td>身份认证，管理员分配的固定值，token 决定了能访问的数据范围（如全市、本辖区）</td></tr>
<tr><td colspan="3">注：仅传入需要修改的字段，不需要修改的字段不用传，但至少要传一个</td></tr>
<tr><td rowspan="2">返回数据</td><td colspan="2">字段名</td><td>字段说明</td></tr>
<tr><td colspan="2">ps_code</td><td>新增的污染源统一编码</td></tr>
<tr><td>返回示例</td><td colspan="3">{
"code":0,
"msg": "",
"ps_code": "xxx"
}</td></tr>
<tr><td>备注</td><td colspan="3">code=0 表示执行成功，此时 msg="";
code＞0 表示执行失败，此时 msg 为执行失败的相应提示信息，如：
code=1，msg="token 无效，请与系统管理员联系"</td></tr>
</table>

4．冻结

冻结接口实现对单个主数据的冻结功能。以部分污染源主数据冻结接口为例，见表 13-7。

表 13-7　主数据冻结接口服务开发示例

<table>
<tr><td>接口名称</td><td colspan="3">根据统一污染源编码，冻结污染源基础信息</td></tr>
<tr><td>使用场景</td><td colspan="3">各机关单位确认污染源已注销或搬迁，需要冻结时，调用此接口
注：冻结的数据须经过责任单位审核后才会生效</td></tr>
<tr><td>请求地址</td><td colspan="3">/api/open/v1/md/ps/delete</td></tr>
<tr><td>请求方式</td><td colspan="3">POST</td></tr>
<tr><td rowspan="3">入参</td><td>参数名</td><td>必填</td><td>参数说明</td></tr>
<tr><td>ps_code</td><td>是</td><td>污染源统一编码，精确匹配</td></tr>
<tr><td colspan="3">注：当 ps_code 必须在统一污染源管理库中存在</td></tr>
</table>

返回数据	字段名	字段说明
	无	

返回示例	{
	"code":0,
	"msg": ""
	}	

备注	code=0 表示执行成功，此时 msg=""; code＞0 表示执行失败，此时 msg 为执行失败的相应提示信息，如： code=1，msg="token 无效，请与系统管理员联系"	

5．分发

分发接口实现获取已更改的主数据的功能。以部分污染源主数据分发接口为例，见表 13-8。

表 13-8　主数据分发接口服务开发示例

接口名称	获取已更改的污染源基础信息列表		
使用场景	各机关单位需要备份本辖区或本单位污染源监管业务相关的主数据的，可以定期（每天或每周）调用此接口实现数据同步		
请求地址	/api/open/v1/md/ps/dispath		
请求方式	POST		
入参	参数名	必填	参数说明
	update_time	是	在此时间点（包含）后发生过变化的污染源基础信息都符合条件
	page_no	是	页码，从 1 开始
	pagesize	是	每页数量，固定值 500
	token	是	身份认证，管理员分配的固定值，token 决定了能访问的数据范围（如全市、本辖区）
	注：在审核中的污染源基础信息不会被返回		
返回数据（data）	字段名		字段说明
	ps_code		污染源统一编号
	ps_name		污染源名称
	addr		污染源地址
	usc_code		污染源统一社会信用代码
	ind_code		行业代码
	ind_name		行业名称

<table>
<tr><th></th><th>字段名</th><th>字段说明</th></tr>
<tr><td rowspan="9">返回数据（data）</td><td>county_code</td><td>区代码</td></tr>
<tr><td>county_name</td><td>区名称</td></tr>
<tr><td>street_code</td><td>街道代码</td></tr>
<tr><td>street_name</td><td>街道名称</td></tr>
<tr><td>community_code</td><td>社区代码</td></tr>
<tr><td>community_name</td><td>社区名称</td></tr>
<tr><td>lng_2k</td><td>大地 2000 经度</td></tr>
<tr><td>lat_2k</td><td>大地 2000 纬度</td></tr>
<tr><td>update_time</td><td>最后更新时间</td></tr>
<tr><td>返回示例</td><td colspan="2">{
"code":0,
"msg": "",
"data": {
"total": 1,
"dataList": [
{
"ps_code": "xxx",
"ps_name": "某某企业",
"addr": "某某地址",
"usc_code": "xxx",
"ind_code": "xxx",
"ind_name": "xxx",
"county_code": "xxx",
"county_name": "xxx",
"street_code": "xxx",
"street_name": "xxx",
"community_code": "xxx",
"community_name": "xxx",
"lng_2k": 113.123456,
"lat_2k": 22.123456,
"update_time": "2022-03-04 05:06:07",
}
]
}
}</td></tr>
<tr><td>备注</td><td colspan="2">code=0 表示执行成功，此时 msg="";
code＞0 表示执行失败，此时 msg 为执行失败的相应提示信息，如：
code=1，msg="token 无效，请与系统管理员联系";
total：符合条件的污染源总数；
dataList：符合条件的污染源列表</td></tr>
</table>

6. 问题处理

（1）问题反馈

问题反馈接口实现主数据存在问题时的反馈功能。以部分污染源主数据问题反馈接口为例，见表 13-9。

表 13-9　主数据问题反馈服务开发示例

接口名称	主数据存在问题时的反馈		
使用场景	各机关单位确认污染源主数据存在问题时，可调用此接口反馈		
请求地址	/api/open/v1/md/ps/addissue		
请求方式	POST		
入参	参数名	必填	参数说明
	ps_code	是	污染源名称
	problem	是	问题描述
	remark	否	备注
	token	是	身份认证，管理员分配的固定值，token 决定了能访问的数据范围（如全市、本辖区）
返回数据	字段名		字段说明
	problem_code		新增的问题编码

返回示例	{
	"code":0,
	"msg": "",
	"problem_code": "xxx"
	}		

备注	code=0 表示执行成功，此时 msg=""; code＞0 表示执行失败，此时 msg 为执行失败的相应提示信息，如： code=1，msg="token 无效，请与系统管理员联系"		

（2）查询问题处理情况

查询问题处理情况接口实现查询已反馈问题的处理情况功能。以部分污染源主数据接口查询问题处理情况为例，见表 13-10。

表 13-10 主数据查询问题处理情况服务开发示例

<table>
<tr><td>接口名称</td><td colspan="3">查询已反馈问题处理情况</td></tr>
<tr><td>使用场景</td><td colspan="3">各机关单位需要查询已反馈过的问题的处理情况时</td></tr>
<tr><td>请求地址</td><td colspan="3">/api/open/v1/md/ps/addissue</td></tr>
<tr><td>请求方式</td><td colspan="3">POST</td></tr>
<tr><td rowspan="3">入参</td><td>参数名</td><td>必填</td><td>参数说明</td></tr>
<tr><td>problem_code</td><td>是</td><td>问题编码</td></tr>
<tr><td>token</td><td>是</td><td>身份认证，管理员分配的固定值，token 决定了能访问的数据范围（如全市、本辖区）</td></tr>
<tr><td rowspan="4">返回数据</td><td colspan="2">字段名</td><td>字段说明</td></tr>
<tr><td colspan="2">problem_code</td><td>新增的问题编码</td></tr>
<tr><td colspan="2">info</td><td>问题处理情况</td></tr>
<tr><td colspan="2">handle_time</td><td>处理时间</td></tr>
<tr><td>返回示例</td><td colspan="3">{
"code":0,
"msg": "",
"problem_code": "xxx",
"info": "xxx",
"handle_time": "2022-03-04 05:06:07"
}</td></tr>
<tr><td>备注</td><td colspan="3">code=0 表示执行成功，此时 msg="";
code>0 表示执行失败，此时 msg 为执行失败的相应提示信息，如：
code=1，msg="token 无效，请与系统管理员联系"</td></tr>
</table>

7．注意事项

（1）停用系统建立第三方映射

停用系统遗留的历史数据可能在污染源监管过程中依然有用，此类系统的主数据通常有 3 种处理方式：①如果停用系统的数据需要转入主题库，则在转入主题库时增加主数据 ID 字段，在入库做数据清洗的同时做好主数据映射工作；②如果业务系统数据库中主数据的相关表可以增加字段，则在表上增加主数据 ID 字段，通过专门的数据处理工具或编写程序与主数据建立映射；③如果业务系统数据的主数据相关表不能增加字段，则新增一张映射表，包含业务系统主键与主数据 ID 字段，通过专门的数据处理工具或者编写程序与主数据建立映射。

（2）在用系统灵活处理

在用系统按照系统维护情况可以分 2 种情况进行处理。①如果系统维护力度相对较大，甚至还能开发升级，则按照在建系统标准进行改造。第一步，建立映射关系，即在本地主数据相关表上增加全局主数据 ID，通过主数据查询接口建立映射关系。以污染源基础信息为例，通过主数据返回的名称、统一社会信用代码自动建立映射关系，如果自动映射不成功，则通过人工核对的方式查阅接口返回的多条主数据，选择正确的记录建立映射；如果人工核对还是无法找到映射项，则通过新建主数据接口提交新的主数据，待审核通过后再由查询接口自动建立映射。第二步，日常开展数据同步工作，当本地数据发生修改时提交更新，当全局的主数据发生变化时对本地数据进行适当更新。②如果系统维护只是保证系统正常运行和简单的数据库维护，则参照停用系统要求进行处理，即在主数据相关表增加主数据 ID 字段或者建立本地数据与全局主数据映射表，由系统维护团队或者数据治理团队通过专门的数据处理工具或者编写程序与主数据建立映射。

（3）在建系统严格遵守管理要求

在建系统必须严格按照主数据管理的要求进行系统设计和开发，非数据源系统只使用但不管理主数据，即使发现错误也是通过问题反馈的形式提交问题，待主数据管理人员解决后再使用。

新增业务记录需要用到主数据的，均通过主数据查询接口获取，如通过污染源基础信息查询接口取得污染源基础信息，新增移动执法业务。

因统计分析或其他客观需求需要在本地建立主数据备份库的，本地主数据表应具备以下字段。①本地 ID。这是本业务系统内指向一条污染源主数据的唯一标识，是业务系统中数据关联的基础，客观上同全局主数据 ID 构成映射关系，能够将因本地数据和全局主数据之间的调整（如主数据去重）而引起的修改问题降到最低。②数据修改时间。每次对主数据进行修改时必须更新，在本地修改时应记录修改时间，与全局主数据库同步时记录的是全局主数据库该条数据的修改时间，用于与全局主数据进行比较，定期同步。③本地主数据必须定期与全局主数据库同步。一方面，应对全局主数据库中的数据进行更新，当本地主数据被较新的全局主数据替换时，必须以一定的业务逻辑判断已有的业务数据里相关字段是否需要同步更新，经常同步数据可以有效减少出现这种问题的概率；另一方面，当业务开展过程中对主数据有修改（必须保证修改的准确性）时，须以最快的速度通过数据更新接口提交更新的内容。

13.3.7 主数据反馈

要获取和使用治理后的主数据，建议系统开发方通过保存在业务镜像表中的关联关系（污染源统一编码 ps_code 和业务系统主键 src_id）从污染源治理结果表（zl_ps_baseinfo）中提取已治理的污染源数据，如图 13-11 所示。

```
-- ----------------------------
-- Table structure for zl_ps_baseinfo
-- ----------------------------
CREATE TABLE "fdataman"."zl_ps_baseinfo" (
  "ps_code" varchar(100),
  "ps_code_source" varchar(100),
  "ps_code_cf" int2,
  "ps_code_uptime" timestamp(0),
  "ps_code_remark" varchar(255),
  "ps_name" varchar(255),
  "ps_name_source" varchar(100),
  "ps_name_cf" int2,
  "ps_name_uptime" timestamp(0),
  "ps_name_remark" varchar(255),
  "detail_address" varchar(255),
  "detail_address_source" varchar(100),
  "detail_address_cf" int2,
  "detail_address_uptime" timestamp(0),
  "detail_address_remark" varchar(255),
  "usc_code" varchar(32),
  "usc_code_source" varchar(100),
  "usc_code_cf" int2,
  "usc_code_uptime" timestamp(0),
  "usc_code_remark" varchar(255),
  "enter_code" varchar(50),
  "enter_code_source" varchar(100),
  "enter_code_cf" int2,
  "enter_code_uptime" timestamp(0),
  "enter_code_remark" varchar(255),
  "trade_code" varchar(32),
  "trade_code_source" varchar(100),
  "trade_code_cf" int2,
  "trade_code_uptime" timestamp(0),
  "trade_code_remark" varchar(255),
  "trade_name" varchar(100),
  "longitude" numeric(18,6),
  "latitude" numeric(18,6),
  "latlng_source" varchar(100),
  "latlng_cf" int2,
  "latlng_uptime" timestamp(0),
  "latlng_remark" varchar(255),
  "region_code" numeric(12),
  "region_code_source" varchar(100),
  "region_code_cf" int2,
  "region_code_uptime" timestamp(0),
```

```
"region_code_remark" varchar(255),
"county_code" numeric(12),
"county_code_source" varchar(100),
"county_code_cf" int2,
"county_code_uptime" timestamp(0),
"county_code_remark" varchar(255),
"county_name" varchar(100),
"street_code" numeric(12),
"street_code_source" varchar(100),
"street_code_cf" int2,
"street_code_uptime" timestamp(0),
"street_code_remark" varchar(255),
"street_name" varchar(100),
"community_code" numeric(12),
"community_code_source" varchar(100),
"community_code_cf" int2,
"community_code_uptime" timestamp(0),
"community_code_remark" varchar(255),
"community_name" varchar(100),
"entry_time" timestamp(0) DEFAULT now(),
"remark" varchar(255),
"used_name" varchar(255),
"ps_code_xgr" varchar(10),
"ps_name_xgr" varchar(10),
"detail_address_xgr" varchar(10),
"usc_code_xgr" varchar(10),
"enter_code_xgr" varchar(10),
"trade_code_xgr" varchar(10),
"latlng_xgr" varchar(10),
"region_code_xgr" varchar(10),
"county_code_xgr" varchar(10),
"street_code_xgr" varchar(10),
"community_code_xgr" varchar(10),
"parent_ps_code" varchar(100),
"parent_ps_name" varchar(255),
"is_in_gsfr" int2,
"merge_to" varchar(100),
"is_delete" int2,
"has_pwxk" int2,
"has_zxjc" int2,
"is_cancel" int2,
"reg_address" varchar(255),
"reg_address_source" varchar(100),
"reg_address_cf" int2,
"reg_address_uptime" timestamp(0),
```

```
    "reg_address_remark" varchar(255),
    "batch" varchar(50),
    "short_name" varchar(100),
    "short_address" varchar(255)
);
COMMENT ON COLUMN "fdataman"."zl_ps_baseinfo"."ps_code" IS '污染源编码';
COMMENT ON COLUMN "fdataman"."zl_ps_baseinfo"."ps_code_source" IS 'ps_code 来源';
COMMENT ON COLUMN "fdataman"."zl_ps_baseinfo"."ps_code_cf" IS '污染源编码置信度';
COMMENT ON COLUMN "fdataman"."zl_ps_baseinfo"."ps_code_uptime" IS '污染源编码更新时间';
COMMENT ON COLUMN "fdataman"."zl_ps_baseinfo"."ps_code_remark" IS '污染源编码备注';
COMMENT ON COLUMN "fdataman"."zl_ps_baseinfo"."ps_name" IS '污染源名称';
COMMENT ON COLUMN "fdataman"."zl_ps_baseinfo"."ps_name_source" IS '名称来源';
COMMENT ON COLUMN "fdataman"."zl_ps_baseinfo"."ps_name_cf" IS '污染源名称置信度';
COMMENT ON COLUMN "fdataman"."zl_ps_baseinfo"."ps_name_uptime" IS '污染源名称更新时间';
COMMENT ON COLUMN "fdataman"."zl_ps_baseinfo"."ps_name_remark" IS '污染源编名称备注';
COMMENT ON COLUMN "fdataman"."zl_ps_baseinfo"."detail_address" IS '生产经营地址';
COMMENT ON COLUMN "fdataman"."zl_ps_baseinfo"."detail_address_source" IS '生产经营地址来源';
COMMENT ON COLUMN "fdataman"."zl_ps_baseinfo"."detail_address_cf" IS '生产经营地址置信度';
COMMENT ON COLUMN "fdataman"."zl_ps_baseinfo"."detail_address_uptime" IS '生产经营地址更新时间';
COMMENT ON COLUMN "fdataman"."zl_ps_baseinfo"."detail_address_remark" IS '生产经营地址备注';
COMMENT ON COLUMN "fdataman"."zl_ps_baseinfo"."usc_code" IS '统一社会信用代码';
COMMENT ON COLUMN "fdataman"."zl_ps_baseinfo"."usc_code_source" IS '统一社会信用代码来源';
COMMENT ON COLUMN "fdataman"."zl_ps_baseinfo"."usc_code_cf" IS '统一社会信用代码置信度';
COMMENT ON COLUMN "fdataman"."zl_ps_baseinfo"."usc_code_uptime" IS '统一社会信用代码更新时间';
COMMENT ON COLUMN "fdataman"."zl_ps_baseinfo"."usc_code_remark" IS '统一社会信用代码备注';
COMMENT ON COLUMN "fdataman"."zl_ps_baseinfo"."enter_code" IS '固定源编码（固定源登记证号码）';
COMMENT ON COLUMN "fdataman"."zl_ps_baseinfo"."enter_code_source" IS '固定源编码来源';
COMMENT ON COLUMN "fdataman"."zl_ps_baseinfo"."enter_code_cf" IS '固定源编码置信度';
COMMENT ON COLUMN "fdataman"."zl_ps_baseinfo"."enter_code_uptime" IS '固定源编码更新时间';
COMMENT ON COLUMN "fdataman"."zl_ps_baseinfo"."enter_code_remark" IS '固定源编码备注';
COMMENT ON COLUMN "fdataman"."zl_ps_baseinfo"."trade_code" IS '行业类别代码';
COMMENT ON COLUMN "fdataman"."zl_ps_baseinfo"."trade_code_source" IS '行业类别代码来源';
COMMENT ON COLUMN "fdataman"."zl_ps_baseinfo"."trade_code_cf" IS '行业类别代码置信度';
COMMENT ON COLUMN "fdataman"."zl_ps_baseinfo"."trade_code_uptime" IS '行业类别代码更新时间';
COMMENT ON COLUMN "fdataman"."zl_ps_baseinfo"."trade_code_remark" IS '行业类别代码备注';
COMMENT ON COLUMN "fdataman"."zl_ps_baseinfo"."trade_name" IS '行业名称';
COMMENT ON COLUMN "fdataman"."zl_ps_baseinfo"."longitude" IS '经度';
COMMENT ON COLUMN "fdataman"."zl_ps_baseinfo"."latitude" IS '纬度';
COMMENT ON COLUMN "fdataman"."zl_ps_baseinfo"."latlng_source" IS '经纬度来源';
COMMENT ON COLUMN "fdataman"."zl_ps_baseinfo"."latlng_cf" IS '经纬度置信度';
COMMENT ON COLUMN "fdataman"."zl_ps_baseinfo"."latlng_uptime" IS '经纬度更新时间';
COMMENT ON COLUMN "fdataman"."zl_ps_baseinfo"."latlng_remark" IS '经纬度备注';
COMMENT ON COLUMN "fdataman"."zl_ps_baseinfo"."region_code" IS '所属行政区代码';
COMMENT ON COLUMN "fdataman"."zl_ps_baseinfo"."region_code_source" IS '行政区代码来源';
COMMENT ON COLUMN "fdataman"."zl_ps_baseinfo"."region_code_cf" IS '行政区代码置信度';
```

```
COMMENT ON COLUMN "fdataman"."zl_ps_baseinfo"."region_code_uptime" IS '行政区代码更新时间';
COMMENT ON COLUMN "fdataman"."zl_ps_baseinfo"."region_code_remark" IS '行政区代码备注';
COMMENT ON COLUMN "fdataman"."zl_ps_baseinfo"."county_code" IS '区编码';
COMMENT ON COLUMN "fdataman"."zl_ps_baseinfo"."county_code_source" IS '区编码来源';
COMMENT ON COLUMN "fdataman"."zl_ps_baseinfo"."county_code_cf" IS '区编码置信度';
COMMENT ON COLUMN "fdataman"."zl_ps_baseinfo"."county_code_uptime" IS '区编码更新时间';
COMMENT ON COLUMN "fdataman"."zl_ps_baseinfo"."county_code_remark" IS '区编码备注';
COMMENT ON COLUMN "fdataman"."zl_ps_baseinfo"."county_name" IS '区名称';
COMMENT ON COLUMN "fdataman"."zl_ps_baseinfo"."street_code" IS '街道编码';
COMMENT ON COLUMN "fdataman"."zl_ps_baseinfo"."street_code_source" IS '街道编码来源';
COMMENT ON COLUMN "fdataman"."zl_ps_baseinfo"."street_code_cf" IS '街道编码置信度';
COMMENT ON COLUMN "fdataman"."zl_ps_baseinfo"."street_code_uptime" IS '街道编码更新时间';
COMMENT ON COLUMN "fdataman"."zl_ps_baseinfo"."street_code_remark" IS '街道编码备注';
COMMENT ON COLUMN "fdataman"."zl_ps_baseinfo"."street_name" IS '街道名称';
COMMENT ON COLUMN "fdataman"."zl_ps_baseinfo"."community_code" IS '社区编码';
COMMENT ON COLUMN "fdataman"."zl_ps_baseinfo"."community_code_source" IS '社区编码来源';
COMMENT ON COLUMN "fdataman"."zl_ps_baseinfo"."community_code_cf" IS '社区编码置信度';
COMMENT ON COLUMN "fdataman"."zl_ps_baseinfo"."community_code_uptime" IS '社区编码更新时间';
COMMENT ON COLUMN "fdataman"."zl_ps_baseinfo"."community_code_remark" IS '社区编码备注';
COMMENT ON COLUMN "fdataman"."zl_ps_baseinfo"."community_name" IS '社区名称';
COMMENT ON COLUMN "fdataman"."zl_ps_baseinfo"."entry_time" IS '数据入库时间';
COMMENT ON COLUMN "fdataman"."zl_ps_baseinfo"."remark" IS '备注';
COMMENT ON COLUMN "fdataman"."zl_ps_baseinfo"."used_name" IS '曾用名';
COMMENT ON COLUMN "fdataman"."zl_ps_baseinfo"."ps_code_xgr" IS '污染源编码修改人';
COMMENT ON COLUMN "fdataman"."zl_ps_baseinfo"."ps_name_xgr" IS '污染源名称修改人';
COMMENT ON COLUMN "fdataman"."zl_ps_baseinfo"."detail_address_xgr" IS '详细地址修改人';
COMMENT ON COLUMN "fdataman"."zl_ps_baseinfo"."usc_code_xgr" IS '统一社会信用代码修改人';
COMMENT ON COLUMN "fdataman"."zl_ps_baseinfo"."enter_code_xgr" IS '固定源编码修改人';
COMMENT ON COLUMN "fdataman"."zl_ps_baseinfo"."trade_code_xgr" IS '行业类型代码修改人';
COMMENT ON COLUMN "fdataman"."zl_ps_baseinfo"."latlng_xgr" IS '经纬度修改人';
COMMENT ON COLUMN "fdataman"."zl_ps_baseinfo"."region_code_xgr" IS '行政区代码修改人';
COMMENT ON COLUMN "fdataman"."zl_ps_baseinfo"."county_code_xgr" IS '区编码修改人';
COMMENT ON COLUMN "fdataman"."zl_ps_baseinfo"."street_code_xgr" IS '街道编码修改人';
COMMENT ON COLUMN "fdataman"."zl_ps_baseinfo"."community_code_xgr" IS '社区编码修改人';
COMMENT ON COLUMN "fdataman"."zl_ps_baseinfo"."parent_ps_code" IS '父单位污染源编码';
COMMENT ON COLUMN "fdataman"."zl_ps_baseinfo"."parent_ps_name" IS '父单位污染源名称';
COMMENT ON COLUMN "fdataman"."zl_ps_baseinfo"."is_in_gsfr" IS '污染源名称是否在工商法人库中(1 代表在，0 代表不在)';
COMMENT ON COLUMN "fdataman"."zl_ps_baseinfo"."merge_to" IS '当前污染源需要合并到的污染源编码（ps_code）';
COMMENT ON COLUMN "fdataman"."zl_ps_baseinfo"."is_delete" IS '是否删除，1 已删除，0 代表保留';
COMMENT ON COLUMN "fdataman"."zl_ps_baseinfo"."has_pwxk" IS '1 有排污许可，0 无';
COMMENT ON COLUMN "fdataman"."zl_ps_baseinfo"."has_zxjc" IS '1 有在线监测，0 无';
COMMENT ON COLUMN "fdataman"."zl_ps_baseinfo"."is_cancel" IS '1 代表排污许可证已注销,0 未注销';
COMMENT ON COLUMN "fdataman"."zl_ps_baseinfo"."reg_address" IS '注册地址';
COMMENT ON COLUMN "fdataman"."zl_ps_baseinfo"."reg_address_source" IS '注册地址来源';
COMMENT ON COLUMN "fdataman"."zl_ps_baseinfo"."reg_address_cf" IS '注册地址置信度';
```

```
    COMMENT ON COLUMN "fdataman"."zl_ps_baseinfo"."reg_address_uptime" IS '注册地址更新时间';
    COMMENT ON COLUMN "fdataman"."zl_ps_baseinfo"."reg_address_remark" IS '注册地址备注';
    COMMENT ON COLUMN "fdataman"."zl_ps_baseinfo"."batch" IS '治理批次';
    COMMENT ON COLUMN "fdataman"."zl_ps_baseinfo"."short_name" IS '短名称';
    COMMENT ON COLUMN "fdataman"."zl_ps_baseinfo"."short_address" IS '短地址';
    COMMENT ON TABLE "fdataman"."zl_ps_baseinfo" IS '污染源基本信息';


    -- ----------------------------
    -- Uniques structure for table zl_ps_baseinfo
    -- ----------------------------
    ALTER TABLE "fdataman"."zl_ps_baseinfo" ADD CONSTRAINT "zl_ps_baseinfo_20230307_copy1_copy1_ps_code_key"
UNIQUE ("ps_code");
```

图 13-11　治理结果表的结构

13.4　管理工具

13.4.1　污染源主数据治理成果可视化功能

借助数据治理展示平台可实现对污染源基础信息治理成果数据的可视化，以便于对污染源基础信息治理成果数据进行编辑。如图 13-12 所示，污染源基础信息治理成果模块中列出了各基础信息字段的独立展示框，能清楚地显示该字段的置信度和修改情况等。此外，单击“操作”列的“编辑”按钮，即可对当前污染源基础信息进行编辑和修改。

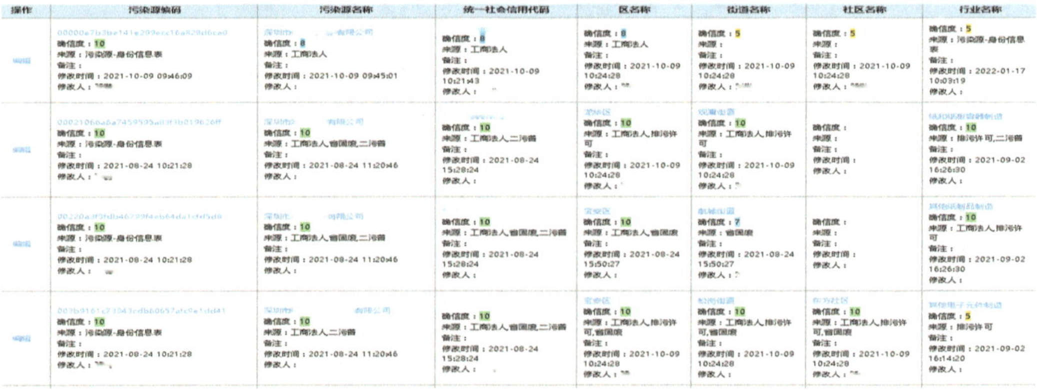

图 13-12　污染源基本信息治理成果可视化界面

13.4.2　位置核对功能

经纬度核对功能用于已治理过基础信息的污染源经纬度核对，利用“高德”“百度”“大地 2000”进行搜索得到参考定位（图 13-13），同时结合网络搜索污染源的详细地址给出的定位，综合判断系统现存的经纬度定位是否准确。已入库的污染源根据“是否核对”可分为已治理污染源和未治理污染源，其中已治理污染源表示已经过经纬度核对的污染源；未治理污染源指已纳入治理范围的污染源清单，但未进行经纬度核对。数据治理人员单击污染源名称后，会弹出污染源基本信息及当前的经纬度，随后根据地址信息确认当前坐标是否准确，若与实际地址有偏差，则可拖曳坐标图标至确认的地址，同时反馈最新的经纬度信息并更新入库。

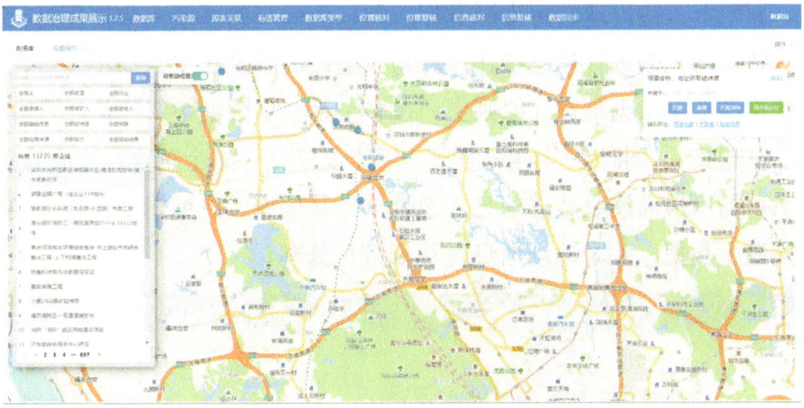

图 13-13　污染源位置核对界面

若通过关键字与经纬度搜索后返回的定位与污染源经纬度定位一致，且与污染源地址对应，则直接在信息栏中勾选“已治理”，再点击“保存”按钮进行保存。若通过页面关键字搜索返回的 3 个定位均与企业地址不是同一地点，可以使用工具栏下方的辅助网址（“百度地图”“高德地图”“天眼查”）并进入相关网址查询污染源地址信息，通过街道、路名等信息在地图中进行定位，然后点击“同步到左边”按钮更新污染源在地图上的位置，也可手动拖动污染源图标调整位置，确认无误后勾选“已治理”，再点击“保存”按钮进行保存。系统会自动补充行政区、街道和社区信息。如图 13-14 所示，深圳市大鹏新区的某家污染源“××线路板（深圳）公司”位置核对前的定位处于大鹏湾海面上，污染源定位明显错误，经核对后，污染源定位与地图上显示的污染源名称一致。

图 13-14　污染源位置核对前后界面（左为核对前，右为核对后）

13.4.3 信息治理核对功能

信息治理核对功能以业务系统与数据治理库（信息来源 zl_ps_baseinfo）的关联关系为基础，关联关系的判断以统一社会信用代码和企业简称为主，以地址为辅。如图 13-15 所示，将待治理的污染源数据置于第一行，其余关联的业务系统的主数据信息按照已赋予的业务系统信息权重（表 13-3）从高到低排列，靠前的污染源业务数据意味着更高的可信度与信息权重。原则上，待治理的污染源数据应与权重最高的系统主数据保持一致，若核对的字段信息一致，则无须进行修改操作；若与权重最高的系统主数据不一致，则参考其他已列出的业务系统的主数据信息（原则上，在多个系统主数据中同一信息内容出现的频率越高，其可信度越高），同时参考网络搜索的污染源信息（如企查查、天眼查等），经多方比较后判断出可信度最高的主数据信息，通过单击基础库信息编辑框，直接编辑需要修改的待治理污染源主数据，并对地址信息进行规范化处理。

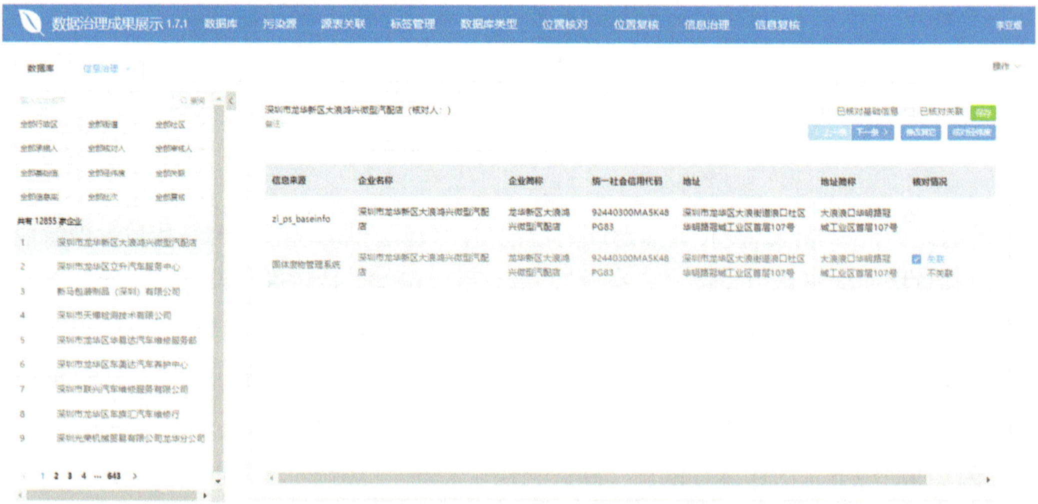

图 13-15 污染源信息治理界面

第 14 章 数据质量管理

污染源数据体量较大，本书优先选取主数据和核心业务数据作为监控对象，列举了环境影响评价审批数据、排污许可管理数据、固体废物监管数据、VOCs 工况管理数据、核与辐射监管数据、清洁生产数据、环境信用评价数据、执法信息数据和行政处罚数据等，以向读者展示排污单位从产生到注销的全生命周期管理过程，同时选取了环境影响评价系统、排污许可管理系统、固体废物监管系统、移动执法系统、行政处罚系统、涉 VOCs 污染源工况监控系统、核与辐射安全管理系统、清洁生产审核系统和信用评价系统 9 个业务系统的数据质量检查过程，并将数据质量检查过程中发现的问题进行分类，找出可能的原因及相应的解决办法，以提高数据质量。

14.1 数据质量检查框架

污染源数据治理过程中，由于数据种类繁多、体量庞大且人工检查效率低、检查尺度浮动较大，数据质量检查应优先选择自动监控的方式。数据质量检查框架由数据质量自动监控流程、各业务质量检查的配置文件和数据问题记录 3 部分组成（图 14-1）。

14.1.1 数据质量自动监控流程

第一步，获取业务数据库对象及数据库信息。先要确定本次数据质量自动监控的相关信息，具体包括监控业务、时间范围（如检查排污许可管理从 2022 年 1 月 1 日至 12 月 31 日的数据质量）、检查类型（如常规检查、测试等）、检查人员等，再检索出被检查业务对应的配置文件，提取其中业务数据库的基本信息，并将本次记录写入监控记录总表（qc_check）中，实现流程如图 14-2 所示。

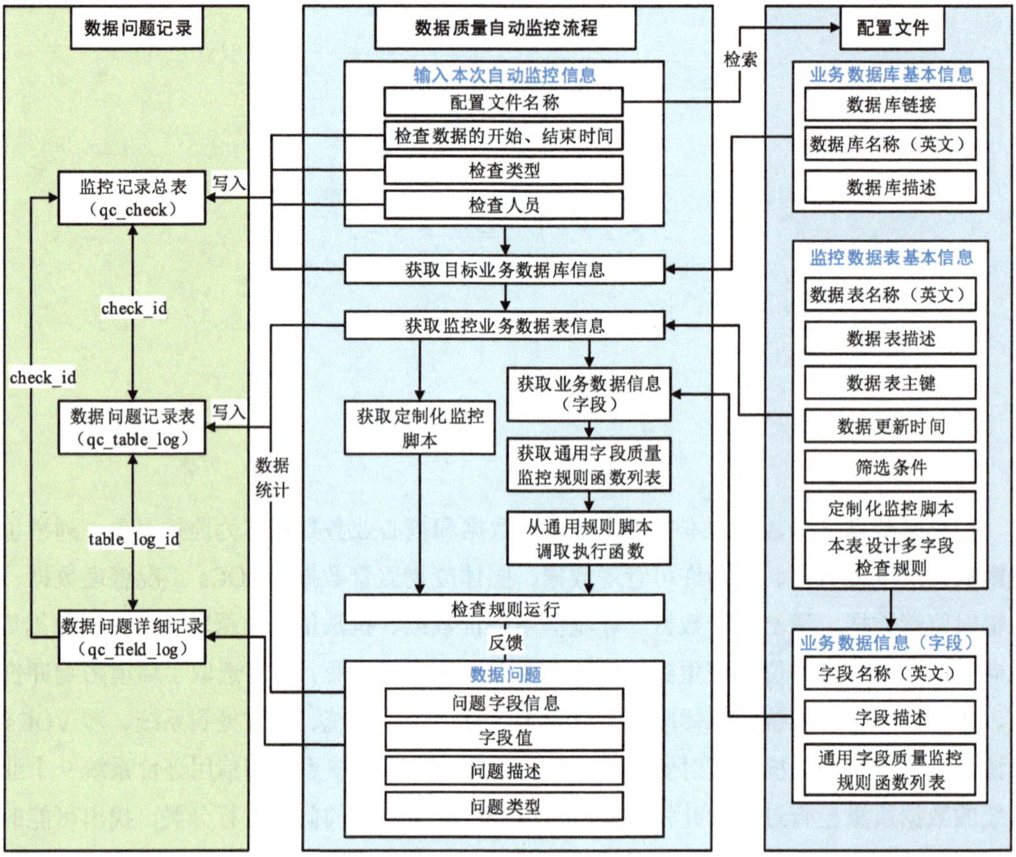

图 14-1　数据质量检查框架

```
    def run(self,cfg_file_name,from_date:datetime.date=None,to_date:datetime.date=None,check_type='例行检查
',checker='',qc_conn_key='gp'):
        """入口函数
        Args:
            cfg_file_name (str,必需): 参数文件名，如'st_gkjk.json'.
            from_date (datetime.date, 可选): 数据开始日期，默认为空表示不限制.
            to_date (datetime.date, 可选): 数据结束日期，默认为空表示不限制.
            check_type (str, 可选): 检查类型，默认为'例行检查'.
            checker (str, 可选): 检查人，默认为''.
            qc_conn_key (str, 可选): 数据治理项目数据库的访问连接
        """
        start_time=time.perf_counter()
        # 初始化
        self.init()
        # 读取配置文件
        json_file= f'./config/{cfg_file_name}'
```

```
        if not os.path.exists(json_file):
            zwlog.error(f"配置文件 {json_file} 不存在！")
            return
        with open(json_file,"r",encoding='utf-8') as f:
            json_str=f.read() # 调用 read()会一次性读取文件的全部内容
        cfg=json.loads(json_str)
        # 获取数据库名称、描述以及连接 key
        db_name=cfg['db_name'].strip()
        db_desc=cfg['db_desc'].strip()
        conn_key=cfg['conn_key'].strip()
        # 获取数据库工具对象,连接不上数据库会报错，退出，不会写入 qc_check 表
        src_db_helper=self.db_util.get_dbhelper_by_key(conn_key)
        # 动态加载 ./custom_rule/{custom_module_name}.py 模块
        if custom_module_name!='':
            custom_fun_module = __import__(f'custom_rule.{custom_module_name}',fromlist=(custom_module_name))
        else:
            custom_fun_module=None
        # 将本次记录写入监控记录主表（qc_check）
        # 确定本次数据检查时间范围，并转换为"年-月-日"的格式
        from_date_str='null' if from_date==None else from_date.strftime("'%Y-%m-%d'")
        to_date_str='null' if to_date==None else to_date.strftime("'%Y-%m-%d'")
        check_time=datetime.datetime.now().strftime("'%Y-%m-%d %H:%M:%S'")
        # 获取业务数据库工具对象
        qc_db_helper=self.db_util.get_dbhelper_by_key(qc_conn_key,re_connect=True)
        # 从当前监控记录总表（qc_check）序列取得 id
        sql="select nextval('fdataman.qc_check_id_seq'::regclass)" # 从序列取得 id
        row=qc_db_helper.fetchone(sql)
        check_id=row
        # 生成写入语句，并将信息写入至监控记录总表（qc_check）中
        sql=f"insert into fdataman.qc_check(id,check_type,db_name,db_desc,checker,from_date,to_date,check_time)
values({check_id},'{check_type}','{db_name}','{db_desc}','{checker}',{from_date_str},{to_date_str},{check_time})"
        qc_db_helper.execute(sql)
        qc_db_helper.execute('commit')
        if not is_same_conn_key:
            qc_db_helper.close() # 防止超时
```

图 14-2 获取业务数据库对象及数据库信息

第二步，逐一读取需要监控的业务数据表和每张数据表的业务字段，并运行定制化监控脚本、执行字段通用性规则检查，如图 14-3 所示（上接图 14-2）。

```
    # 设置检查的总表数、问题表数、问题数据量初始值，便于后续将数据写入数据表问题记录（表 qc_table_log）、数据问题
详细记录（表 qc_field_log）中
    table_cnt=0 # 检查的总表数
    table_with_problem_cnt=0 # 有问题的表数
    total_problem_cnt=0   # 有问题数据数量
    # 逐个检查表
    for tb_name in cfg['tables']:
        table_cnt+=1
        problem_id_set=set() # 本表有问题的记录 id 集合，会自动去重
        table=cfg['tables'][tb_name]
        tb_desc=table['tb_desc']
        # 执行检查，并反馈数据问题数量及问题
        sql_tb_name=src_db_helper.format_table_name(db_name,tb_name)
        row_cnt,problems,id_field,time_field =self.check_one_table (src_db_helper,custom_fun_module,
sql_tb_name,table,from_date,to_date)
```

图 14-3　读取业务数据表并执行检查

其中，"check_one_table"函数会检查业务配置文件中记录的每张表的订制化规则及每个字段的规则，实现方式如图 14-4 所示。

```
    def check_one_table(self,dbhelper,custom_fun_module,sql_tb_name,table:dict,from_date,to_date):
        """检查一张表。
        返回值：元组(row_cnt, problems, id_field, time_field)
            row_cnt：检查的记录数
            problems：问题记录,{检查函数名,记录 id,字段名,字段描述,字段值,问题类型,问题描述,备注}
            id_field：问题数据主键
            time_field：时间字段
        """
            problems=[] #[(记录 id,字段名,字段值,问题类型,问题描述,备注)]
            row_cnt=0
            id_field=''
            time_field=''
            try:
                # 表级质量规则检查(每张表的定制化规则)
                key='custom_table_funs'
                if key in table and custom_fun_module!=None:
                    for check_fun in table[key]:
                        ok,problem_list=getattr(custom_fun_module,check_fun.strip())(dbhelper,from_date,to_date) # 动态调用函数
                        # 如果发现数据问题，返回值 ok 为 False,将问题进行记录
                        if not ok:
                            problems+=problem_list
                # 字段级质量规则检查(每各字段配置的通用规则)
                # 拼装 select 语句,用 list 可以保证字段顺序一致
                fields=table['fields']
                if len(fields)==0:
```

```
        return row_cnt,problems
    field_names=list(fields.keys())
    field_descs=[fields[name]['fld_desc'] for name in field_names]
    id_field=table['id_field']['name'].strip()
    field_names.insert(0,id_field) # 插入 id 字段名
    field_descs.insert(0,'记录 id')
    field_cnt=len(field_names)
    # 拼接配置文件中的每张表的监测字段名称
    select_fields=','.join(field_names)
    # common_multi_field_funs 应用于每一行，运行多列检查规则
    common_multi_field_funs=[]
    if "common_multi_field_funs" in table:
        for row_fun_name in table['common_multi_field_funs']:
            fld_index=[]
            for fld_name in table['common_multi_field_funs'][row_fun_name]:
                fld_name=fld_name.strip()
                found=False
                for i in range(field_cnt):
                    if field_names[i]==fld_name:
                        fld_index.append(i)
                        found=True
                        break
                if not found:
                    raise Exception(f"{sql_tb_name}.common_multi_field_funs,参数{fld_name},未在 fields 中定义")
            fun=getattr(common_rule,row_fun_name.strip())
            common_multi_field_funs.append({'fun':fun,'fld_index':fld_index})
    # 提取每张表的筛选条件，及执行 sql 语句中的 where 内容
    where=[]
    if 'where' in table:
        where.append(f"({table['where']})")
    # 每张表的数据更新字段
    time_field=''
    if 'time_field' in table:
        time_field=table['time_field']['name'].strip()
        fld_type=table['time_field']['type'].strip().lower()
        if from_date!=None:
            if fld_type=='timestamp':
                where.append(f"{time_field}>='{from_date.strftime('%Y-%m-%d 0:0:0')}'")
            elif fld_type=='date':
                where.append(f"{time_field}>='{from_date.strftime('%Y-%m-%d')}'")
        if to_date!=None:
            if fld_type=='timestamp':
                where.append(f"{time_field}<='{to_date.strftime('%Y-%m-%d 23:59:59')}'")
            elif fld_type=='date':
                where.append(f"{time_field}<='{to_date.strftime('%Y-%m-%d')}'")
    # 如果存在数据筛选条件，则拼接筛选条件 where 内容，否则进行全量检查，不涉及 where 内容
    if len(where)>0:
```

```
            sql=f"select {select_fields} from {sql_tb_name} where {' and '.join(where)}"
        else:
            sql=f"select {select_fields} from {sql_tb_name}"
        # 执行 sql 语句，获取数据
        row=dbhelper.fetchone(sql)
        while row!=None:
            row_cnt+=1
            # common_multi_field_funs,多列规则
            for row_fun in common_multi_field_funs:
                args=[row[i] for i in row_fun['fld_index']]
                ok,problem_type,problem_desc=row_fun['fun'](args) # (False,问题类型,问题描述)
                check_fun=row_fun['fun'].__name__
                if not ok:
                    fld_name=','.join([field_names[i] for i in row_fun['fld_index']])
                    if len(fld_name)>100: fld_name=f"{fld_name[0:97]}..." # 字段长度是 100
                    fld_desc=','.join([field_descs[i] for i in row_fun['fld_index']])
                    if len(fld_desc)>100: fld_desc=f"{fld_desc[0:97]}..."
                    fld_val=';'.join([str(x) for x in args]) # 处理不同类型的字段
                    # 字典形式存储在 problems 中
                    problems.append({'check_fun':check_fun,'row_id':row[0],'fld_name':fld_name,'fld_desc':fld_desc,'fld_val':fld_val,'problem_type':problem_type,'problem_desc':problem_desc,'remark':''})
            # 检查除 id 外的所有字段
            for i in range(1,field_cnt):
                # custom_field_funs,单字段定制化字段检查规则
                for fun in fields[field_names[i]]['custom_field_funs']:
                    if custom_fun_module!=None:
                        # (False,问题类型,问题描述)
                        ok,problem_type,problem_desc=getattr(custom_fun_module,fun.strip())(row[i])
                        if not ok:
                        problems.append({'check_fun':fun,'row_id':row[0],'fld_name':field_names[i],'fld_desc':field_descs[i],'fld_val':row[i],'problem_type':problem_type,'problem_desc':problem_desc,'remark':''})
                # common_field_funs，通用检查规则
                for fun in fields[field_names[i]]['common_field_funs']:
                    ok,problem_type,problem_desc=getattr(common_rule,fun.strip())(row[i]) # (False,问题类型,问题描述)
                    if not ok:
                        problems.append({'check_fun':fun,'row_id':row[0],'fld_name':field_names[i],'fld_desc':field_descs[i],'fld_val':row[i],'problem_type':problem_type,'problem_desc':problem_desc,'remark':''})
            row=dbhelper.fetchone()
        return row_cnt,problems,id_field,time_field
    except Exception as e:
        return row_cnt,problems,id_field,time_field
```

图 14-4　配置文件中检查规则的实现

第三步，将检查发现的数据问题进行汇总、统计，并写入数据问题记录表中，如图 14-5 所示（上接图 14-3）。

```
    # 写入库-表明细表
    sql="select nextval('fdataman.qc_table_log_id_seq'::regclass)" # 从序列取得 id
    rows=qc_db_helper.fetchall(sql)
    table_log_id=rows[0][0]
    # 将业务数据表名称、业务数据表描述、问题数量等数据写入数据表问题记录（表 qc_table_log）中
    sql=f"insert into fdataman.qc_table_log(id,check_id,tb_name,tb_desc,id_field,time_field,row_cnt)
values({table_log_id},{check_id},'{tb_name}','{tb_desc}','{id_field}','{time_field}',{row_cnt})"
    qc_db_helper.execute(sql)
    # 写入问题明细表
    if len(problems)>0:
        table_with_problem_cnt+=1
        for prob in problems: # 问题记录以字典格式储存，
            # 提取检查函数名称、数据唯一编码、字段名称、字段描述、字段值、问题类型、问题描述、备注等信息
            check_fun,row_id,fld_name,fld_desc,fld_val,problem_type,problem_desc,remark
=prob['check_fun'],prob['row_id'],prob['fld_name'],prob['fld_desc'],prob['fld_val'],prob['problem_type'],prob['problem_desc'],prob['remark']
            problem_id_set.add(row_id)
            # 如果字段值为空值，需要将字段值赋值为''，便于后续写入数据问题详细记录（表 qc_field_log）中
            if fld_val==None:
                fld_val=''
            elif isinstance(fld_val,str) and len(fld_val)>254:
                fld_val=f"{fld_val[0:250]}..."
            # 将检查函数名称、数据唯一编码、字段名称、字段描述、字段值、问题类型、问题描述、备注等信息写入数
据问题详细记录（表 qc_field_log）中
            sql=f"insert into
fdataman.qc_field_log(check_id,db_name,table_log_id,tb_name,row_id,fld_name,fld_desc,fld_val,problem_type,problem,check_fun,remark)
values({check_id},'{db_name}',{table_log_id},'{tb_name}','{row_id}','{fld_name}','{fld_desc}','{fld_val}','{problem_type}','{problem
_desc}','{check_fun}','{remark}')"
            qc_db_helper.execute(sql)
    # 更新有问题的行数至数据表问题记录（表 qc_table_log）中
    problem_cnt=len(problem_id_set)
    total_problem_cnt+=problem_cnt
    sql=f"update fdataman.qc_table_log set problem_cnt={problem_cnt} where id={table_log_id}"
    qc_db_helper.execute(sql)
    qc_db_helper.execute('commit')
    # 更新有问题的表数量至监控记录总表（qc_check）中
    sql=f"update fdataman.qc_check set
table_cnt={table_cnt},table_with_problem_cnt={table_with_problem_cnt},problem_cnt={total_problem_cnt} where id={check_id}"
    qc_db_helper.execute(sql)
    qc_db_helper.execute('commit')
    # 与过去记录相比，如果数据问题已解决，则将该条数据在数据问题详细记录（表 qc_field_log）中更新为已解决
```

```
sql=f"""update fdataman.qc_field_log f set is_fix=1,check_fix_time={check_time} where f.db_name='{db_name}' and f.check_id<{check_id} and f.is_fix=0 and not exists
    (select 1 from fdataman.qc_field_log t where t.check_id={check_id} and t.tb_name=f.tb_name and t.row_id=f.row_id and f.fld_name=t.fld_name and t.check_fun=f.check_fun)"""
    qc_db_helper.execute(sql)
    qc_db_helper.execute('commit')
```

图 14-5　数据问题记录与存储

14.1.2　配置文件

配置文件为自动监控脚本配置参数和初始设置。如果需要针对某一业务进行数据质量自动监控，必须对该业务编制配置文件，图 14-6 展示了配置文件的内容。其中，第一部分包含了目标业务数据库的信息，通过“conn_key”获取数据库工具对象，以便于提取业务数据库数据，同时该部分包含了数据库的名称（英文）及数据库的描述；第二部分“tables”包含了目标业务数据库中需要检查的数据表信息，具体包括数据表名称、数据表描述、数据表主键（问题数据在表中的唯一编码，定位存在问题的数据）、时间字段（按照检查要求筛选目标时间范围内的数据）、定制化自动监测脚本名称（检查该表时运行定制化自动监测脚本文件）、所有字段检查规则（涉及多个字段的规则）；第三部分“fields”包含检查字段信息，具体包括字段名称（英文）、字段描述、定制化字段检查规则（仅限于该字段的数据质量检查规则）、通用检查规则（适用于多个数据库的检查规则）。

```
{
"conn_key": "sqlserver_pwxk",                 第一部分
"db_name": "permitSzKF",
"db_desc":"排污许可证管理系统",
"custom_module": "permitszkf",
"tables": {
  "PWXK_BASE_ITEM_DATA": {                    第二部分
    "tb_desc":"排污单位基本信息",
    "id_field": {"name":"DATAID", "type":"varchar"},
    "time_field": {"name":"LASTUPDATETIME" ,"type":"varchar"},
    "where": "is_delete = 0",
    "custom_table_funs": ["check_pwxk_base_item_data"],
    "common_multi_field_funs": {"sz_lat_lng":["LATITUDE","LONGITUDE"]},
    "fields": {
      "DEVCOMPANY": {                         第三部分
        "type":"varchar",
        "fld_desc":"单位名称",
        "custom_field_funs": ["corp_name"],
        "common_field_funs":["not_null" ]
      },
      "REGADDRESS": {
        "type":"varchar",
        "fld_desc":"注册地址",
        "custom_field_funs": ["corp_addr"],
        "common_field_funs":["not_null","bracket_check"]
      },
```

图 14-6　排污许可管理配置文件内容（节选）

通用检查规则广泛适用于主数据和业务数据的质量检查过程，因此要对其进行梳理整合，以便于模块化调取。通用检查规则如图 14-7 所示。

```
import re
import county_grid as county_grid

# common_field_funs,通用检查规则
"""
    所有通用检查规则函数传入参数和返回结果形式相同：
    val: 字段值
    Returns:
    有问题返回：元组 (False,问题类型,问题描述)。问题类型优先级：准确性，完整性，一致性，规范性，时效性，有效性，业务逻辑
    没有问题返回：元组 (True,'','')
"""
def not_null(val=None):
    """规则：不能为空"""
    if val==None or val=='':
        return False,'完整性','空值'
    return True,'',''

space_ptn=re.compile(r'\s')
def no_space(val=None):
    """规则：不能有空格"""
    if val==None: return True,'',''
    if space_ptn.search(val) !=None:
        return False,'准确性','有空格'
    return True,'',''

comma_ptn=re.compile(r'[,，、 ]') # 不允许特殊字符
def no_special_char(val=None):
    """规则：不能有逗号，顿号等特殊字符"""
    if val==None: return True,'',''
    rtn=comma_ptn.search(val)
    if rtn !=None:
        return False,'规范性',f'存在特殊字符{rtn.group()}'
    return True,'',''

def bracket_check(val=None):
    """规则：半全角括号使用"""
    if val==None or val=='': return True,'',''
    #半全角括号分别计数，左括号加 1，右括号减 1
    banjiao = 0
    quanjiao = 0
```

```
        for i in val:
        if i == '(':
            banjiao += 1
        elif i == ')':
            banjiao -= 1
        elif i == '（':
            quanjiao +=1
        elif i == '）':
            quanjiao -= 1
        if banjiao + quanjiao > 0:
            return False, '规范性', '缺少右括号或左括号多余'
        elif banjiao + quanjiao <0:
            return False, '规范性', '缺少左括号或右括号多余'
        #左右括号在数据量上相等
        else:
            #如果没有混用情况，半全角左右括号在数量上相等抵消，banjiao == 0 && quanjiao == 0
            if banjiao != 0:
                return False, '规范性', '半全角括号混用'
        return True,'',''
    def range_0_1(val=None):
        """规则：值必须为 0 或 1，不能为空"""
        if val not in [0,1]:
        return False,'准确性','值不在[0,1]中'
        return True,'',''
```

图 14-7　通用检查规则示例

14.1.3　数据问题记录

将污染源监管业务系统的数据质量问题记录在数据问题表中，记录的内容包括数据的来源（库、表、字段信息）、问题字段、问题详情等，记录数据问题的表结构如图 14-8 所示。

```
-- ----------------------------
-- Table structure for qc_field_log
-- ----------------------------
CREATE TABLE "fdataman"."qc_field_log" (
  "id" int4 NOT NULL DEFAULT nextval('"fdataman".qc_field_log_id_seq'::regclass),
  "check_id" int4,
  "db_name" varchar(80),
  "table_log_id" int4,
  "tb_name" varchar(80),
  "row_id" varchar(50),
```

```
    "fld_name" varchar(100),
    "fld_desc" varchar(100),
    "fld_val" varchar(255),
    "problem" varchar(100),
    "problem_type" varchar(30),
    "check_fun" varchar(100),
    "is_fix" int2 DEFAULT 0,
    "check_fix_time" timestamp(0),
    "remark" varchar(100)
);
COMMENT ON COLUMN "fdataman"."qc_field_log"."check_id" IS 'qc_check.id';
COMMENT ON COLUMN "fdataman"."qc_field_log"."db_name" IS '数据库名';
COMMENT ON COLUMN "fdataman"."qc_field_log"."table_log_id" IS 'qc_table_log.id';
COMMENT ON COLUMN "fdataman"."qc_field_log"."tb_name" IS '表名';
COMMENT ON COLUMN "fdataman"."qc_field_log"."row_id" IS '源表记录 id';
COMMENT ON COLUMN "fdataman"."qc_field_log"."fld_name" IS '字段名';
COMMENT ON COLUMN "fdataman"."qc_field_log"."fld_desc" IS '字段说明';
COMMENT ON COLUMN "fdataman"."qc_field_log"."fld_val" IS '字段值';
COMMENT ON COLUMN "fdataman"."qc_field_log"."problem" IS '问题描述';
COMMENT ON COLUMN "fdataman"."qc_field_log"."problem_type" IS '问题类型';
COMMENT ON COLUMN "fdataman"."qc_field_log"."check_fun" IS '检查函数';
COMMENT ON COLUMN "fdataman"."qc_field_log"."is_fix" IS '1 已修复，默认 0 未修复';
COMMENT ON COLUMN "fdataman"."qc_field_log"."check_fix_time" IS '检查修复时间';
COMMENT ON COLUMN "fdataman"."qc_field_log"."remark" IS '备注';
COMMENT ON TABLE "fdataman"."qc_field_log" IS '质量监控字段问题记录';


-- ----------------------------
-- Primary Key structure for table qc_field_log
-- ----------------------------
ALTER TABLE "fdataman"."qc_field_log" ADD CONSTRAINT "qc_field_log_pkey" PRIMARY KEY ("id");
```

图 14-8 记录数据问题的表结构

14.2 主数据质量检查

14.2.1 制定主数据质量规则

针对已识别出的污染源主数据，制定数据质量规则，见表 14-1。

表 14-1 主数据质量规则

序号	数据名称	质量规则
1	污染源名称	• 不能为空； • 不允许出现逗号、句号等干扰字符； • 不允许半全角符号混合； • 不允许出现繁体字； • 不允许出现乱码
2	污染源曾用名	• 不能为空； • 不允许出现逗号、句号等干扰字符； • 不允许半全角符号混合； • 不允许出现繁体字； • 不允许出现乱码
3	污染源统一社会信用代码	• 不能为空。 • 根据《法人和其他组织统一社会信用代码编码规则》，统一代码由 18 位的阿拉伯数字或大写英文字母（不使用 I、O、Z、S、V）组成，包括第 1 位登记管理部门代码、第 2 位机构类别代码、第 3～第 8 位登记管理机关行政区划码、第 9～第 17 位主体标识码（组织机构代码）、第 18 位校验码 5 个部分。 • 第 1 位登记管理部门代码的规则：①当登记管理部门为机构编制时，代码标识为“1”；②当登记管理部门为民政部门时，代码标识为“5”；③当登记管理部门为工商部门时，代码标识为“9”；④当登记管理部门为其他部门时，代码标识为“Y”。 • 第 2 位机构类别代码的规则：①登记管理部门为机构编制的，当机构类别是机关时代码标识为“1”，当机构类别是事业单位时代码标识为“2”，当机构类别是中央编办直接管理机构编制的群众团体时代码标识为“3”，当机构类别是其他时代码标识为“9”；②登记管理部门为民政部门的，当机构类别是社会团体时代码标识为“1”，当机构类别是民办非企业单位时代码标识为“2”，当机构类别是基金会时代码标识为“3”，当机构类别是其他时代码标识为“9”；③登记管理部门为工商部门的，当机构类别是企业时代码标识为“1”，当机构类别是个体工商户时代码标识为“2”，当机构类别是农民专业合作社时代码标识为“3”；④登记管理部门为其他部门的，代码标识为“1”。 • 第 3～第 8 位登记管理机关行政区划码的规则：按照《中华人民共和国行政区划代码》和深圳市政府在线官网公布信息进行编码，罗湖区为 440303、福田区为 440304、南山区为 440305、宝安区为 440306、龙岗区（含大鹏新区，大鹏新区在行政区划上隶属龙岗区）为 440307、盐田区为 440308、龙华区为 440309、坪山区为 440310、光明区为 440311、深汕特别合作区（行政区划隶属海丰县）为 441521。 • 第 9～第 17 位主体标识码（组织机构代码）的规则：根据《全国组织机构代码编制规则》（GB 11714—1997），标识码由 8 位数字（或大写拉丁字母）本体代码和 1 位数字（或大写拉丁字母）校验码组成。 • 当登记管理部门为工商部门时，统一社会信用代码应与工商登记的统一社会信用代码一致

序号	数据名称	质量规则
4	污染源行政区划名称	• 不能为空； • 市级选项为深圳市； • 区级选项为福田区、罗湖区、南山区、盐田区、宝安区、龙岗区、龙华区、坪山区、光明区、大鹏新区或深汕特别合作区中的一个； • 行政区划名称与行政区划代码一一对应
5	污染源行政区划代码	• 不能为空； • 根据《中华人民共和国行政区划代码》，行政区划数字代码采用 3 层 6 位层次码结构，第 1 层即前 2 位代码（44）表示广东省，第 2 层即中间 2 位（03）表示深圳市，第 3 层即后 2 位表示区，其中罗湖区为 440303、福田区为 440304、南山区为 440305、宝安区为 440306、龙岗区（含大鹏新区，大鹏新区在行政区划上隶属龙岗区）为 440307、盐田区为 440308，根据深圳市政府在线官网公布的信息，龙华区为 440309、坪山区为 440310、光明区为 440311、深汕特别合作区（行政区划隶属海丰县）为 441521
6	街道区划代码	• 不能为空； • 字符数为 9 位，前 6 位与辖区行政区划代码相同，后 3 位代码表示街道，如福田区 10 个街道的区划代码分别为南园街道 440304001、园岭街道 440304002、福田街道 440304004、沙头街道 440304005、香蜜湖街道 440304006、梅林街道 440304007、莲花街道 440304008、华富街道 440304009、华强北街道 440304010、福保街道 440304011
7	污染源行业代码	• 不能为空。 • 编码应符合《国民经济行业分类》的规定。 • 行业类别编码与行业类别名称一一对应。 • 行业代码应与门类、大类、中类、小类 4 个从属关系一致：门类代码的范围是 A～Q 17 个英文字母；大类代码的范围是 01～85；中类代码用 3 位阿拉伯数字表示，前 2 位为大类代码，第 3 位为中类顺序代码；小类代码用 4 位阿拉伯数字表示，前 3 位为中类代码，第 4 位为小类顺序代码
8	污染源行业名称	• 不能为空； • 行业类别编码与行业类别名称一一对应； • 行业类别名称应符合《国民经济行业分类》的规定； • 不允许出现“无”“null”“/”等长度为 1 的干扰项
9	污染源注册地址	• 不能为空； • 不允许半全角符号混合； • 不允许出现繁体字； • 不允许出现乱码； • 不允许出现“无”“null”“/”等长度为 1 的干扰项； • 地址中应包括省、市、区、街道及社区信息； • 省级行政区共有 34 个，包括 23 个省（河北、山西、辽宁、吉林、黑龙江、江苏、浙江、安徽、福建、江西、山东、河南、湖北、湖南、广东、海南、四川、贵州、云南、陕西、甘肃、青海、台湾）、5 个自治区（内蒙古、广西、西藏、宁夏、新疆）、4 个直辖市（北京、天津、上海、重庆）、2 个特别行政区（香港、澳门）； • 市级行政区对应为省级行政区下辖中的其中一个； • 区级对应为市级下辖区域的一个； • 街道对应为各区级下辖街道中的其中一个； • 社区对应为各街道下辖社区中的其中一个

序号	数据名称	质量规则
10	污染源生产经营场所	• 不能为空。 • 不允许半全角符号混合。 • 不允许出现繁体字。 • 不允许出现乱码。 • 不允许出现“无”“null”“/”等长度为 1 的干扰项。 • 地址中应包括省、市、区、街道及社区信息。 • 省级为广东省。 • 市级为深圳市。 • 区级为福田区、罗湖区、南山区、盐田区、宝安区、龙岗区、龙华区、坪山区、光明区、大鹏新区或深汕特别合作区中的一个。 • 街道对应为各区级下辖街道中的一个，不得超出本行政区的范围。位于光明区的污染源，其街道应为新湖街道、马田街道、光明街道、凤凰街道、玉塘街道、公明街道这 6 个街道之一；位于南山区的污染源，其街道应为桃源街道、南头街道、蛇口街道、西丽街道、粤海街道、招商街道、沙河街道、南山街道、前海合作区这 9 个街道之一；位于坪山区的污染源，其街道应为坑梓街道、坪山街道、龙田街道、碧岭街道、马峦街道、石井街道这 6 个街道之一；位于大鹏新区的污染源，其街道应为南澳街道、葵涌街道、大鹏街道这 3 个街道之一；位于宝安区的污染源，其街道应为燕罗街道、西乡街道、新安街道、石岩街道、松岗街道、沙井街道、福永街道、福海街道、航城街道、新桥街道这 10 个街道之一；位于深汕特别合作区的污染源，其街道应为赤石镇、小漠镇、鹅埠镇、鲘门镇这 4 个镇之一；位于盐田区的污染源，其街道应为沙头角街道、海山街道、盐田街道、梅沙街道这 4 个街道之一；位于福田区的污染源，其街道应为园岭街道、福田街道、华强北街道、沙头街道、福保街道、南园街道、香蜜湖街道、莲花街道、梅林街道、华富街道这 10 个街道之一；位于罗湖区的污染源，其街道应为黄贝街道、翠竹街道、南湖街道、桂园街道、笋岗街道、东门街道、清水河街道、莲塘街道、东晓街道、东湖街道这 10 个街道之一；位于龙华区的污染源，其街道应为观湖街道、龙华街道、民治街道、观澜街道、大浪街道、福城街道这 7 个街道之一；位于龙岗区的污染源，其街道应为吉华街道、园山街道、宝龙街道、平湖街道、横岗街道、龙城街道、南湾街道、龙岗街道、布吉街道、坪地街道、坂田街道这 11 个街道之一。 • 社区对应为各自街道下辖社区中的一个，不得超过本街道的范围，如福保街道下辖新港社区、益田社区、石厦社区、明月社区、福保社区 5 个社区
11	污染源生产经营场所中心经度	• 不能为空； • 值应在深圳区域内，深圳市经度范围为东经 113°43′至 114°38′（深圳政府在线官网公布）
12	污染源生产经营场所中心纬度	• 不能为空； • 值应在深圳区域内，深圳市纬度范围为北纬 22°24′至 22°52′（深圳政府在线官网公布）
13	污染源状态	• 不能为空； • 只能填写“0”“1”“2”“3”“4”或“5”，其中“0”代表停业，“1”代表正常，“2”代表吊销，“3”代表注销，“4”代表迁出，“5”代表撤销登记

序号	数据名称	质量规则
14	污染源邮政编码	• 不能为空； • 编码由 6 位数组成； • 编码前 3 位为 518； • 邮政编码与生产经营场所地址一一对应，如生产经营场所地址位于深圳市福田区福保街道，其邮政编码为 518017
15	污染源投产时间	• 不能为空； • 日期格式为 yyyy-mm-dd，其中年必须为 4 位，月必须为 2 位，日也必须为 2 位，且年的值必须小于或等于当前年份值，月的值必须在 01～12 范围内，日的值必须在 01～31 范围内； • 时间不能穿越，即不能大于当前时间； • 投产时间大于或等于环境影响评价审批/备案时间
16	是否属于工业园区	• 不能为空； • 只能填写“是”或“否”，若填写“是”，则必须填写“污染源所属园区名称”
17	污染源所属园区名称	• 当“是否属于工业园区”为“是”时，不能为空； • 不允许出现逗号、句号等干扰字符； • 不允许半全角符号混合； • 不允许出现繁体字； • 不允许出现乱码
18	污染源代表人	• 不能为空； • 只能填写文字或字母； • 不允许出现逗号、句号等干扰字符； • 不允许出现“无”“null”“/”等长度为 1 的干扰项
19	污染源固定电话	• 不能为空； • 深圳市区号为 0755，电话号码为 8 位； • 号码全部为数字； • 不允许出现逗号、句号等干扰字符； • 不允许出现“无”“null”“/”等长度为 1 的干扰项
20	污染源环保联系人	• 不能为空； • 只能填写文字或字母； • 不允许出现逗号、句号等干扰字符； • 不允许出现“无”“null”“/”等长度为 1 的干扰项
21	污染源环保联系人电话号码	• 不能为空； • 电话号码由 11 位数组成； • 不允许出现小数点、逗号、句号等干扰字符； • 不允许出现“无”“null”“/”等长度为 1 的干扰项
22	污染源所属流域	• 不能为空； • 必须是“茅洲河流域”“观澜河流域”“龙岗河流域”“坪山河流域”“深圳河流域”“深圳湾水系”“珠江口水系”“大鹏湾水系”“大亚湾水系”及深汕特别合作区的“赤石河流域”“粤东沿海水系”中的一个

14.2.2 主数据质量检查方法

主数据质量检查指在数据质量自动监控过程中，通过抽取配置文件的主数据信息及主数据质量检查规则（图 14-6 第三部分）对业务系统涉及的污染源主数据进行的数据质量检查，其实现如图 14-9 所示。

```
import re
import county_grid as county_grid

usc_code_ptn1=re.compile(r'[^0-9A-HJ-NPQRTUWXY]') # 不允许的字符(I,O,S,V,Z)
usc_code_ptn2=re.compile(r'^[159Y][1239]\d{6}[0-9A-HJ-NPQRTUWXY]{10}$') # 完整规范
def usc_code(val=None):
    """规则：统一社会信用代码规范
    val: 字段值
    Returns:
    有问题返回：元组 (False,问题类型,问题描述)。问题类型优先级：准确性，完整性，一致性，规范性，时效性，有效
性，业务逻辑
    没有问题返回：元组 (True,'','')
"""
    if val==None or val=='': return True,'',''
    if(len(val)!=18):
        return False,'规范性','长度不是 18'
    rtn=usc_code_ptn1.findall(val)
    if len(rtn)>0:
        return False,'准确性',f"存在不允许的字符{','.join(rtn)}"
    rtn=usc_code_ptn2.search(val)
    if rtn ==None:
        return False,'规范性',f'不符合统一社会信用代码规范^[159Y][1239]\d{6}[0-9A-HK-NPQRTUWXY]{10}$'
    # 计算校验位，前面已确保有 18 位
    c=usc_checksum(val)
    if c!=val[17]:
        return False,'准确性',f'末端字符（检验码）错误，应为{c}'
    return True,'',''

def usc_checksum(usc_code):
    """计算统一社会信用代码检验码。必须保证 usc_code 位数及字符都符合规范"""
    c_dic = {'0':0, '1':1, '2':2, '3':3, '4':4, '5':5, '6':6, '7':7, '8':8, '9':9, 'A':10, 'B':11, 'C':12,
'D':13,'E':14,'F':15,'G':16,'H':17,'J':18,'K':19,'L':20,'M':21,'N':22,'P':23,'Q':24,'R':25,'T':26,'U':27,'W':28,'X':29,'Y':30}
    w=[1,3,9,27,19,26,16,17,20,29,25,13,8,24,10,30,28]
    val=0
    for i in range(17):
        val+=c_dic[usc_code[i]]*w[i]
    val=val%31
    val=31-val
    return '0123456789ABCDEFGHJKLMNPQRTUWXY'[val:val+1]

# common_multi_field_funs,主数据多列检查规则
def sz_lat_lng(param_list:list):
```

```
        """检查深圳企业坐标
        param_list: list,[纬度，经度，区名]，区名为空时，表示深圳
    Returns:
        有问题返回：  元组 (False,问题类型,问题描述)。问题类型优先级：准确性，完整性，一致性，规范性，时效性，有效性，业务逻辑
        没有问题返回：元组 (True,'','')"""
        if not isinstance(param_list, list):
            raise TypeError("函数 sz_lat_lng,参数 param_list 类型必须是 list")
        if len(param_list)<2:
            raise Exception("函数 sz_lat_lng,参数 param_list 至少要包含经度，纬度")
        if param_list[0]==None or param_list[1]==None:
            return False,'完整性','经度或纬度为空'
        try:
            lat=float(param_list[0]) # 纬度可能是数值，也可能是字符串，float(1.234)=1.234
        except Exception as e:
            return False,'准确性','纬度不是数值'
        try:
            lng=float(param_list[1])
        except Exception as e:
            return False,'准确性','经度不是数值'
        county_name=param_list[2][:2] if len(param_list)>2 else '深圳'
        # 返回值：None 或("440305", "南山区", "440305005", "蛇口", "440305005013", "内伶仃")
        t=county_grid.get_sz_county(lat,lng)
        if t==None:
            return False,'准确性','经纬度不在深圳陆域边界内'
        else:
            if county_name=='深圳':
                return True,'',''
            rtn_county_name=t[1][:2]
            if rtn_county_name !=county_name:
                return False,'准确性',f'经纬度在{rtn_county_name}，不在{county_name}'
            else:
                return True,'',''
```

图 14-9　主数据质量检查规则示例

14.3　核心业务数据质量检查

14.3.1　环境影响评价

1．业务介绍

环境影响评价业务的管理对象包括申报对象、环评报告编制单位、技术审查部门/小组和生态环境主管部门审批处，申报单位根据《深圳市建设项目环境影响评价审批和备案名录（2021 年版）》的要求，结合申报单位自身的行业和建设内容，自行或委托第三方环评报告编制单位编制环评报告书或环评报告表，提交至生态环境主管部门进行审批；通过环

评审批后，建设单位严格按照环评批复中关于建设、环境保护、污染物排放、污染物管理等方面的要求开展项目建设并自觉接受督查部门监督。深圳市环评综合管理系统已开发环评审批、查询统计、建设项目档案管理、评价备案、环评稽查管理和项目变更管理等模块，实现环境影响评价业务的全流程管理。

2．业务流程

建设单位首先要明确建设项目所属的行业、建设方式、生产模式等，根据《深圳市建设项目环境影响评价审批和备案名录（2021 年版）》中的要求，明确建设项目分类：审批类和备案类（图 14-10）。

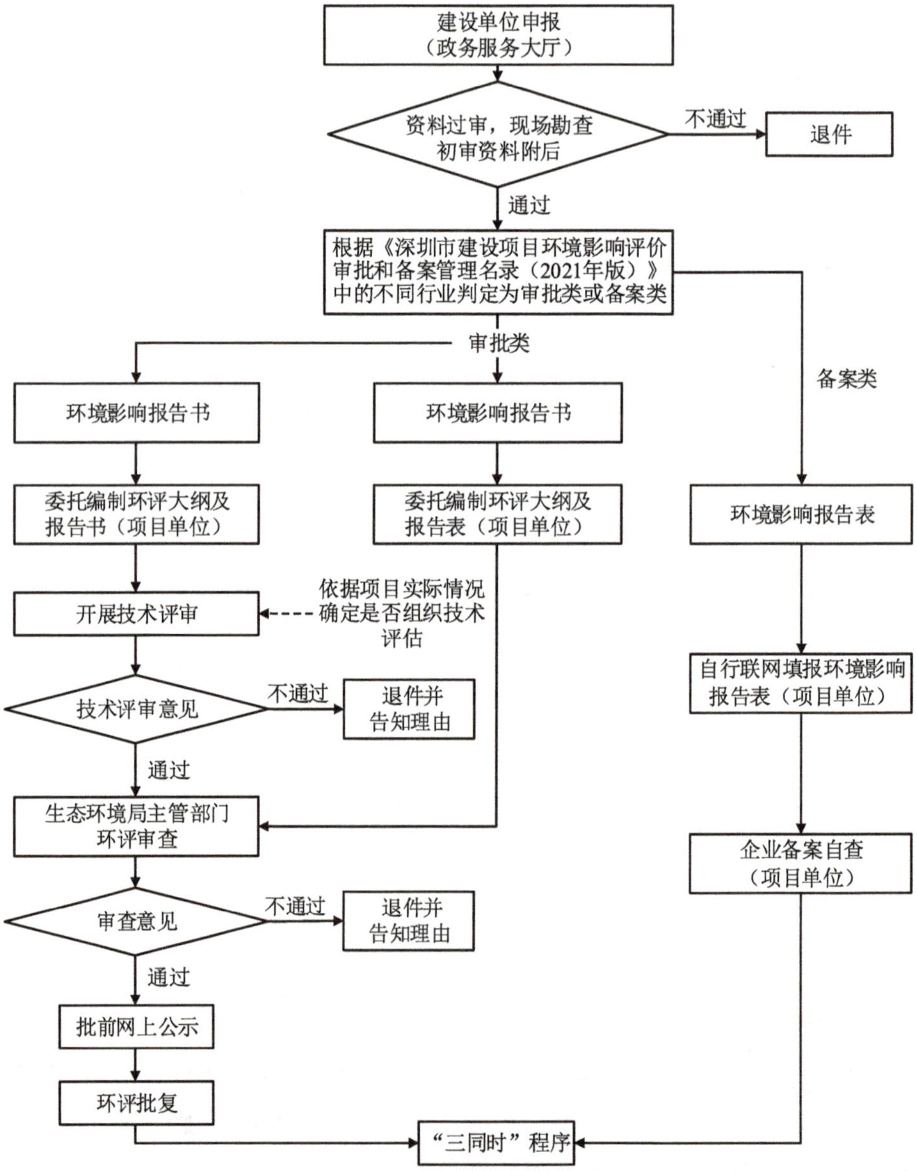

图 14-10　环境影响评价业务流程

（1）审批类建设项目

建设单位根据建设项目的所属行业、生产模式等，结合《深圳市建设项目环境影响评价审批和备案名录（2021 年版）》的要求，可自行或委托环评报告编制单位编制环评报告书或环评报告表。

环评审查流程：即生态环境部门开展环评业务的流程。生态环境部门在接收环评材料后，开始环评审批的内部流程，并按照相关流程规范和标准逐层审核，层层审批。在结束环评审查后，生态环境部门对环评审查的结果出具审查意见，审查结果为通过、不通过。若不通过，则退件并告知建设单位和第三方环评报告编制单位；若通过，则结合技术审查意见对环评结果进行公示。

技术审查流程：即生态环境部门组织的对环评材料的技术评审过程。生态环境部门在接收环评材料后，组建专家组对环评材料的内容进行技术评审。在结束技术审查后，专家组对技术审查的结果出具技术审查意见，审查结果为通过、不通过。若不通过，则退件并告知建设单位和第三方环评报告编制单位；若通过，则结合环评审查意见对环评结果进行公示。

环评公示：在结束环评审查和技术审查后，生态环境部门对环评审查的结果进行公示，有异议的单位或个人可以提出疑问，审批部门在规定时间内处理。若经确认后存在问题，则重新进行环评审查；否则在公示日期结束后向建设单位、环评报告编制单位发放环评批复，建设单位依据环评批复内容施工，并开启“三同时”程序。

（2）备案类建设项目

建设单位根据建设项目的所属行业、生产模式等，结合《深圳市建设项目环境影响评价审批和备案名录（2021 年版）》的要求，可自行或委托环评报告编制单位编制环评报告表。

在编制环评报告表等环评材料后，由申请人到生态环境部门对建设项目进行环评备案，记录建设项目相关的各类信息，经确认建设项目确为备案类建设项目后，审批部门向建设单位发放环评批复，建设单位依据环评批复内容施工，并开启“三同时”程序。

3. 核心业务数据

（1）审批类建设项目

审批类建设项目产生的数据可以分为项目基本数据、污染物基本数据、环评机构数据、技术审查基本数据、技术审查程序数据、技术审查意见数据、审查依据数据、项目审批基本数据、项目审批程序数据、项目审批意见数据和结果公示数据。表 14-2 将这 11 项数据类型与 3 个特征因素进行了对比，结果显示：污染物基本数据、项目审批基本数据、结果公示数据满足数据共享性和价值性的要求，属于环评综合管理系统的核心数据类型，其余数据类型均不属于核心数据类型。

表 14-2　环评综合管理系统核心数据类型

数据类型	共享性	价值性	关键性	分析结论
项目基本数据	不符合	不符合	不符合	否
污染物基本数据	符合	符合	不符合	是
环评机构数据	不符合	不符合	不符合	否
技术审查基本数据	不符合	不符合	不符合	否
技术审查程序数据	不符合	不符合	不符合	否
技术审查意见数据	不符合	不符合	不符合	否
审查依据数据	不符合	不符合	不符合	否
项目审批基本数据	符合	符合	不符合	是
项目审批程序数据	不符合	不符合	不符合	否
项目审批意见数据	不符合	不符合	不符合	否
结果公示数据	符合	符合	不符合	是

表 14-3 识别了污染源基本数据、项目审批基本数据和结果公示数据中的主要字段是否属于核心业务数据。经分析，污染物类别、污染物名称、许可排放量（t/a）、项目名称、环评形式名称、建设性质、工业废水量（t/d）、SO_2 量（t/a）、COD 量（t/a）、行政许可决定书文号、许可证书名称、许可编号、有效期自和有效期至属于核心业务数据。

表 14-3　环评综合管理系统核心业务数据

数据类型	主要字段	共享性	价值性	关键性	分析结论
污染源基本数据	污染物类别	符合	符合	不符合	是
	污染物名称	符合	符合	不符合	是
	实际排放量/（t/a）	不符合	不符合	不符合	否
	许可排放量/（t/a）	符合	符合	不符合	是
	预测排放量/（t/a）	不符合	不符合	不符合	否
	“以新带老”削减量/（t/a）	不符合	不符合	不符合	否
	区域平衡替代本工程削减量/（t/a）	不符合	不符合	不符合	否
	预测排放总量/（t/a）	不符合	不符合	不符合	否
	排放增减量/（t/a）	不符合	不符合	不符合	否
项目审批基本数据	项目名称	符合	符合	符合	是
	建设单位-投资单位	不符合	不符合	不符合	否
	环评形式名称	符合	符合	符合	是

数据类型	主要字段	共享性	价值性	关键性	分析结论
项目审批基本数据	建设性质	符合	符合	符合	是
	项目总投资/万元	不符合	不符合	不符合	否
	环保投资/万元	不符合	不符合	不符合	否
	生活废水量/（t/d）	不符合	不符合	不符合	否
	工业废水量/（t/d）	符合	符合	符合	是
	SO_2 量/（t/a）	符合	符合	符合	是
	COD 量/（t/a）	符合	符合	符合	是
	环境现状-环境空气	不符合	不符合	不符合	否
结果公示数据	行政许可决定书文号	符合	符合	不符合	是
	许可证书名称	符合	符合	不符合	是
	许可编号	符合	符合	不符合	是
	许可决定日期	不符合	不符合	不符合	否
	有效期自	符合	符合	符合	是
	有效期至	符合	符合	符合	是
	许可机关	不符合	不符合	不符合	否

（2）备案类建设项目

备案类建设项目不需环评审批和技术审查，流程简单，产生的数据也较少，除主数据外，环评备案号具有共享性，识别为核心业务数据。

4．数据质量规则

根据数据质量规则制定原则、数据质量指标等，结合环境影响评价实际业务，对识别出的核心业务数据制定质量规则，见表 14-4。

表 14-4　环评综合管理系统核心业务数据质量规则

数据类型	数据项	质量规则
污染源基本数据	污染物类别	• 不能为空； • 填写内容应为“AIR”“WATER”； • 不允许出现“无”“null”“/”等长度为 1 的干扰项
	污染物名称	• 不能为空； • 不允许出现“无”“null”“/”等长度为 1 的干扰项
	许可排放量（t/a）	• 不能为空； • 填写内容为数值； • 只能出现小数点，不允许出现逗号、句号等干扰字符； • 不允许出现“无”“null”“/”等长度为 1 的干扰项

数据类型	数据项	质量规则
项目审批基本数据	项目名称	• 不能为空； • 不允许出现逗号、句号等干扰字符； • 不允许半全角符号混合； • 不允许出现繁体字； • 不允许出现乱码； • 不允许出现“无”“null”“/”等长度为 1 的干扰项
	环评形式名称	• 不能为空； • 填写内容只能为“环境影响报告书”或“环境影响报告表”
	建设性质	• 不能为空； • 填写内容只能为“新建”“改扩建”和“技改”3 种中的一种
	工业废水量/（t/d）	• 不能为空； • 填写内容只能是数值； • 只能出现小数点，不允许出现逗号、句号等干扰字符
	SO_2 量/（t/a）	• 不能为空； • 填写内容只能是数值； • 只能出现小数点，不允许出现逗号、句号等干扰字符
	COD 量/（t/a）	• 不能为空； • 填写内容只能是数值； • 只能出现小数点，不允许出现逗号、句号等干扰字符
结果公示数据	行政许可决定书文号	• 不能为空； • 批准文号唯一； • 不允许半全角符号混合； • 当许可机关为深圳市生态环境局时，许可决定书文号为“深环批〔年份〕XXXXXX 号”，当许可机关为深圳市生态环境局派出机构时，许可决定书文号为“深环 X 或 XX 批〔年份〕YYYYYY 号”
	许可证书名称	• 不能为空； • 不允许出现逗号、句号等干扰字符； • 不允许半全角符号混合； • 不允许出现繁体字； • 不允许出现乱码
	许可编号	• 不能为空； • 许可编号唯一； • 不允许半全角符号混合； • 当许可机关为深圳市生态环境局时，许可编号为“深环批〔年份〕XXXXXX 号”；当许可机关为深圳市生态环境局派出机构时，许可编号为“深环 X 或 XX 批〔年份〕YYYYYY 号”

数据类型	数据项	质量规则
结果公示数据	有效期自	• 不能为空； • 日期格式为 yyyy-mm-dd，其中年必须为 4 位，月必须为 2 位，日也必须为 2 位，月的值必须在 01～12 范围内，日的值必须在 01～31 范围内
	有效期至	• 不能为空； • 日期格式为 yyyy-mm-dd，其中年必须为 4 位，月必须为 2 位，日也必须为 2 位，月的值必须在 01～12 范围内，日的值必须在 01～31 范围内； • 有效期至的时间大于有效期自的时间

根据环境评价业务的特点，制定以下业务质量规则：①一个建设项目只能有一个环评批复，一个环评批复必定对应一个建设项目；②项目审批废水废气排放信息表中的实际排放量不得大于许可排放量。

5．数据质量检查方法

通用的数据质量检查规则的数据监控脚本如图 14-7 所示，针对部分字段定制规则的监控脚本包括但不限于建设性质检查（图 14-11）、污染物类别检查（图 14-12）、环评形式名称检查（图 14-13）、环评形式编码检查（图 14-14）、废水和废气排放信息表中实际排放量不得大于许可排放量（图 14-15）。

```
#ITEMCHARACTER 为建设性质
def check_itemcharacter(ITEMCHARACTER):
    #建设性质填写内容应为'新建'、'改扩建'、'技改'（在数据库中分别对应为"XMXZ_1"、"XMXZ_2"，"XMXZ_3"）
    if ITEMCHARACTER is None or ITEMCHARACTER == '' or ITEMCHARACTER == ' ':
        #空值的问题已通过 is_null 函数进行检查
        pass
    else:
        if ITEMCHARACTER in ('XMXZ_1','XMXZ_2','XMXZ_3'):
            pass
        else:
        return False,'有效性',f'建设性质值{ITEMCHARACTER}不在规定的取值范围内'
    return True,'',''
```

图 14-11　建设性质检查

```
#POLTYPE 为污染物类别
def check_poltype(POLTYPE):
    #污染物类别填写内容应为'AIR'、'WATER'
    if POLTYPE is None or POLTYPE == '' or POLTYPE == ' ':
        #空值的问题已通过 is_null 函数进行检查
        pass
    else:
        if POLTYPE in ('AIR','WATER'):
            pass
        else:
            return False,'有效性',f'污染物类别{POLTYPE}不在规定的取值范围内'
return True,'',''
```

图 14-12　污染物类别检查

```
#HPFILENAME 为环评文件类型名称
def check_hpfilename(HPFILENAME):
    #环评文件类型名称填写内容应为'环境影响报告书'、'环境影响报告表'
    if HPFILENAME is None or HPFILENAME == '' or HPFILENAME == ' ':
        #空值的问题已通过 is_null 函数进行检查
        pass
    else:
        if HPFILENAME in ('HPXS_A','HPXS_B'):
            pass
        else:
            return False,'有效性',f'环评文件类型名称{HPFILENAME}不在规定的取值范围内'
    return True,'',''
```

图 14-13　环评形式名称检查

```
#HPFILECODE 为环评文件类型编码
def check_hpfilecode(HPFILECODE):
    #环评文件类型编码填写内容应为'HPXS_A'、'HPXS_B'
    if HPFILECODE is None or HPFILECODE == '' or HPFILECODE == ' ':
        #空值的问题已通过 is_null 函数进行检查
        pass
    else:
        if HPFILECODE in ('HPXS_A','HPXS_B'):
            pass
        else:
            return False,'有效性',f'环评文件类型编码{HPFILECODE}不在规定的取值范围内'
    return True,'',''
```

图 14-14　环评形式编码检查

```
#actual_emission 为实际排放量，allowed_emission 为许可排放量
def check_emission(actual_emission,allowed_emission):
    if actual_emission is None or actual_emission=='':
        #空值的问题已通过 is_null 函数进行检查
          pass
    else:
        #实际排放量（actual_emission）不得大于许可排放量（allowed_emission）
        if actual_emission > allowed_emission:
            return False,'准确性',f"实际排放量{actual_emission}大于许可排放量{allowed_emission}"
    return True,'',''
```

图 14-15　废水和废气排放信息表中实际排放量不得大于许可排放量

14.3.2　排污许可管理

1．业务介绍

2020 年 12 月，生态环境部印发了《关于构建以排污许可制为核心的固定污染源监管制度体系实施方案》，明确提出到 2025 年，全面落实排污许可"一证式"管理，基本构建以排污许可制为核心的固定污染源监管制度体系。2021 年 1 月，为了加强排污许可管理，规范企业事业单位和其他生产经营者（以下简称排污单位）的排污行为，控制污染物排放，保护和改善生态环境，国务院发布了《排污许可管理条例》，排污单位须按要求自觉做到"依法领证、持证排污、按证排污、自证守法"。国家已开发全国排污许可证管理信息平台。该平台分为公开端、企业端和管理端：公开端可以进行申请前信息公开、许可信息公开、登记信息公开、许可注销、许可遗失声明等信息的查看；企业端可以进行许可证业务（许可证申请、重新申请、变更、延续、补办、涉重登记、排污登记、信息公开）、许可证执行记录（台账记录、执行报告、监测记录、改正规定）等操作；管理端可以对企业填报的信息进行审核，包括排污许可业务和许可证执行记录。

深圳市为有序推进排污许可制落细落实，在《固定污染源排污许可分类管理名录（2019 年版）》的基础上，结合本地产业特点和环境管理水平，以解决实际问题为导向，研究制定《深圳市固定污染源排污许可分类管理名录》，已于 2022 年 6 月 1 日起施行。同时，深圳市已开发地方审核系统，即排污许可管理系统，该系统对接全国排污许可证管理信息平台，衔接各类环境管理数据，与后期监管紧密结合，设计了许可一张图、许可证核发、证后监督、统计监督和信息维护五大模块，实现监管"一盘棋"。

2．业务流程

《深圳市固定污染源排污许可分类管理名录》规定，根据污染物产生量、排放量、对环境影响程度等因素，对排放污染物的排污单位实行排污许可管理和排污登记管理。对于污染物产生量、排放量或者对环境影响程度较大的排污单位，实行排污许可重点管理；对

于污染物产生量、排放量和对环境影响程度都较小的排污单位，实行排污许可简化管理，实行排污许可管理的排污单位应当依法申请取得排污许可证，未取得排污许可证的不得排放污染物（图 14-16）；对于污染物产生量、排放量和对环境影响程度都很小的排污单位，实行排污登记管理，实行排污登记管理的排污单位应当填报排污登记表，不需要申请取得排污许可证。

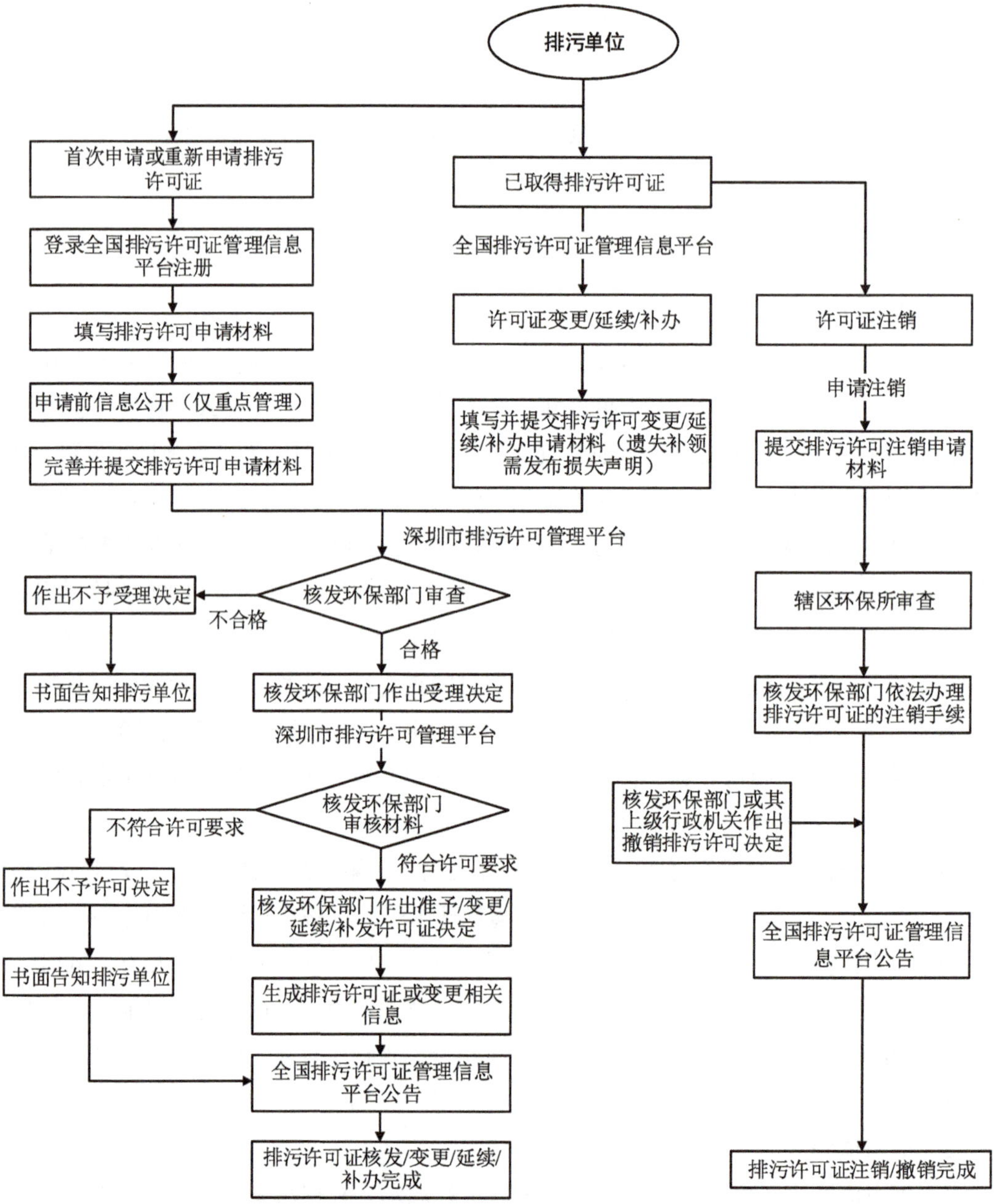

图 14-16 持证排污业务流程

（1）排污许可管理类

排污单位首先需“持证排污”，即按照《排污许可管理条例》等法律法规的要求，新申请、重新申请、变更、延续排污许可证，以上业务排污单位均可在全国排污许可证管理信息平台上进行申请，生态环境主管人员在深圳市排污许可管理平台上进行审核。线上申请业务主要包括 3 个步骤。首先，排污单位登录全国排污许可证管理信息平台填报材料并提交。其次，核发部门在深圳市排污许可管理平台进行审查，若不合格，作出不予受理的决定，并告知排污单位；若合格，则进行下一步程序。最后，核发部门审核材料，若不符合许可要求，作出不予许可决定，书面告知排污单位，并进行公示；若符合许可要求，则核发部门作出许可决定，全国排污许可证管理信息平台生成排污许可证或变更相关信息，并进行公示。若排污单位发生搬迁或关闭等情形，应当提交注销证明材料至辖区环保所，申请注销排污许可证，许可证注销后会在全国排污许可证管理信息平台上进行公示。

同时，排污单位需“按证排污、自证守法”，即按照排污许可证副本的要求排放污染物，通过自行监测、定时报告、记录台账和信息公开等方式自证守法。目前，环境管理台账和执行报告在全国排污许可证管理信息平台上提交、自行监测数据在全国排污许可证子平台——全国污染源监测信息管理与共享平台上报，生态环境主管部门在全国排污许可证管理信息平台-管理端进行审核，若审核通过，则结束；若审核不通过，则数据将退回企业端进行完善修改，直至审核通过。

（2）排污登记管理类

排污单位需进行排污登记，主动填报污染物排放相关信息，严格控制污染物排放。排污登记包括登记申请、登记变更、登记延续和登记注销等，均可在全国排污许可证管理信息平台上进行申请，平台自动生成固定污染源排污登记回执或进行注销，不需要生态环境部门进行审批。同时，排污单位应按照环境影响评价文件及有关规定的要求采取有效措施，确保污染物排放符合污染物排放标准要求。

3．核心业务数据

在排污许可业务环节中，排污许可证申请与核发业务涉及的数据均由全国排污许可证管理信息平台录入和生成，排污许可证下发后，许可证执行记录由排污单位在全国排污许可证管理信息平台上自主提交，由此产生了排污许可管理业务的业务数据。深圳市开发的排污许可管理系统接入了全国排污许可证管理信息平台的部分数据，系统数据库中记录了排污许可证申请与核发、排污许可证执行记录上报和申请排污许可证登记信息的相关数据。但是，全国排污许可证管理信息平台许可证执行记录的数据未实时向下级部门开放，所以深圳市排污许可管理系统数据库中的许可证执行记录相关数据表均为静态信息，展示的是排污许可证副本中记载的文字版环境管理要求，未获取到执行记录的动态内容。同样，排污登记管理类单位产生的数据也未从全国排污许可证信息管理平台流向深圳市排污许可管理系统，深圳市系统的数据库中没有此类数据。

先将数据库中已有的数据按照排污单位基本数据、主要工艺数据、产品及产能数据、设施数据、燃料数据、废气排污节点及污染治理设施数据、废水排污节点及污染治理设施数据、大气排放口基本数据、有组织排放污染源数据、无组织排放污染源数据、大气排放总许可量数据、废水排放口基本数据、水污染物申请排放数据、固体废物排放数据、自行监测要求数据、环境管理台账记录要求数据进行分类，再将这 16 项数据类型与 3 个特征因素进行对比，见表 14-5。产品和产能数据、燃料数据、废气排污节点及污染治理设施数据、废水排污节点及污染治理设施数据、无组织排放污染源数据和固体废物排放数据不符合核心业务数据的 3 项特性，所以不属于排污许可管理系统的核心数据类型。例如，固体废物排放信息不能反映排污单位实时的危险废物自行处置量和委托处置量，故没有统计的必要，也不能辅助管理人员做决策，故不具有价值性。

表 14-5　排污许可管理系统核心数据类型

数据类型	共享性	价值性	关键性	分析结论
排污许可证基本数据	符合	符合	符合	是
主要工艺数据	符合	符合	符合	是
产品及产能数据	不符合	不符合	不符合	否
设施数据	不符合	符合	符合	是
燃料数据	不符合	不符合	不符合	否
废气排污节点及污染治理设施数据	不符合	不符合	不符合	否
废水排污节点及污染治理设施数据	不符合	不符合	不符合	否
大气排放口基本数据	符合	符合	符合	是
有组织排放污染源数据	符合	符合	符合	是
无组织排放污染源数据	不符合	不符合	不符合	否
大气排放总许可量数据	符合	符合	符合	是
废水排放口基本数据	符合	符合	符合	是
水污染物申请排放数据	符合	符合	符合	是
固体废物排放数据	不符合	不符合	不符合	否
自行监测要求数据	符合	符合	符合	是
环境管理台账记录要求数据	符合	符合	符合	是

表 14-6 识别了排污许可管理系统核心数据类型中的哪些字段属于核心业务数据。经分析，发证时间、有效期限开始时间、有效期限结束时间、许可证编码、许可证管理级别、主要工艺名称、其他主要工艺名称、生产能力、产污设施名称、产污设施编码、大气排放

口名称、大气排放口编码、排放口地理坐标经度、排放口地理坐标纬度、大气污染物种类、大气许可排放浓度限值（mg/m^3）、许可日均浓度限值、许可排放速率限值（kg/h）、污染物种类名称、大气许可/第一/二/三/四/五年年排放量限值（t/a）、废水排放口名称、废水排放口编号、废水污染物种类、排放方式、排放去向、间歇排放时段、废水许可/第一/二/三/四/五年年排放量限值（t/a）、废水许可排放浓度限值（mg/m^3）、监测设施名称、监测内容、手工测定方法、手工监测频次、手工监测采样方法及个数、记录内容、记录频次、记录形式、上报频次、主要内容、上报截止时间、公开方式、时间节点、公开内容为核心业务数据，其余字段均不属于核心业务数据。

表 14-6　排污许可管理系统核心业务数据

数据类型	主要字段	共享性	价值性	关键性	分析结论
排污许可证基本数据	发证时间	符合	符合	符合	是
	有效期限开始时间	符合	符合	符合	是
	有效期限结束时间	符合	符合	符合	是
	许可证编码	符合	符合	符合	是
	项目类型名称	不符合	不符合	不符合	否
	所在地是否属于重点区域	不符合	不符合	不符合	否
	受理时间（受理节点提交生成）	不符合	不符合	不符合	否
	许可证管理级别	符合	符合	符合	是
	许可证发证机关级别	不符合	不符合	不符合	否
	是否有主要污染物总量分配计划文	不符合	不符合	不符合	否
	是否有环评批复文件	不符合	不符合	不符合	否
	总量分配计划文件文号	不符合	不符合	不符合	否
	是否有竣工环保验收批复文件	不符合	不符合	不符合	否
主要工艺数据	发证后生成的国家设施编号	不符合	不符合	不符合	否
	主要生产单元名称	不符合	不符合	不符合	否
	生产单元编号	不符合	不符合	不符合	否
	主要工艺名称	符合	符合	不符合	是
	主要工艺名称编码	不符合	不符合	符合	否
	其他主要工艺名称	符合	符合	不符合	是
	其他主要工艺名称编码	不符合	不符合	不符合	否
	生产能力	符合	符合	不符合	是

数据类型	主要字段	共享性	价值性	关键性	分析结论
设施数据	生产设施名称	不符合	不符合	不符合	否
	生产设施编号	不符合	不符合	不符合	否
	产污设施名称	符合	符合	不符合	是
	产污设施编码	符合	不符合	符合	是
	备用锅炉名称	不符合	不符合	不符合	否
大气排放口基本数据	大气排放口名称	符合	符合	符合	是
	大气排放口编码	符合	不符合	符合	是
	排放口地理坐标经度	符合	不符合	符合	是
	排放口地理坐标纬度	符合	不符合	符合	是
	大气污染物种类	符合	符合	符合	是
	排气筒高度/m	不符合	不符合	不符合	否
	排气筒出口内径/m	不符合	不符合	不符合	否
	排气温度名称	不符合	不符合	不符合	否
	排气温度编码	不符合	不符合	不符合	否
有组织排放污染源数据	申请许可排放浓度限值/（mg/m^3）	不符合	不符合	不符合	否
	大气许可排放浓度限值/（mg/m^3）	符合	符合	符合	是
	有组织排放口编号（发证节点）	不符合	不符合	不符合	否
	申请许可排放速率限值/（kg/h）	不符合	不符合	不符合	否
	许可日均浓度限值	符合	符合	符合	是
	许可排放速率限值/（kg/h）	符合	符合	符合	是
大气排放总许可量数据	污染物种类名称	符合	符合	符合	是
	大气许可/第一/二/三/四/五年年排放量限值/（t/a）	符合	符合	符合	是
废水排放口基本数据	废水排放口名称	符合	符合	不符合	是
	废水排放口编号	符合	不符合	符合	是
	废水污染物种类	符合	不符合	符合	是
	废水类型名称	不符合	不符合	不符合	否
	废水类型编码	不符合	不符合	不符合	否
	排放方式	符合	符合	符合	是
	排放去向	符合	符合	符合	是
	间歇排放时段	不符合	符合	符合	是
	汇入受纳自然水体处地理坐标经度	不符合	不符合	不符合	否

数据类型	主要字段	共享性	价值性	关键性	分析结论
废水排放口基本数据	汇入受纳自然水体处地理坐标纬度	不符合	不符合	不符合	否
	受纳自然水体信息名称	不符合	不符合	不符合	否
	受纳水体功能	不符合	不符合	不符合	否
	排放口类型编码	不符合	不符合	不符合	否
水污染物申请排放数据	污染源类型	不符合	不符合	不符合	否
	申请年排放量限值/（t/a）	不符合	不符合	不符合	否
	废水许可/第一/二/三/四/五年年排放量限值/（t/a）	符合	符合	符合	是
	废水许可排放浓度限值/（mg/L）	符合	符合	符合	是
	浓度限值单位名称	不符合	不符合	不符合	否
自行监测要求数据	自动监测仪器名称	不符合	不符合	不符合	否
	自动监测设施安装位置	不符合	不符合	不符合	否
	监测设施名称	符合	符合	不符合	是
	监测内容	符合	符合	不符合	是
	手工测定方法	符合	符合	不符合	是
	手工监测频次	符合	符合	不符合	是
	手工监测采样方法及个数	符合	符合	符合	是
环境管理台账记录要求数据	记录内容	符合	符合	不符合	是
	记录频次	符合	符合	不符合	是
	操作参数	不符合	不符合	不符合	否
	操作参数编码	不符合	不符合	不符合	否
	记录形式	符合	符合	不符合	是
执行报告	上报频次	符合	符合	不符合	是
	主要内容	符合	符合	不符合	是
	上报截止时间	符合	符合	不符合	是
信息公开	公开方式	符合	符合	不符合	是
	时间节点	符合	符合	不符合	是
	公开内容	符合	符合	不符合	是

4．数据质量规则

根据数据质量规则制定原则、数据质量指标等，结合排污许可实际业务，对识别出的核心业务数据制定以下质量规则，见表 14-7。

表 14-7　排污许可管理系统核心业务数据质量规则

数据类型	数据项	质量规则
排污许可证基本数据	发证时间	• 不能为空； • 日期格式为 yyyy-mm-dd，其中年必须为 4 位，月必须为 2 位，日也必须为 2 位，且年的值必须为 2017—2022（当前年份值），月的值必须在 01～12 范围内，日的值必须在 01～31 范围内； • 时间不能穿越，即不能大于当前时间； • 发证时间大于申请时间
	有效期限开始时间	• 不能为空； • 日期格式为 yyyy-mm-dd，其中年必须为 4 位，月必须为 2 位，日也必须为 2 位，且年的值必须为 2017—2022（当前年份值），月的值必须在 01～12 范围内，日的值必须在 01～31 范围内
	有效期限结束时间	• 不能为空； • 日期格式为 yyyy-mm-dd，其中年必须为 4 位，月必须为 2 位，日也必须为 2 位； • 2021 年 3 月 1 日前核发的排污许可证的有效期限为 3 年，则有效期限结束时间是有效期限开始时间加 3 年，如有效期限开始时间为 2020-06-29，有效期限结束时间为 2023-06-28； • 2021 年 3 月 1 日后核发的排污许可证有效期为 5 年，则有效期限结束时间是有效期限开始时间加 5 年，如有效期限开始时间为 2021-07-15，有效期限结束时间为 2026-07-14
	许可证编码	• 不能为空； • 长度为 22 位，第 1～第 18 位是统一社会信用代码；第 19～第 21 位是顺序码，最后一位是校验码； • 统一社会信用代码详见主数据质量规则； • 顺序码的范围是 001～999
	许可证管理级别	• 不能为空； • 填写内容只能为重点管理或简化管理
主要工艺数据	主要工艺名称	• 不能为空； • 填写内容应在规定范围内； • 不允许出现“无”“null”“/”等长度为 1 的干扰项
	其他主要工艺名称	• 不能为空； • 填写内容应在规定范围内； • 不允许出现“无”“null”“/”等长度为 1 的干扰项
	生产能力	• 不能为空； • 必须为数字型数据，数字型数据中只能出现小数点，不允许出现逗号、句号等干扰字符； • 不允许出现“无”“null”“/”等长度为 1 的干扰项
设施数据	产污设施名称	• 不能为空； • 填写内容应在规定范围内； • 不允许出现“无”“null”“/”等长度为 1 的干扰项

数据类型	数据项	质量规则
设施数据	产污设施编码	• 不能为空； • 根据《排污单位编码规则》，编码格式为 MF+4 位顺序码，顺序码的范围是 0001～9999
	大气排放口名称	• 不能为空； • 格式为××或×××+废气排放口+数字+#，如酸碱废气排放口 1#； • 不允许出现“无”“null”“/”等长度为 1 的干扰项
	排放口编码	• 不能为空； • 根据《排污单位编码规则》，编码格式为 DA+3 位顺序码，顺序码的范围是 001～999
	排放口地理坐标经度	• 不能为空； • 应在深圳区域内，深圳市经度范围为东经 113°43′至 114°38′（深圳政府在线官网公布）； • 必须为数字型数据
	排放口地理坐标纬度	• 不能为空； • 应在深圳区域内，纬度范围为北纬 22°24′至 22°52′（深圳政府在线官网公布）； • 必须为数字型数据
大气污染物有组织排放数据	大气污染物种类	• 不能为空； • 填写内容应在规定范围内； • 不允许出现“无”“null”“/”等长度为 1 的干扰项
	大气许可排放浓度限值/（mg/m^3）	• 不能为空； • 必须为数字型数据，数字型数据中只能出现小数点，不允许出现逗号、句号等干扰字符； • 浓度限值与大气污染物排放执行标准相匹配； • 大气污染物排放标准一般包括国家标准、行业标准和地方标准，行业标准和地方标准严于国家标准，《大气污染物综合排放标准》中污染物最高允许的排放浓度限值为上限，SO_2 为 1 200、NO_x 为 1 700、颗粒物为 150、HF 为 150、铬酸雾为 0.08、硫酸雾为 1 000、氟化物为 100、Cl_2 为 85、铅及其化合物为 0.9、汞及其化合物为 0.015、镉及其化合物为 1.0、铍及其化合物为 0.015、镍及其化合物为 5.0、锡及其化合物为 10、苯为 17、甲苯为 60、二甲苯为 90、酚类为 115、甲醛为 30、乙醛为 150、丙烯腈为 26、丙烯醛为 20、HCl 为 2.3、甲醇为 220、苯胺类为 25、氯苯类为 85、硝基苯类为 20、氯乙烯为 65、苯并[*a*]芘为 0.50×10^{-3}、光气为 5.0、沥青烟为 280、石棉尘为 20、非甲烷总烃为 150，许可排放浓度限值低于此上限
大气污染物有组织排放数据	许可日均浓度限值	• 不能为空； • 必须为数字型数据，数字型数据中只能出现小数点，不允许出现逗号、句号等干扰字符； • 浓度限值与大气污染物排放执行标准相匹配

数据类型	数据项	质量规则
大气污染物有组织排放数据	许可排放速率限值/（kg/h）	• 不能为空； • 必须为“/”或数字型数据，数字型数据中只能出现小数点，不允许出现逗号、句号等干扰字符； • 速率限值与大气污染物排放执行标准相匹配； • 大气污染物排放标准一般包括国家标准、行业标准和地方标准，行业标准和地方标准严于国家标准，《大气污染物综合排放标准》中污染物最高允许排放速率值为上限，SO_2为310、NO_x为92、颗粒物为150、HF为19、铬酸雾为0.29、硫酸雾为110、氟化物为7.5、Cl_2为28、铅及其化合物为0.6、汞及其化合物为59×10^{-3}、镉及其化合物为3.7、铍及其化合物为79×10^{-3}、镍及其化合物为11、锡及其化合物为22、苯为9.0、甲苯为54、二甲苯为18、酚类为3.9、甲醛为9.8、乙醛为2.0、丙烯腈为29、丙烯醛为20、HCl为8.3、甲醇为200、苯胺类为20、氯苯类为52、硝基苯类为2.0、氯乙烯为29、苯并[*a*]芘为2.0×10^{-3}、光气为1.8、沥青烟为18、石棉尘为17、非甲烷总烃为170，许可排放速率限值低于此上限
	大气许可/第一/二/三/四/五年年排放量限值/（t/a）	• 不能为空； • 必须为“/”或数字型数据，数字型数据中只能出现小数点，不允许出现逗号、句号等干扰字符； • 许可/第一/二/三/四/五年年排放量限值相同
废水污染物排放数据	废水排放口名称	• 不能为空； • 格式为××或×××+废水排放口+数字+#
	排放口编号	• 不能为空； • 根据《排污单位编码规则》，编码格式为DW+3位顺序码，顺序码的范围是001～999
	废水污染物种类	• 不能为空； • 填写内容应在规定范围内
	排放方式	• 不能为空； • 只能填写直接排放或间接排放
	排放去向	• 不能为空； • 不允许出现数字或字母； • 不允许出现逗号、句号等干扰字符； • 不允许半全角符号混合
	间歇排放时段	• 不能为空； • 填写内容为“/”或时间范围，当填写时间范围时，数值规定在0～24
	废水许可/第一/二/三/四/五年年排放量限值/（t/a）	• 不能为空； • 必须为“/”或数字型数据，数字型数据中只能出现小数点，不允许出现逗号、句号等干扰字符； • 许可/第一/二/三/四/五年年排放量限值相同

数据类型	数据项	质量规则
废水污染物排放数据	废水许可排放浓度限值/（mg/L）	• 不能为空； • 必须为“/”或数字型数据，数字型数据中只能出现小数点，不允许出现逗号、句号等干扰字符； • 浓度限值与废水污染物排放执行标准相匹配； • 水污染物排放标准一般包括国家标准、行业标准和地方标准，行业标准和地方标准严于国家标准，《污水综合排放标准》中污染物最高的最高允许排放浓度值为上限，总汞为 0.05、烷基汞不得检出、总镉为 0.1、总铬为 1.5、六价铬为 0.5、总砷为 0.5、总铅为 1.0、总镍为 1.0、苯并[a]芘为 0.000 03、总铍为 0.005、总银为 0.5、pH 为 6～9、色度为 180、悬浮物为 800、BOD_5 为 600、COD 为 1 000、石油类为 30、动植物油为 100、挥发酚为 2.0、总氰化合物为 5.0、硫化物为 2.0、NH_3 为 50、氟化物为 30、磷酸盐（以 P 计）为 1.0、甲醛为 5.0、苯胺类为 5.0、硝基苯类为 5.0、阴离子表面活性剂为 20、总铜为 2.0、总锌为 5.0、总锰为 5.0、彩色显影剂为 5.0、显影剂及氧化物总量为 6.0、元素磷为 0.3、有机磷农药（以 P 计）为 0.5，许可排放浓度限值低于此上限
自行监测要求数据	监测内容	• 不能为空； • 不允许半全角符号混合； • 不允许出现繁体字； • 不允许出现乱码
	手工测定方法	• 不能为空； • 不允许半全角符号混合； • 不允许出现繁体字； • 不允许出现乱码
	手工监测频次	• 不能为空； • 格式为数值+单位，数值为整数
	手工监测采样方法及个数	• 不能为空； • 不允许出现繁体字； • 不允许出现乱码
环境管理台账记录要求数据	记录内容	• 不能为空； • 不允许出现繁体字； • 不允许出现乱码
	记录频次	• 不能为空； • 不允许半全角符号混合； • 不允许出现繁体字； • 不允许出现乱码
	记录形式	• 不能为空； • 填写内容只能为“电子台账+纸质台账”

数据类型	数据项	质量规则
执行报告要求数据	上报频次	• 不能为空； • 填写内容只能为“月报”“季报”或“年报”
	主要内容	• 不能为空； • 不允许半全角符号混合； • 不允许出现繁体字； • 不允许出现乱码
	上报截止时间	• 不能为空； • 年报对应的截止时间为“01-15”，季报对应的截止时间为“第一季度为 04-15、第二季度为 07-15、第三季度为 10-15”，月报对应的截止时间为“每月结束后的 10 天内”
信息公开要求数据	公开方式	• 不能为空； • 不允许出现繁体字； • 不允许出现乱码； • 不允许出现“无”“null”“/”等长度为 1 的干扰项
	时间节点	• 不能为空； • 不允许出现繁体字； • 不允许出现乱码； • 不允许出现“无”“null”“/”等长度为 1 的干扰项
	公开内容	• 不能为空； • 不允许出现繁体字； • 不允许出现乱码； • 不允许出现“无”“null”“/”等长度为 1 的干扰项； • 不允许半全角符号混合

根据排污许可业务的特点，制定以下业务质量规则：①一个污染源只能有一张有效的排污许可证，一张排污许可证必定对应一个污染源；②一个排污许可证可以有多个排放口，一个排放口必须属于某个排污许可证；③一个排放口可以排放多种污染物；④排污单位某种污染物的年排放总量不能大于其许可年排放量限值。

5. 数据质量检查方法

通用的数据质量检查规则的数据监控脚本如图 14-7 所示，针对部分字段定制规则的监控脚本包括但不限于排污许可证编码检查（图 14-17）、排污许可证有效期检查（图 14-18）、申请许可排放浓度限值检查（图 14-19）、申请许可排放速率限值检查内容（图 14-20）。

```
#许可证编码 XKZNUM 为许可证编码，CREDITCODE 为统一社会信用代码
def check_xkznum(XKZNUM,CREDITCODE)
    #判断许可证编码是否为 22 位，且前 18 位编码是否为统一社会信用代码
    if XKZNUM is None or XKZNUM == '' or XKZNUM == ' ':
        #空值的问题已通过 is_null 函数进行检查
        pass
    else:
        if len(XKZNUM) != 22:
            return False,'规范性',f"排污许可证编码{XKZNUM}长度不为 22 位"
        else:
            if CREDITCODE == None:
                pass
            else:
                if CREDITCODE != XKZNUM[0:18] and len(CREDITCODE) == 18:
                    return False,'准确性',f"排污许可证编码{XKZNUM}前 18 位与统一社会信用代码{CREDITCODE}不符"
    return True,'',''
```

图 14-17　排污许可证编码检查

```
# VALIDBEGINTIME 为排污许可证有效期开始时间，VALIENDTIME 为排污许可证有效期结束时间
def check_valid_time(VALIDBEGINTIME,VALIENDTIME):
    # 判断排污许可证有效期开始时间是否小于有效期结束时间
    if VALIDBEGINTIME == '' or VALIDBEGINTIME is None or VALIENDTIME == '' or VALIENDTIME is None:
        #空值的问题已通过 is_null 函数进行检查
        pass
    else:
        begin_date=datetime.datetime.strptime(VALIDBEGINTIME,'%Y-%m-%d')
        end_date=datetime.datetime.strptime(VALIENDTIME,'%Y-%m-%d')
        if begin_date > end_date:
            return False,'时序性',f"排污许可证有效期开始时间{VALIDBEGINTIME}大于有效期结束时间{VALIENDTIME}"
    return True,'',''
```

图 14-18　排污许可证有效期检查

```
air_pollutant_concentration_gb_limits = {'二氧化硫':1200, '氮氧化物':1700, '颗粒物'  :150, '氟化氢'  :150, '铬酸雾'  :0.08, '硫酸雾'  :1000, '氟化物'  :100, '氯气'   :85, '铅及其化合物':0.9, '汞及其化合物':0.015, '镉及其化合物':1.0, '铍及其化合物':0.015, '镍及其化合物':5.0, '锡及其化合物':10, '苯':17, '甲苯':60, '二甲苯':90, '酚类':115, '甲醛':30, '乙醛':150, '丙烯腈':26, '丙烯醛':20, '氯化氢':2.3, '甲醇':220, '苯胺类':25, '氯苯类':85, '硝基苯类':20, '氯乙烯':65, '苯并 a 芘':0.0005, '光气':5.0, '沥青烟':280, '石棉尘':20, '非甲烷总烃':150 }

# WRWNAME 为污染物名称，EMISSIONCON 为申请许可排放浓度限值,EMISSIONREAL 为实际污染物排放浓度
def check_air_pollutant_concentration(WRWNAME，EMISSIONCON，EMISSIONREAL):
    # 判断申请许可排放浓度限值是否满足国标规定限值
    if WRWNAME == '' or WRWNAME is None or EMISSIONCON == '' or EMISSIONCON is None:
```

```
                #空值的问题已通过 is_null 函数进行检查
                pass
            else:
                if EMISSIONCON > air_pollutant_concentration_gb_limits[WRWNAME]:
                    return False,'规范性',f"申请许可排放浓度限值{EMISSIONCON}高于国标 GB 16297-1996 规定的{WRWNAME}污染物限制{air_pollutant_concentration_gb_limits[WRWNAME]}"
                if EMISSIONREAL > EMISSIONREAL:
                    return False,'规范性',f"实际污染物排放浓度{EMISSIONREAL}高于申请许可排放浓度限值{EMISSIONCON}"
            return True,'',''
```

图 14-19　申请许可排放浓度限值检查

```
    air_pollutant_velocity_gb_limits = {'二氧化硫':310, '氮氧化物':92, '颗粒物'   :150, '氟化氢'   :19, '铬酸雾'   :0.29, '硫酸雾'   :110, '氟化物'   :7.5, '氯气'       :28, '铅及其化合物':0.6, '汞及其化合物':0.059, '镉及其化合物':3.7, '铍及其化合物':0.079, '镍及其化合物':11, '锡及其化合物':22, '苯':9, '甲苯':54, '二甲苯':18, '酚类':3.9, '甲醛':9.8,'乙醛':2.0, '丙烯腈':29, '丙烯醛':20, '氯化氢':8.3, '甲醇':200, '苯胺类':20, '氯苯类':52, '硝基苯类':2.0, '氯乙烯':29, '苯并 a 芘':0.002, '光气':1.8, '沥青烟':18, '石棉尘':17, '非甲烷总烃':170 }

    # WRWNAME 为污染物名称，EMISSIONSPEED 为申请许可排放速率限值
    def check_air_pollutant_velocity(WRWNAME，EMISSIONSPEED):
        # 判断申请许可排放速率限值是否满足国标规定
        if WRWNAME == '' or WRWNAME is None or EMISSIONSPEED == '' or EMISSIONSPEED is None:
            #空值的问题已通过 is_null 函数进行检查
            pass
        else:
            if EMISSIONSPEED > air_pollutant_velocity_gb_limits[WRWNAME]:
                return False,'规范性',f"申请许可排放速率限值{EMISSIONSPEED}高于国标 GB 16297-1996 规定的{WRWNAME}污染物限值{air_pollutant_velocity_gb_limits[WRWNAME]}"
        return True,'',''
```

图 14-20　申请许可排放速率限值检查

14.3.3　固体废物监管

1. 业务介绍

固体废物监管业务的管理对象包括产废单位及生态环境主管部门，产废单位需建立健全污染防治责任制度、建立管理台账、依法申领排污许可证、按时申报登记并规范贮存、利用、处置固体废物等；生态环境主管部门需要对固体废物的收集、转移、利用、处置的全过程进行监管。广东省固体废物环境监管信息平台作为固体废物污染防治信息平台，为企业提供了产废申报、转移管理、一般工业固体废物申报和规范化考核等功能，推进了固体废物全过程监控和信息化追溯体系建设，提升了危险废物监管能力。

2. 业务流程

产废企业需要在广东省固体废物监管信息平台上完成基础信息备案、管理计划制定、月度申报、年度申报、跨省转移计划、省内/跨省转移联单等操作（图 14-21）。基础信息备案主要包括主要原辅材料、主要产品信息、危险废物产生环节信息、危险废物贮存环节设施信息和危险废物利用设施信息，不需要主管部门审批。管理计划填写完成后提交至区级生态环境主管部门备案，若备案通过，则完成管理计划备案工作，可以开出电子联单；不通过，则系统自动退回给产废单位修改。每月 15 日之前填写月报数据提交，即视为完成月度申报，无审批程序。每年 3 月 1 日前，对上一年危险废物处置情况进行申报登记，提交至区（县）级生态环境主管部门审核，若审核通过则完成申报登记工作；若审核不通过，则系统自动退回给申报单位修改。跨省转移计划需要先在广东省政务服务网通过行政审批事项，进行业务办理获取批复后方可进入省固体废物系统录入跨省转移计划数据，经过市生态环境主管部门审批后才能转移危险废物。危险废物电子联单实现产废—运输—处置单位全过程的电子化业务办理，产废单位创建联单，处置单位安排运输，运输单位前往产废单位收运废物，在办理过程中系统自动采集位置信息，通过二维码进行身份认证，结合交通部门车辆监控数据即可实现运输轨迹查看，可以实现危险废物实时监管。

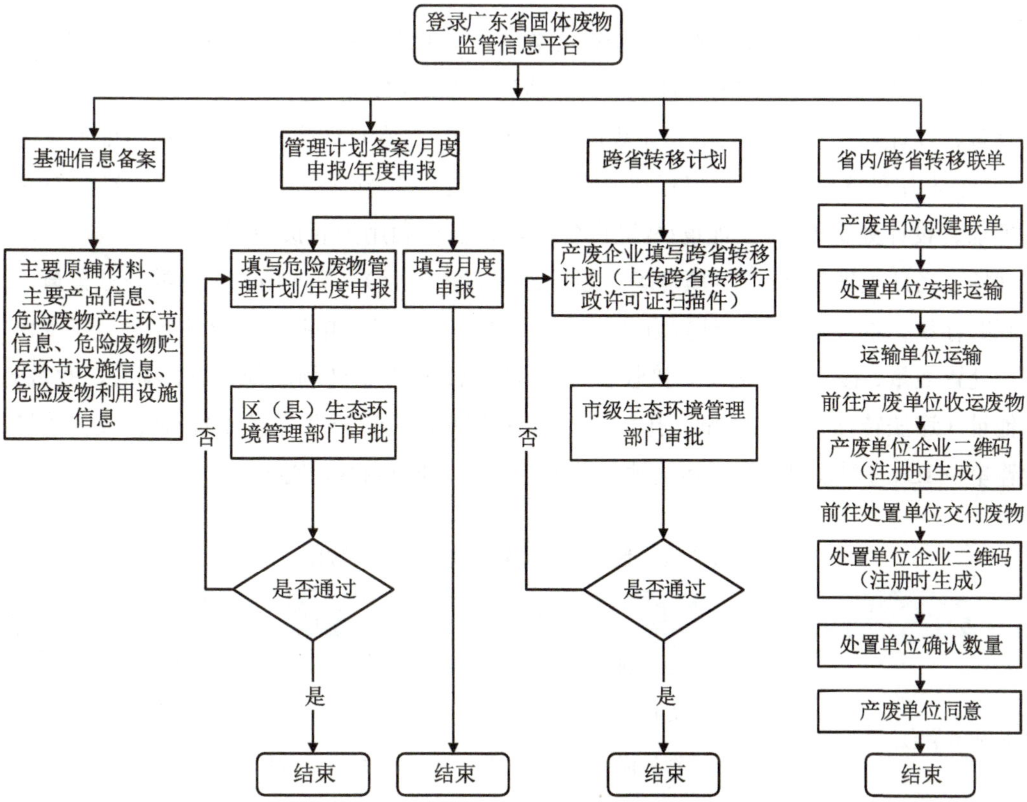

图 14-21　固体废物监管业务流程

3. 核心业务数据

将数据库中已有的危险废物相关数据按照单位基本信息、月度申报、年度申报、管理计划和危险废物转移联单五大数据类型进行分类，并将这 5 种数据类型与 3 个特征因素进行对比，见表 14-8。由于月度申报和年度申报中记录的数据均为产废单位当月或当年的实时数据，均满足共享性、价值性和关键性，但是危险废物管理计划中的数据均为预估数据，在其他业务中很难用到，也不具有统计的意义，故不满足共享性和价值性。

表 14-8 固体废物监管系统核心数据类型

数据类型	共享性	价值性	关键性	分析结论
单位基本信息	符合	符合	符合	是
月度申报	符合	符合	符合	是
年度申报	符合	符合	符合	是
管理计划	不符合	不符合	不符合	否
危险废物转移联单	不符合	符合	符合	否

表 14-9 识别了固体废物监管系统核心数据类型中的哪些字段属于核心业务数据。经分析，废物类别、废物类别名称、废物名称、废物详细名称、废物形态、废物代码、上月月底贮存量、设计贮存能力、上年贮存数量（统计得出）、本月产生量、自行利用处置设施名称、自行利用处置方式大类、自行利用处置方式小类、是否产生次生废物、设计容量（m^3）-填埋场、设计处置能力-填埋场/焚烧设备、本月自行利用处置废物量、已填容量（m^3）-填埋场、当期填埋量（m^3）-填埋场、累计已填容量（m^3）-填埋场、本月委外处置量、本月底贮存量、本月其他量、处置方式大类、处置方式小类、申报当年产生数量、年度自行利用处置数量、接收单位名称、接收省、地市代码、年度委外利用处置量、年底贮存数量、其他量（违法转移、非法倾倒、排放等）、转移联单编号、产生单位 ID、确认废物数量、运输单位 ID、接收单位 ID、运达地、移入市代码为核心业务数据。

表 14-9 固体废物监管系统核心业务数据

数据类型	主要字段	共享性	价值性	关键性	分析结论
单位基本信息	废物类别	符合	符合	不符合	是
	废物类别名称	符合	符合	符合	是
	废物名称	符合	符合	符合	是
	废物详细名称	符合	符合	符合	是

数据类型	主要字段	共享性	价值性	关键性	分析结论
单位基本信息	废物形态	符合	符合	符合	是
	废物代码	符合	符合	符合	是
	危险废物描述	不符合	不符合	不符合	否
月度申报	贮存设施名称	不符合	不符合	不符合	否
	容器个数计量单位	不符合	不符合	不符合	否
	贮存设施类型	不符合	不符合	不符合	否
	容器数量	不符合	不符合	不符合	否
	上月月底贮存量	符合	符合	不符合	是
	设计贮存能力	不符合	不符合	符合	是
	上年贮存数量（统计得出）	符合	符合	不符合	是
	本月产生量	符合	符合	不符合	是
	自行利用处置设施名称	符合	符合	不符合	是
	自行利用处置方式大类	符合	符合	符合	是
	自行利用处置方式小类	符合	符合	符合	是
	是否产生次生废物	不符合	符合	不符合	是
	设计容量（m^3）-填埋场	不符合	符合	符合	是
	设计处置能力-填埋场/焚烧设备	不符合	符合	符合	是
	本月自行利用处置废物量	符合	符合	不符合	是
	已填容量（m^3）-填埋场	不符合	不符合	符合	是
	当期填埋量（m^3）-填埋场	不符合	不符合	符合	是
	累计已填容量（m^3）-填埋场	不符合	符合	符合	是
	本月委外处置量	符合	符合	不符合	是
	本月底贮存量	符合	符合	不符合	是
	贮存处置方式大类	不符合	不符合	不符合	否
	贮存处置方式小类	不符合	不符合	不符合	否
	本月其他量	符合	符合	不符合	是
年度申报	处置方式大类	符合	符合	不符合	是
	处置方式小类	不符合	不符合	符合	是
	申报当年产生数量	符合	符合	不符合	是
	年度自行利用处置数量	符合	符合	不符合	是
	接收单位名称	符合	符合	不符合	是
	许可证编号	不符合	不符合	不符合	否

数据类型	主要字段	共享性	价值性	关键性	分析结论
年度申报	接收省	不符合	不符合	符合	是
	地市代码	不符合	不符合	符合	是
	年度委外利用处置量	符合	符合	不符合	是
	年底贮存数量	符合	符合	不符合	是
	其他量（违法转移、非法倾倒、排放等）	符合	符合	不符合	是
危险废物转移联单	转移联单编号	符合	符合	不符合	是
	产生单位 ID	符合	符合	符合	是
	计划转移时间	不符合	不符合	不符合	否
	确认废物数量	符合	符合	不符合	是
	计划转移数量	不符合	不符合	不符合	否
	废物容器数量	不符合	不符合	不符合	否
	包装方式	不符合	不符合	不符合	否
	运输单位 ID	不符合	符合	不符合	是
	第一承运人（司机名称）	不符合	不符合	不符合	否
	第一承运人运输日期	不符合	不符合	不符合	否
	第一承运现场填写数量	不符合	不符合	不符合	否
	第一承运车牌号	不符合	不符合	不符合	否
	第一承运起点	不符合	不符合	不符合	否
	第一承运经由地	不符合	不符合	不符合	否
	第一承运终点	不符合	不符合	不符合	否
	第二承运人	不符合	不符合	不符合	否
	第二承运人运输日期	不符合	不符合	不符合	否
	第二承运车牌号	不符合	不符合	不符合	否
	第二承运起点	不符合	不符合	不符合	否
	第二承运经由地	不符合	不符合	不符合	否
	第二承运终点	不符合	不符合	不符合	否
	接收单位 ID	符合	符合	不符合	是
	运达地	不符合	符合	不符合	是
	移入市代码	符合	符合	不符合	是

4. 数据质量规则

根据数据质量规则的制定原则、数据质量指标等，结合固体废物监管实际业务，对识别出的核心业务数据制定以下质量规则，见表 14-10。

表 14-10 固体废物监管系统核心业务数据质量规则

数据类型	数据项	质量规则
单位基本信息	废物类别	• 不能为空； • 格式为 HW+数字，数字的值小于或等于 50，且与废物代码最后 2 位的数字相同
	废物类别名称	• 不能为空； • 不允许出现繁体字； • 不允许超过《危险废物名录》（2021 年版）中规定的废物类别名称
	废物名称	• 不能为空； • 不允许出现逗号、句号等干扰字符； • 不允许半全角符号混合； • 不允许出现繁体字； • 不允许出现乱码； • 废物名称与废物代码一一对应
	废物详细名称	• 不能为空； • 不允许出现逗号、句号等干扰字符； • 不允许半全角符号混合； • 不允许出现繁体字； • 不允许出现乱码
	废物形态	• 不能为空； • 填写内容只能是“固态、半固态及容器中气态或液态废物”
	废物代码	• 不能为空； • 根据《国家危险废物名录》（2021 年版），废物代码为 8 位数字，格式为×××-×××-××，其中第 1～第 3 位为危险废物产生行业代码（依据《国民经济行业分类》确定），行业代码的范围是 071～900，第 4～第 6 位为危险废物顺序代码，顺序代码的范围是 001～999，第 7～第 8 位为危险废物类别代码，类别代码的范围是 01～50
月度申报	上月月底贮存量	• 不能为空； • 必须为数字型数据，数字型数据中只能出现小数点，不允许出现逗号、句号等干扰字符； • 本月的“上月月底贮存量”与上个月的“月底贮存量”的值相等； • 数值小于或等于设计贮存能力
	设计贮存能力	• 不能为空； • 必须为数字型数据，数字型数据中只能出现小数点，不允许出现逗号、句号等干扰字符； • 设计贮存能力应大于贮存量

数据类型	数据项	质量规则
月度申报	上年贮存数量（统计得出）	• 不可为空； • 必须为数字型数据，数字型数据中只能出现小数点，不允许出现逗号、句号等干扰字符； • 本年的“上年贮存数量”等于上一年的“年底贮存数量”； • 数值小于等于设计贮存能力
	本月产生量	• 不可为空； • 必须为数字型数据，数字型数据中只能出现小数点，不允许出现逗号、句号等干扰字符； • 数值小于或等于设计贮存能力
	自行利用处置设施名称	• 不能为空； • 不允许出现逗号、句号等干扰字符； • 不允许半全角符号混合； • 不允许出现繁体字； • 不允许出现乱码
	自行利用处置方式大类	• 不能为空； • 不允许出现“无”“null”“/”等长度为1的干扰项
	自行利用处置方式小类	• 不能为空； • 不允许出现“无”“null”“/”等长度为1的干扰项
	是否产生次生废物	• 不能为空； • 只能填写“是”或“否”
	设计容量（m^3）-填埋场	• 不能为空； • 必须为数字型数据，数字型数据中只能出现小数点，不允许出现逗号、句号等干扰字符
	设计处置能力-填埋场/焚烧设备	• 不能为空； • 必须为数字型数据，数字型数据中只能出现小数点，不允许出现逗号、句号等干扰字符
	本月自行利用处置废物量	• 不能为空； • 必须为数字型数据，数字型数据中只能出现小数点，不允许出现逗号、句号等干扰字符； • 数值小于等于设计处置能力
	已填容量（m^3）-填埋场	• 不能为空； • 必须为数字型数据，数字型数据中只能出现小数点，不允许出现逗号、句号等干扰字符； • 数值小于等于设计容量
	当期填埋量（m^3）-填埋场	• 不能为空； • 必须为数字型数据，数字型数据中只能出现小数点，不允许出现逗号、句号等干扰字符； • 数值小于等于设计容量
	累计已填容量（m^3）-填埋场	• 不能为空； • 必须为数字型数据，数字型数据中只能出现小数点，不允许出现逗号、句号等干扰字符； • 数值等于“已填容量”+“当期填埋量”； • 数值小于等于设计容量

数据类型	数据项	质量规则
月度申报	本月委外处置量	• 不能为空； • 必须为数字型数据，数字型数据中只能出现小数点，不允许出现逗号、句号等干扰字符； • 数值等于本月危险废物联单中“确认废物数量”之和
	本月底贮存量	• 不能为空； • 必须为数字型数据，数字型数据中只能出现小数点，不允许出现逗号、句号等干扰字符
	本月其他量	• 不能为空； • 必须为数字型数据，数字型数据中只能出现小数点，不允许出现逗号、句号等干扰字符
年度申报	处置方式大类	• 不能为空； • 不允许出现逗号、句号等干扰字符； • 不允许半全角符号混合； • 不允许出现繁体字； • 由大写英文字母和中文组成
	处置方式小类	• 不能为空； • 不允许出现逗号、句号等干扰字符； • 不允许半全角符号混合； • 不允许出现繁体字； • 由大写英文字母和中文组成
	申报当年产生数量	• 不能为空； • 必须为数字型数据，数字型数据中只能出现小数点，不允许出现逗号、句号等干扰字符； • 不允许出现不规则符号等
	年度自行利用处置数量	• 不能为空； • 必须为数字型数据，数字型数据中只能出现小数点，不允许出现逗号、句号等干扰字符； • 数值等于 12 个月的自行利用处置数量之和； • 数值小于设计处置能力
	接收单位名称	• 不能为空； • 不允许出现逗号、句号等干扰字符； • 不允许半全角符号混合； • 不允许出现繁体字
	接收省	• 不能为空； • 不允许出现逗号、句号等干扰字符； • 不允许出现繁体字； • 填写内容不超过中国的 34 个省级行政区； • 接收省为外省的，跨省转移联单数量不为零
	地市代码	• 不能为空； • 不允许出现逗号、句号等干扰字符； • 代码由 6 位数字组成，应符合照《中华人民共和国行政区划代码》的规定

数据类型	数据项	质量规则
年度申报	年度委外利用处置量	• 不能为空； • 必须为数字型数据，数字型数据中只能出现小数点，不允许出现逗号、句号等干扰字符； • 数值等于 12 个月的委外利用处置量之和； • 数值等于本年危险废物联单中“确认废物数量”之和
	年底贮存数量	• 不能为空； • 必须为数字型数据，数字型数据中只能出现小数点，不允许出现逗号、句号等干扰字符； • 不允许出现不规则符号等
	其他量（违法转移、非法倾倒、排放等）	• 不能为空； • 必须为数字型数据，数字型数据中只能出现小数点，不允许出现逗号、句号等干扰字符
危险废物转移联单	转移联单编号	• 不能为空； • 2022 年 1 月 1 日之前的危险废物转移联单编号由 10 位阿拉伯数字组成，第 1 位、第 2 位数字为省级行政区划代码，第 3 位、第 4 位数字为省辖市级行政区划代码，第 5 位、第 6 位数字为危险废物类别代码，其余 4 位数字由发放空白联单的危险废物移出地省辖市级人民政府生态环境主管部门按照危险废物转移流水号依次编制，联单由直辖市人民政府生态环境主管部门发放的，其编号第 3 位、第 4 位数字为零； • 2022 年 1 月 1 日之后的危险废物转移联单编号由 14 位阿拉伯数字组成，第 1～第 4 位数字为年份代码，第 5、第 6 位数字为移出地省级行政区划代码，第 7 位、第 8 位数字为移出地设区的市级行政区划代码，其余 6 位数字以移出地设区的市级行政区域为单位进行流水编号
	产生单位 ID	• 不能为空； • 不允许出现逗号、句号等干扰字符； • 不允许出现“无”“null”“/”等长度为 1 的干扰项； • 只能是大小写字母与数字的组合
	确认废物数量	• 不能为空； • 必须为数字型数据，数字型数据中只能出现小数点，不允许出现逗号、句号等干扰字符； • 不允许出现不规则符号等； • 数值小于或等于设计贮存能力
	运输单位 ID	• 不能为空； • 不允许出现逗号、句号等干扰字符； • 不允许出现“无”“null”“/”等长度为 1 的干扰项； • 只能是大小写字母与数字的组合
	接收单位 ID	• 不能为空； • 不允许出现逗号、句号等干扰字符； • 不允许出现“无”“null”“/”等长度为 1 的干扰项； • 只能是大小写字母与数字的组合

数据类型	数据项	质量规则
危险废物转移联单	运达地	• 不能为空； • 不允许半全角符号混合； • 不允许出现繁体字； • 不允许出现乱码； • 不允许出现“无”“null”“/”等长度为 1 的干扰项
	移入市代码	• 不能为空； • 不允许出现逗号、句号等干扰字符； • 代码由 6 位数字组成，应符合照《中华人民共和国行政区划代码》的规定； • 移入市代码与运送地的市级信息相匹配

此外，根据固体废物的业务逻辑，制定以下业务规则：①单位注册信息表里的单位 ID 应该包含危险废物年报单位 ID，危险废物年报中的申报 ID 应该包含所有危险废物自行利用的申报 ID；②固体废物产生单位有 2 种计算方法，一是申报当年产生量+上年度贮存数量=本年自行利用处置废物量+本年委外处理数量+年底贮存数量+其他量，二是上月月底贮存量+本月产生量=本月自行利用处置废物量+本月委外处理数量+月底贮存数量+其他量；③自行利用处置量不为 0 的产废单位必须有相应的自行利用处置设施。

5．数据质量检查方法

通用的数据质量检查规则的数据监控脚本如图 14-7 所示，针对部分字段定制规则的监控脚本包括但不限于废物类别检查（图 14-22）、废物代码检查（图 14-23）、危险废物年报单位 ID 检查（图 14-24）、危险废物自行利用的申报 ID（图 14-25）、固体废物数量检查（图 14-26）、处置方式大类检查（图 14-27）、处置方式小类检查（图 14-28）、上月月底贮存量检查（图 14-29）、本月底贮存量检查（图 14-30）、累计已填容量（m^3）-填埋场检查（图 14-31）。

```
#fwlb 为废物类别，fwdm 为废物代码
def check_fwlb(fwlb,fwdm):
    if fwlb is None or fwlb== '':
        #空值的问题已通过 is_null 函数进行检查
         pass
    else:
        #废物类别(fwlb)格式为 HW+数字，数字的值小于等于 50，且与废物代码（fwdm）最后两位的数字相同
        if fwlb[0:2]!='HX' or not fwlb[2:].isnumeric():
            return False,'准确性',f"废物类别{fwlb}格式不规范"
        #废物代码最后两位的数字相同
        elif '01'<=fwlb[-2:]<='50' or fwlb[-2:] != fwdm[-2:]:
            return False,'准确性',f"废物类别{fwlb}与废物代码{fwdm}最后两位的数字不同"
    return True,'',''
```

图 14-22　废物类别检查

```
#fwdm 为废物代码，fwlb 为废物类别，hydm 为行业代码(格式为 1 位英文字母+数字)
def check_fwdm(fwdm,hydm,fwlb):
    if fwdm is None or fwdm== '':
        #空值的问题已通过 is_null 函数进行检查
        Pass
    else:
        #废物代码(fwdm)长度为 8 位
        if len(fwdm) != 8 or fwdm.is_numeric():
            return False,'规范性',f"废物代码{fwdm}格式不规范"
        elif fwdm[0:3] != hydm[1:4] or fwdm[0:3] < '071' or fwdm[0:3] > '900':
            return False,'准确性',f"废物代码{fwdm }第 1-3 位危险废物产生行业代码错误"
        elif fwdm[4:6] < '001'or fwdm[4:6] > '999':
            return False,'准确性',f"废物代码{fwdm }第 4-6 位危险废物顺序代码错误"
        elif '01'<=fwdm[-2:]<='50' or fwdm[-2:] != fwlb[-2:]:
            return False,'准确性',f"废物代码{fwdm }后两位危险废物类型代码错误"
    return True,'',''
```

图 14-23　废物代码检查

```
#dwid_list 是单位注册信息表单位 ID 集合，dangerous_pollution_id 是危险废物年报单位 ID
def check_dangerous_pollution_dwid(dwid_list,dangerous_pollution_dwid):
    #单位注册信息表里面单位 ID 应该包含危险废物年报单位 ID
    if dangerous_pollution_dwid is None or dangerous_pollution_dwid == '' :
        #空值的问题已通过 is_null 函数进行检查
        pass
    else:
        if dangerous_pollution_dwid not in dwid_list:
            return False,'一致性',f"危险废物年报单位 ID{dangerous_pollution_dwid}不在单位注册信息表单位 ID 中"
    return True,'',''
```

图 14-24　危险废物年报单位 ID 检查

```
#dangerous_pollution_id_list 是危险废物年报单位 ID 集合，wxwfsb_id 危险废物自行利用的申报 ID
def check_wxwfsb_id(dangerous_pollution_id_list,wxwfsb_id):
    #危险废物年报中的申报 ID 应该包含所有危险废物自行利用的申报 ID
    if wxwfsb_id is None or wxwfsb_id == '' :
        #空值的问题已通过 is_null 函数进行检查
        pass
    else:
        if wxwfsb_id not in dangerous_pollution_id_list:
            return False,'一致性',f"危险废物自行利用的申报 ID{wxwfsb_id}不在危险废物年报单位 ID 中"
    return True,'',''
```

图 14-25　危险废物自行利用的申报 ID

```
    #current_produce_num 为申报当年(月)产生量，last_store_num 为上年度(月)贮存数量，current_inner_treat_num 为本年(月)自行利用处置废物量，current_outer_treat_num 为本年(月)委外处理数量，current_storage_num 为年(月)底贮存数量+other_num 为其他量
    def check_gf_pollution_num (current_produce_num, last_store_num, current_inner_treat_num, current_outer_treat_num, current_storage_num,other_num):
        #申报当年产生量+上年度贮存数量=本年自行利用处置废物量+本年委外处理数量+年底贮存数量+其他量
        if current_produce_num + last_store_num != current_inner_treat_num + current_outer_treat_num + current_storage_num + other_num:
            return False,'准确性',f"申报当年产生量与上年度贮存数量不等于废物处置量"
        return True,'',''
```

图 14-26　固体废物数量检查

```
    lyczdl_list = ["C-其他","D-危险废物（不含医疗废物）处置方式","D-处置","R-利用","Y-医疗废物处置"]
    #lyczdl 为利用处置方式大类
    def check_lyczdl(lyczdl):
        #利用处置方式大类内容应为以下方式之一（"C-其他"、"D-危险废物（不含医疗废物）处置方式"、"D-处置"、"R-利用"、"Y-医疗废物处置"）
        if lyczdl is None or lyczdl == '' or lyczdl == ' ':
            #空值的问题已通过 is_null 函数进行检查
            pass
        else:
            lyczdl = lyczdl.replace(" ","")
            if lyczdl in lyczdl_list:
                pass
            else:
                return False,'有效性',f"利用处置方式大类{lyczdl}不在规定的取值范围内"
        return True,'',''
```

图 14-27　处置方式大类检查

```
    lyczxl_list = ["填埋","焚烧","C2-生产建筑材料","C3-清洗（包装容器）","D9-物理化学处理（如蒸发、干燥、中和、沉淀等），\不包括填埋或焚烧前的预处理","D9-物理化学处理（如蒸发、干燥、中和、沉淀等），不包括填埋或焚烧前的预处理","D16-其他","R1-作为燃料（直接燃烧除外）或以其他方式产生能量","R2-溶剂回收/再生（如蒸馏,萃取等）","R2-溶剂回收/再生（如蒸馏、萃取等）","R3-再循环/再利用不是用作溶剂的有机物","R4-再循环/再利用金属和金属化合物","R5-再循环/再利用其他无机物","R9-废油再提炼或其他废油的再利用","R15-其他","Y10-医疗废物焚烧"]
    def check_lyczxl(lyczxl)
        #利用处置方式小类内容在取值范围内
        if lyczxl is None or lyczxl == '' or lyczxl == ' ':
            #空值的问题已通过 is_null 函数进行检查
            pass
        else:
            lyczxl = lyczxl.replace(" ","")
            if lyczxl in lyczxl_list:
                pass
            else:
                return False,'有效性',f"利用处置方式小类{lyczxl}不在规定的取值范围内"
        return True,'',''
```

图 14-28　处置方式小类检查

```
#kcjs 上月月底贮存量,zcnl 设计贮存能力
def check_kcjs(kcjs,zcnl)
    #上月月底贮存量不能超过设计贮存能力
    if kcjs is None or kcjs == '' or zcnl or zcnl is None or zcnl == '':
        #空值的问题已通过 is_null 函数进行检查
        pass
    else:
        if kcjs > zcnl:
            return False,'准确性',f"上月月底贮存量{kcjs}超过设计贮存能力{zcnl}"
    return True,'',''
```

图 14-29　上月月底贮存量检查

```
#rkzcl 本月月底贮存量,zcnl 设计贮存能力
def check_rkzcl(rkzcl,zcnl)
    #本月月底贮存量不能超过设计贮存能力
    if rkzcl is None or rkzcl == '' or zcnl or zcnl is None or zcnl == '':
        #空值的问题已通过 is_null 函数进行检查
        pass
    else:
        if rkzcl > zcnl:
            return False,'准确性',f"本月月底贮存量{rkzcl}超过设计贮存能力{zcnl}"
    return True,'',''
```

图 14-30　本月月底贮存量检查

```
#ljytrl 为累计已填容量，ytrl 为已填容量，dqtml 为当期填埋量，designnum 为设计贮存数量
def check_ljytrl(ljytrl,ytrl,dqtml,designnum):
    if ljytrl is None:
        #空值的问题已通过 is_null 函数进行检查
          pass
    else:
        #累计已填容量(立方米)-填埋场是否异常
        if ljytrl != (ytrl + dqtml):
            return False,'准确性',f"累计已填容量{ljytrl}不等于已填容量{ytrl}+当期填埋量{dqtml}"
        elif ljytrl > designnum:
            return False,'准确性',f"累计已填容量{ljytrl}超过设计贮存数量{designnum}"
    return True,'',''
```

图 14-31　累计已填容量（m^3）-填埋场检查

14.3.4　涉 VOCs 污染源排放过程工况监控

1．业务介绍

涉 VOCs 污染源排放过程工况监控系统（以下简称工况监控系统）是通过对企业生产运行数据、治理设施运行数据的采集，利用智能数据分析等技术实现对污染排放的过程连

续监管，实时地掌握污染源主要产污和治污设施的同步运行情况、治污设施的有效运行情况等。该平台提供信息展示、实时监控、异常管理、一企一档等板块，信息展示板块将监管的企业及信息通过图表的方式表达且实时更新，监控板块采集、汇聚、统计和分析了涉VOCs 污染源排放工况（用电）监控数据，异常管理板块具有预警通知、预警统计、时间统计和企业分级等功能，切实提高了工作效能，使环境监管更加科学、高效。

2. 业务流程

涉 VOCs 污染源排放过程工况监控设备安装完成后，设备自动将采集的生产设施和治理设施的电流传输至工况监控系统的后台服务器，工况监控系统接收到数据后，通过预设的规则，判定企业生产设施正常运行时治理设施是否同步开启且正常工作。预设规则是，生产设施和治理设施均分别设置待机电流，当生产设施传输的电流高于待机电流则生产设施已开启。生产设施开启时，若治理设备传输的电流高于待机电流，则治理设施正常开启，工况监控系统不产生告警；若治理设备传输的电流为 0 或低于待机电流，则认为治理设施未开启，未开启时长达 30 分钟或以上时工况监控系统产生告警。运维人员对告警数据进行核实，若异常情况属实，则企业工作人员立即开启治理设施；若企业证实异常情况不符，则运维人员查找数据出错的原因，如工况监控设备是否损坏等。根据工况监控平台统计的数据，结合污染源监管部门的执法机制，定期出具分析报告，报告中按周和月对监控数据进行汇总分析，并通报告警频繁且持续时间长的问题企业，具体业务流程见图 14-32。

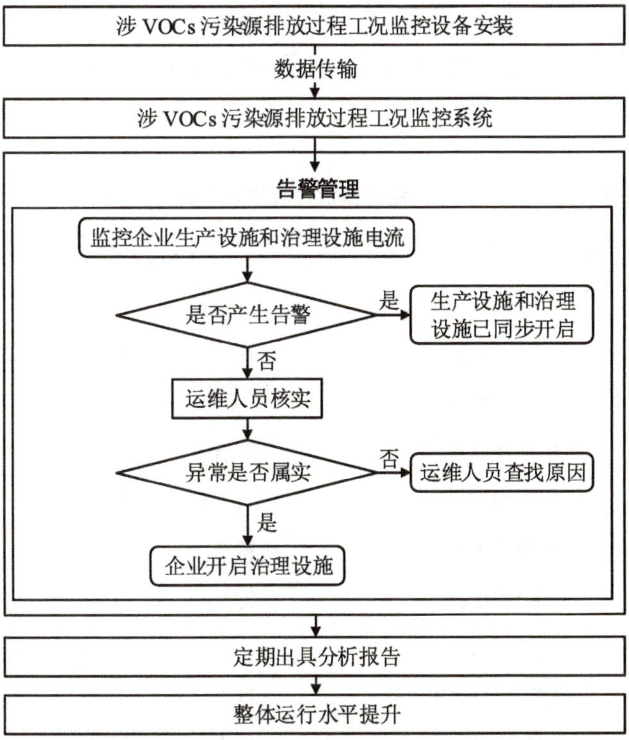

图 14-32　涉 VOCs 污染源排放过程工况监控业务流程

3. 核心业务数据

涉 VOCs 污染源排放过程工况监控系统相关数据可以分为企业基础信息、企业设备信息、业务（生产/治理）线信息、线（生产/治理）对应关系、行业类别信息、设备采集监控数据和告警数据，将这 7 种数据类型与 3 个特征因素进行对比，见表 14-11。经分析，线（生产/治理）对应关系和告警数据属于核心数据类型。

表 14-11　涉 VOCs 污染源排放过程工况监控系统核心数据类型

数据类型	共享性	价值性	关键性	分析结论
企业基础信息	不符合	不符合	不符合	否
企业设备信息	不符合	不符合	不符合	否
业务（生产/治理）线信息	不符合	不符合	不符合	否
线（生产/治理）对应关系	符合	符合	不符合	是
行业类别信息	不符合	不符合	不符合	否
设备采集监控数据	不符合	不符合	不符合	否
告警数据	符合	符合	不符合	是

表 14-12 识别了 VOCs 工况监控系统核心数据类型中的哪些字段属于核心业务数据。经分析，企业编号、生产线编号、生产线名称、治理线编号、治理线名称、企业告警线 ID、告警日期、告警开始时间、告警结束时间、当天开始分钟、当天结束分钟、持续分钟数属于核心业务数据。

表 14-12　涉 VOCs 污染源排放过程工况监控系统核心业务数据

数据类型	主要字段	共享性	价值性	关键性	分析结论
线（生产/治理）对应关系	编号	不符合	不符合	不符合	否
	企业编号	符合	不符合	不符合	是
	生产线编号	不符合	不符合	符合	是
	生产线名称	符合	符合	符合	是
	治理线编号	不符合	不符合	符合	是
	治理线名称	符合	符合	符合	是
告警数据	企业告警线 ID	符合	符合	不符合	是
	告警日期	符合	符合	不符合	是
	告警开始时间	符合	符合	符合	是
	告警结束时间	符合	符合	符合	是

数据类型	主要字段	共享性	价值性	关键性	分析结论
告警数据	当天开始分钟	符合	符合	符合	是
	当天结束分钟	符合	符合	符合	是
	持续分钟数	符合	符合	符合	是

4．数据质量规则

根据数据质量规则制定原则、数据质量指标等，结合 VOCs 工况的核心业务数据，制定以下检查规则，见表 14-13。

表 14-13　VOCs 污染源排放过程工况监控系统核心业务数据质量规则

数据类型	数据项	质量规则
线（生产/治理）对应关系	企业编号	• 不能为空； • 编号是由数字组成的字符； • 不允许出现小数点、逗号、句号等干扰字符； • 不允许出现“无”“null”“/”等长度为 1 的干扰项
	生产线编号	• 不能为空； • 编号是由数字组成的字符； • 不允许出现小数点、逗号、句号等干扰字符； • 不允许出现“无”“null”“/”等长度为 1 的干扰项
	生产线名称	• 不能为空； • 不允许出现繁体字
	治理线编号	• 不能为空； • 编号是由数字组成的字符； • 不允许出现小数点、逗号、句号等干扰字符； • 不允许出现“无”“null”“/”等长度为 1 的干扰项
	治理线名称	• 不能为空； • 不允许出现繁体字
告警数据	企业告警线 ID	• 不能为空； • 编号是由数字组成的字符； • 不允许出现小数点、逗号、句号等干扰字符； • 不允许出现“无”“null”“/”等长度为 1 的干扰项
	告警日期	• 不能为空； • 时间格式为 yyyy-mm-dd，年必须为 4 位，月必须为 2 位，日也必须为 2 位，且年的值必须小于或等于当前年份值，月的值必须在 01～12 范围内，日的值必须在 01～31 范围内； • 时间不能穿越，即不能大于当前时间
	告警开始时间	• 不能为空； • 时间格式为 yyyy-mm-dd hh:mm:ss，年必须为 4 位，月必须为 2 位，日必须为 2 位，时分秒必须为 2 位，且年的值必须小于或等于当前年份，月的值必须在 01～12 范围内，日的值必须在 01～31 范围内，时分秒的值必须在 01～60 范围内； • 时间不能穿越，即不能大于当前时间； • 告警开始时间的年月日和告警日期相同

数据类型	数据项	质量规则
告警数据	告警结束时间	• 不能为空； • 时间格式为 yyyy-mm-dd hh:mm:ss，年必须为 4 位，月必须为 2 位，日必须为 2 位，时分秒必须为 2 位，且年的值必须小于或等于当前年份，月的值必须在 01～12 范围内，日的值必须在 01～31 范围内，时分秒的值必须在 01～60 范围内； • 时间不能穿越，即不能大于当前时间； • 告警结束时间晚于告警开始时间
	当天开始分钟	• 不能为空； • 分钟格式为 hh:mm:ss，时分秒的值必须在 01～60 范围内； • 当天开始分钟与告警开始时间的时分秒的值相同
	当天结束分钟	• 不能为空； • 分钟格式为 hh:mm:ss，时分秒的值必须在 01～60 范围内； • 当天结束分钟与告警结束时间的时分秒的值相同
	持续分钟数	• 不能为空； • 持续分钟数为整数； • 数值为当天结束分钟减去当天开始分钟的值

此外，根据 VOCs 工况业务的特点，制定以下业务质量规则：① 1 号生产线对应着 1 号治理线，1 号生产线中可能有多个生产设备，1 号治理线中可能有多个治理设备；②当电压不为 0 时，电流不为 0。

5. 数据质量检查方法

通用的数据质量检查规则的数据监控脚本详见图 14-7，针对部分字段定制规则的监控脚本包括但不限于生产线与治理线序号检查（图 14-33）、电压电流检查（图 14-34）、告警结束时间检查（图 14-35）。

```
#sline_name 为生产线名称，zline_name 为治理线名称，格式均由"数字+#+中文"组成。
def check_line_num(sline_name,zline_name):
    #生产线与治理线序号不对应
    formular_right = True
    if sline_name is None or sline_name == '' or zline_name is None or zline_name == '':
        #空值的问题已通过 is_null 函数进行检查
        pass
    else:
        if sline_name.split('#')[0] != zline_name.split('#')[0]:
            return False,'一致性',f"生产线名称编号{sline_name}与治理线名称编号{zline_name}不一致"
        return True,'',''
```

图 14-33　生产线与治理线序号检查

```
#voltage 为电压值,current 为电流值
def check_electric_val(voltage,current):
    #检查当电压不为 0 时，电流是否 0
    if voltage is None or voltage == '':
        #空值的问题已通过 is_null 函数进行检查
        pass
    else:
        if current is None or current == 0:
            return False,'准确性',f"电压值为{voltage}时，电流值为 0"
        return True,'',''
```

图 14-34　电压电流检查

```
#gjjssj 为告警结束时间，gjkssj 为告警开始时间
def check_gjjssj(gjjssj,gjkssj):
    if gjjssj is None or gjjssj== '':
        #空值的问题已通过 is_null 函数进行检查
         pass
    else:
#告警结束时间晚于告警开始时间
        if gjjssj > gjkssj:
            return False,'时效性',f"告警结束时间{gjjssj}大于告警开始时间{gjkssj}"
    return True,'',''
```

图 14-35　告警结束时间检查

14.3.5　核与辐射安全管理

1. 业务介绍

核与辐射安全系统实现核技术利用和电磁辐射的安全监管，电磁和电离的环境监测、核与辐射预警管理和应急管理、核与辐射资源的信息化管理，增强了放射性物质危害的预防、预警、风险分析和评估能力，有效地预防了核与辐射事件/事故的发生，实现了辐射事故快速发现和处理。

2. 业务流程

核与辐射安全监管系统包括辐射安全监管、环境监测、预警管理、应急管理、资源管理、“一张图”管理、信息发布管理等功能（图 14-36）。辐射安全监管实现核技术利用单位、放射源、射线装置基本信息管理；放射源和射线装置视频监控、定位监控；电磁辐射源基本信息、自检信息、环评信息管理。环境监测实现电离环境监测、电磁环境监测、人工监测、数据查询、报表分析等功能。预警管理包括预警监测配置、事件管理等。应急管理包括应急保障、应急值守、应急资源、预案管理、指挥调度等功能。资源管理包括核应

急设施设备信息库、核应急气象信息库、核电站信息库、公共设施信息库、核应急组织/机构信息库、核与辐射事件/事故资源信息库、核与辐射事件响应预案知识信息库、核应急培训演练资源信息库、核与辐射事件响应法律法规信息库、专家知识案例库等功能。“一张图”管理实现自动监测点位、核技术利用单位、放射源、射线装置、电磁辐射源地图展示、详情查看、轨迹查看、视频查看等功能。信息发布管理包括核设施安全运行状况发布、辐射环境质量状况发布、核与辐射项目许可审批发布、重大监管信息发布、公众核与辐射安全知识发布等功能。

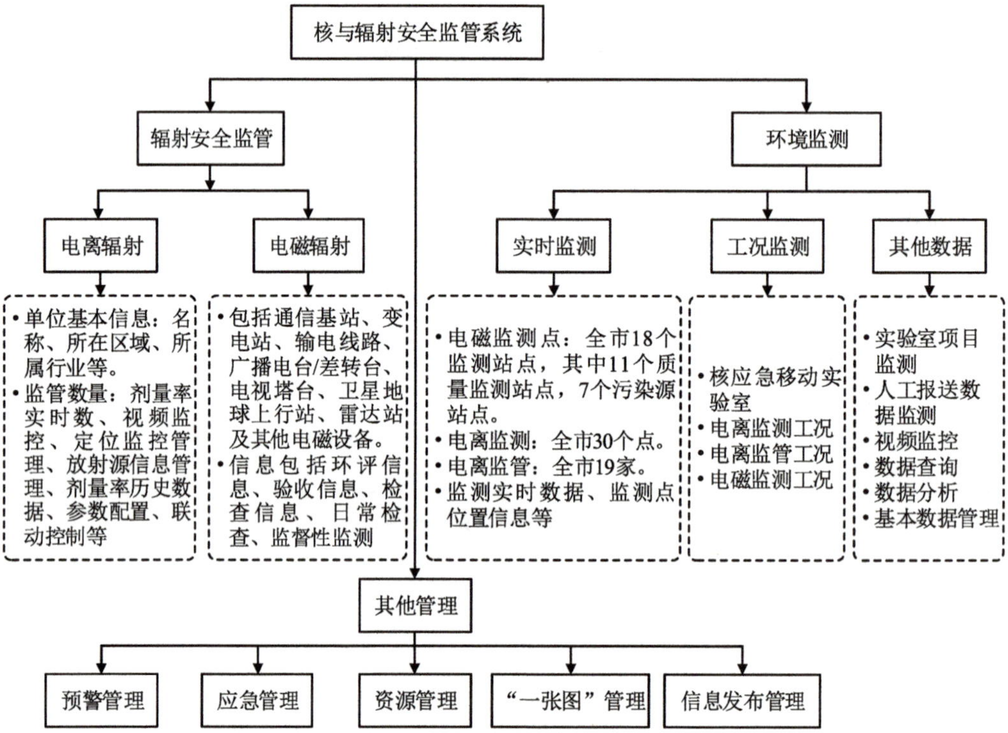

图 14-36　安全监管流程

3．核心业务数据

核与辐射监管系统数据包括核心基础信息、监测配置信息、数据统计信息、预警数据。其中，核心基础数据包括放射同位素（密封源数据和非密封的放射性物质数据）、射线装置数据；监测配置信息包括监测点位数据、监测点设备信息数据、设备监测因子数据和视频监控数据；数据统计信息包括轨迹数据（每个月生成 1 个表）、气象监测数据（每个月生成 1 个表）、电磁实时数据（每天生成 1 个表）、能谱数据（每个月 1 个表）、电离实时数据（每天 1 个表）、电磁频谱监测数据（每天 1 个表）和无人机监测数据。将这 14 种数据类型与 3 个特征因素进行对比，见表 14-14。经分析，放射同位素、射线装置数据等 10 类数据为核心业务数据。

表 14-14　核与辐射安全监管系统核心数据类型

数据类型	共享性	价值性	关键性	分析结论
放射同位素	符合	符合	不符合	是
射线装置数据	符合	符合	符合	是
监测点位数据	符合	符合	符合	是
监测点设备信息数据	不符合	不符合	不符合	否
设备监测因子数据	不符合	不符合	不符合	否
视频监控数据	不符合	不符合	不符合	否
轨迹数据	不符合	不符合	不符合	否
气象监测数据	符合	符合	不符合	是
电磁实时数据	符合	符合	不符合	是
能谱数据	符合	符合	不符合	是
电离实时数据	符合	符合	不符合	是
电磁频谱监测数据	符合	符合	不符合	是
无人机监测数据	符合	符合	不符合	是
预警数据	符合	符合	不符合	是

表 14-15 识别了核与辐射安全监管系统核心数据类型中的哪些字段属于核心业务数据。经分析，核素、类别、射线装置名称、装置状态、记录产生时间、记录更新时间、是否启用、监测点名称、监测点编号、监测点经度、监测点纬度、监测点地址、监测频次、监测断面类型代码、监测时间、监测因子编码、监测因子名称、监测值、监测日期、最大监测值、累计监测值、数据状态、剂量率、频段名称、起始频率（MHz）、结束频率（MHz）、频点个数、频谱数据、无人机编码、电压、经度、纬度、事件描述和预警类型为核心业务数据。

表 14-15　核与辐射安全监管系统核心业务数据

数据类型	主要字段	共享性	价值性	关键性	分析结论
放射同位素	核素	符合	符合	不符合	是
	类别	不符合	不符合	符合	是
	编码	不符合	不符合	不符合	否
射线装置数据	单位代码	不符合	不符合	不符合	否
	射线装置名称	符合	不符合	不符合	是
	装置状态	不符合	不符合	符合	是

数据类型	主要字段	共享性	价值性	关键性	分析结论
射线装置数据	是否历史台账	不符合	不符合	不符合	否
	记录更新人 ID	不符合	不符合	不符合	否
	记录产生时间	不符合	不符合	符合	是
	记录更新时间	不符合	不符合	符合	是
	是否启用	不符合	不符合	符合	是
监测点位数据	监测点名称	符合	符合	不符合	是
	监测点编号	不符合	不符合	符合	是
	监测点经度	符合	符合	符合	是
	监测点纬度	符合	符合	符合	是
	监测点地址	符合	符合	不符合	是
	监测频次	符合	符合	不符合	是
	监测断面类型代码	符合	符合	不符合	是
气象监测数据	监测时间	符合	符合	不符合	是
	监测因子编码	不符合	不符合	符合	是
	监测因子名称	符合	符合	不符合	是
	监测值	符合	符合	不符合	是
电磁实时数据	监测日期	符合	符合	不符合	是
	监测因子编码	不符合	不符合	符合	是
	监测值	符合	符合	不符合	是
	最大监测值	符合	符合	符合	是
	累计监测值	符合	符合	符合	是
	数据状态	不符合	不符合	符合	是
能谱数据	监测因子编码	不符合	不符合	符合	是
	监测时间	符合	符合	不符合	是
	监测值	符合	符合	不符合	是
	剂量率	符合	符合	符合	是
电离实时数据	监测日期	符合	符合	不符合	是
	监测时间	符合	符合	不符合	是
	监测因子编码	不符合	不符合	符合	是
	监测值	符合	符合	不符合	是
电磁频谱监测数据	监测日期	符合	符合	不符合	是
	数据类型	不符合	不符合	不符合	否

数据类型	主要字段	共享性	价值性	关键性	分析结论
电磁频谱监测数据	频段名称	符合	符合	不符合	是
	起始频率/MHz	符合	符合	符合	是
	结束频率/MHz	符合	符合	符合	是
	频点个数	符合	符合	符合	是
	频谱数据	符合	符合	符合	是
无人机监测数据	无人机编码	符合	符合	符合	是
	监测时间	符合	符合	不符合	是
	剂量率	符合	符合	符合	是
	电压	符合	符合	符合	是
	纬度	符合	符合	符合	是
	经度	符合	符合	符合	是
预警数据	上报人姓名	不符合	不符合	不符合	否
	上报人联系电话	不符合	不符合	不符合	否
	经度	符合	符合	符合	是
	纬度	符合	符合	符合	是
	事件描述	符合	符合	符合	是
	预警类型	符合	符合	符合	是

4．数据质量规则

根据数据质量规则制定原则、数据质量指标等，结合核与辐射实际业务，对识别出的核心业务数据制定质量规则，见表 14-16。

表 14-16　核与辐射安全监管系统核心业务数据质量规则

数据类型	数据项	质量规则
放射同位素	核素	• 不能为空； • 填写内容应在规定范围内
	类别	• 不能为空； • 填写内容应在规定范围内
射线装置数据	射线装置名称	• 不能为空； • 不允许出现“无”“null”“/”等长度为 1 的干扰项； • 不允许出现繁体字
	装置状态	• 不能为空； • 填写内容应在规定范围内； • 不允许出现“无”“null”“/”等长度为 1 的干扰项

数据类型	数据项	质量规则
射线装置数据	记录产生时间	• 不能为空； • 时间格式为 yyyy-mm-dd hh:mm:ss，年必须为 4 位，月、日、时、分、秒必须各为 2 位，且年的值必须小于或等于当前年份值，月的值必须在 01～12 范围内，日的值必须在 01～31 范围内，时分秒的值必须在 01～60 的范围内
	记录更新时间	• 不能为空； • 时间格式为 yyyy-mm-dd hh:mm:ss，年必须为 4 位，月、日、时、分、秒必须各为 2 位，且年的值必须小于或等于当前年份值，月的值必须在 01～12 范围内，日的值必须在 01～31 范围内，时分秒的值必须在 01～60 的范围内； • 记录更新时间大于或等于记录产生时间
	是否启用	• 不能为空； • 应填写内容只能是“启用”或“不启用”
监测点位数据	监测点名称	• 不能为空； • 不允许出现逗号、句号等干扰字符； • 不允许半全角符号混合； • 不允许出现乱码
	监测点编号	• 不能为空； • 编号由数字和字母组成的； • 不允许出现逗号、句号等干扰字符； • 不允许出现“无”“null”“/”等长度为 1 的干扰项
	监测点经度	• 不能为空； • 值必须在深圳区域内，深圳市经度范围为东经 113°43′至 114°38′（深圳政府在线官网公布）； • 必须为数字型数据
	监测点纬度	• 不能为空； • 值必须在深圳区域内，深圳市纬度范围为北纬 22°24′至 22°52′（深圳政府在线官网公布）； • 必须为数字型数据
	监测点地址	• 不能为空； • 不允许半全角符号混合； • 不允许出现繁体字； • 不允许出现乱码； • 不允许出现“无”“null”“/”等长度为 1 的干扰项； • 地址中不允许只出现行政区或街道信息（地址信息应涉及街道或街道以下详细地址信息）； • 地址应在深圳范围内
	监测频次	• 不能为空； • 只能为数字； • 数字均为整数
	监测断面类型代码	• 不能为空； • 断面类型包括环境地表辐射监测、空气气溶胶辐射监测、地表水辐射监测、土壤辐射监测和环境地表辐射，这 5 类断面类型的代码为 1～5，故代码的数值范围为 1～5 且均为整数

数据类型	数据项	质量规则
气象监测数据	监测时间	• 不能为空； • 时间格式为 yyyy-mm-dd hh:mm:ss，年必须为 4 位，月、日、时、分、秒必须各为 2 位，且年的值必须小于或等于当前年份值，月的值必须在 01～12 范围内，日的值必须在 01～31 范围内，时分秒的值必须在 01～60 的范围内
	监测因子编码	• 不能为空； • 长度为 6 位
	监测因子名称	• 不能为空； • 填写内容应在规定范围内； • 不允许出现“无”“null”“/”等长度为 1 的干扰项
	监测值	• 不能为空； • 只能为数字； • 只能出现小数点，不允许出现逗号、句号等干扰字符
电磁实时数据	监测日期	• 不能为空； • 日期格式为 yyyy-mm-dd，年必须为 4 位，月、日必须各为 2 位，且年的值必须小于或等于当前年份值，月的值必须在 01～12 范围内，日的值必须在 01～31 范围内
	监测因子编码	• 不能为空； • 长度为 6 位
	监测值	• 不能为空； • 只能为数字； • 只能出现小数点，不允许出现逗号、句号等干扰字符
	最大监测值	• 不能为空； • 只能为数字； • 只能出现小数点，不允许出现逗号、句号等干扰字符
	累计监测值	• 不能为空； • 只能为数字； • 只能出现小数点，不允许出现逗号、句号等干扰字符
	数据状态	• 不能为空； • 数据状态包括实时采集和断点续传； • 不允许出现“无”“null”“/”等长度为 1 的干扰项
能谱数据	监测因子编码	• 不能为空； • 长度为 6 位
	监测时间	• 不能为空； • 时间格式为 yyyy-mm-dd hh:mm:ss，年必须为 4 位，月、日、时、分、秒必须各为 2 位，且年的值必须小于或等于当前年份值，月的值必须在 01～12 范围内，日的值必须在 01～31 范围内，时分秒的值必须在 01～60 的范围内
	监测值	• 不能为空； • 只能为整数数字； • 不允许出现逗号、句号等干扰字符
	剂量率	• 不能为空； • 只能为数字； • 只能出现小数点，不允许出现逗号、句号等干扰字符

数据类型	数据项	质量规则
电离实时数据	监测日期	• 不能为空； • 日期格式为 yyyy-mm-dd；年必须为 4 位，月必须为 2 位，日必须为 2 位，且年的值必须小于等于当前年份值，月的值必须在 01～12 范围内，日的值必须在 01～31 范围内
	监测时间	• 不能为空； • 时间格式为 yyyy-mm-dd hh:mm:ss，年必须为 4 位，月、日、时、分、秒必须各为 2 位，且年的值必须小于或等于当前年份值，月的值必须在 01～12 范围内，日的值必须在 01～31 范围内，时分秒的值必须在 01～60 的范围内
	监测因子编码	• 不能为空； • 长度为 6 位
	监测值	• 不能为空； • 只能为数字； • 只能出现小数点，不允许出现逗号、句号等干扰字符
电磁频谱监测数据	监测日期	• 不能为空； • 日期格式为 yyyy-mm-dd，年必须为 4 位，月必须为 2 位，日必须为 2 位，且年的值必须小于或等于当前年份值，月的值必须在 01～12 范围内，日的值必须在 01～31 范围内
	频段名称	• 不能为空； • 填写内容应在规定范围内； • 不允许出现“无”“null”“/”等长度为 1 的干扰项
	起始频率/MHz	• 不能为空； • 只能为数字； • 只能出现小数点，不允许出现逗号、句号等干扰字符
	结束频率/MHz	• 不能为空； • 只能为数字； • 只能出现小数点，不允许出现逗号、句号等干扰字符
	频点个数	• 不能为空； • 填写内容为整数； • 整数数值大于零
	频谱数据	• 不能为空； • 只能为数字
无人机监测数据	无人机编码	不能为空
	监测时间	• 不能为空； • 时间格式为 yyyy-mm-dd hh:mm:ss，年必须为 4 位，月必须为 2 位，日必须为 2 位，且年的值必须小于或等于当前年份值，月的值必须在 01～12 范围内，日的值必须在 01～31 范围内
	经度	• 不能为空； • 值必须在深圳区域内，深圳市经度范围为东经 113°43′至 114°38′（深圳政府在线官网公布）； • 必须为数字型数据
	纬度	• 不能为空； • 值必须在深圳区域内，深圳市纬度范围为北纬 22°24′至 22°52′（深圳政府在线官网公布）； • 必须为数字型数据

数据类型	数据项	质量规则
无人机监测数据	剂量率	• 不能为空； • 只能为数字； • 只能出现小数点，不允许出现逗号、句号等干扰字符
	电压	• 不能为空； • 只能为数字； • 电压不得超过 220 V
预警数据	经度	• 不能为空； • 值必须在深圳区域内，深圳市经度范围为东经 113°43′至 114°38′（深圳政府在线官网公布）； • 必须为数字型数据
	纬度	• 不能为空； • 值必须在深圳区域内，深圳市纬度范围为北纬 22°24′至 22°52′（深圳政府在线官网公布）； • 必须为数字型数据
	事件描述	• 不能为空； • 不允许半全角符号混合； • 不允许出现繁体字； • 不允许出现乱码； • 不允许出现“无”“null”“/”等长度为 1 的干扰项
	预警类型	• 不能为空； • 填写内容应在规定范围内； • 不允许出现“无”“null”“/”等长度为 1 的干扰项

根据核与辐射业务的特点，制定以下业务质量规则：①当电压为 220 V 左右时，电流不为 0；②放射同位素表中的单位应存在于单位基本信息表中；③监测设备表中的单位应存在于单位基本信息表中；④监测设备与监测项目对应关系表中的单位应存在于单位基本信息表中。

5．数据质量检查方法

通用的数据质量检查规则的数据监控脚本详见图 14-7，针对部分字段定制规则的监控脚本包括但不限于电压电流检查（图 14-37）、断面类型代码检查（图 14-38）。

```
#voltage 为电压值,current 为电流值
def check_electric_val(voltage,current):
    #检查当电压不为 0 时，电流是否 0
    if voltage is None or voltage == '':
        #空值的问题已通过 is_null 函数进行检查
        pass
    else:
        if current is None or current == 0:
            return False,'准确性',f"电压值为{voltage}时，电流值为 0"
        return True,'',''
```

图 14-37　电压电流检查

```
code_point_type_dict = {1:'环境地表辐射监测',2:'空气气溶胶辐射监测',3:'地表水辐射监测',4:'土壤辐射监测',5:'环境地表辐射'}
#code_point_type 为断面类型代码。
def check_code_point_type(code_point_type):
    #断面类型代码检查
    if code_point_type is None or code_point_type == '' :
        #空值的问题已通过 is_null 函数进行检查
        pass
    else:
        if code_point_type not in code_point_type_dict:
            return False,'有效性',f"断面类型代码{code_point_type}不在规定的取值范围内"
    return True,'',''
```

图 14-38　断面类型代码检查

14.3.6　清洁生产审核

1. 业务介绍

清洁生产审核是指按照一定程序对生产和服务过程进行调查和诊断，找出能耗高、物耗高、污染重的原因，提出降低能耗、物耗、废物产生及减少有毒有害物料的使用、产生和废弃物资源化利用的方案，进而选定并实施技术经济及环境可行的清洁生产方案的过程。

根据《中华人民共和国清洁生产促进法》、《清洁生产审核办法》、《关于深入推进重点行业清洁生产审核工作的通知》（环办科财〔2020〕27 号）和《深圳市清洁生产审核实施细则》（深工信规〔2019〕9 号）的有关要求，市生态环境主管部门结合当地实际情况确定并发布年度清洁生产审核企业名单，企业依据强制原因围绕审核重点开展审核工作。同时，遵循“节能、降耗、减污、增效”的基本原则，关注有明显清洁生产机会、环境及公众压力大的环节和部位，认真审核每个生产环节的物料、能源消耗和污染产生，从源头削减污染，提高能源利用效率，减少污染排放。

2. 业务流程

清洁生产审核业务流程主要包括确定名单、企业开展审核、组织验收和结果发布 4 个阶段（图 14-39）。首先，确定名单。市级主管部门向各区发布上报强制性清洁生产审核企业名单的通知，由各区上报“双超双有”的需要实施强制性清洁生产审核的企业名单，市级主管部门汇总、核定、补充名单并征求意见后正式发布名单。其次，企业开展审核。清洁生产审核企业应在名单发布之日起一个月内登录广东省清洁生产信息服务平台（以下简称服务平台）注册并公布相关信息，并在两个月内启动清洁生产审核，一年内完成清洁生产审核报告。企业实施清洁生产审核流程，原则上包括审核准备、预审核、审核、方案的产生和筛选、方案的确定、方案的实施、持续清洁生产等。再次，组织验收。企业完成清洁生产审核工作，实施中/高费清洁生产方案并取得一定的绩效后，登录服务平台提出评估验收申请，并提交广东省清洁生产审核绩效表和清洁生产审核报告（送审稿）；组织验收的单位定期收集企业提交的材料，并组织专家对材料进行初审，对不符合要求的材料提出初审意见，符合要求的材料将组织专家现场验收。通过专家验收的企业，须在 1 个月内将修改完善后的清洁生产审核报告（实施稿）（封面、扉页加盖公章）、修改说明、清洁生产审核绩效表（表内绩效数据需根据专家意见修正）上传至服务平台。经主管部门审核通过后，企业可登录服务平台下载评估验收意见。最后，结果发布。市级主管部门发布强制性清洁生产审核验收结果，不通过的企业将自动滚入下一轮清洁生产审核。

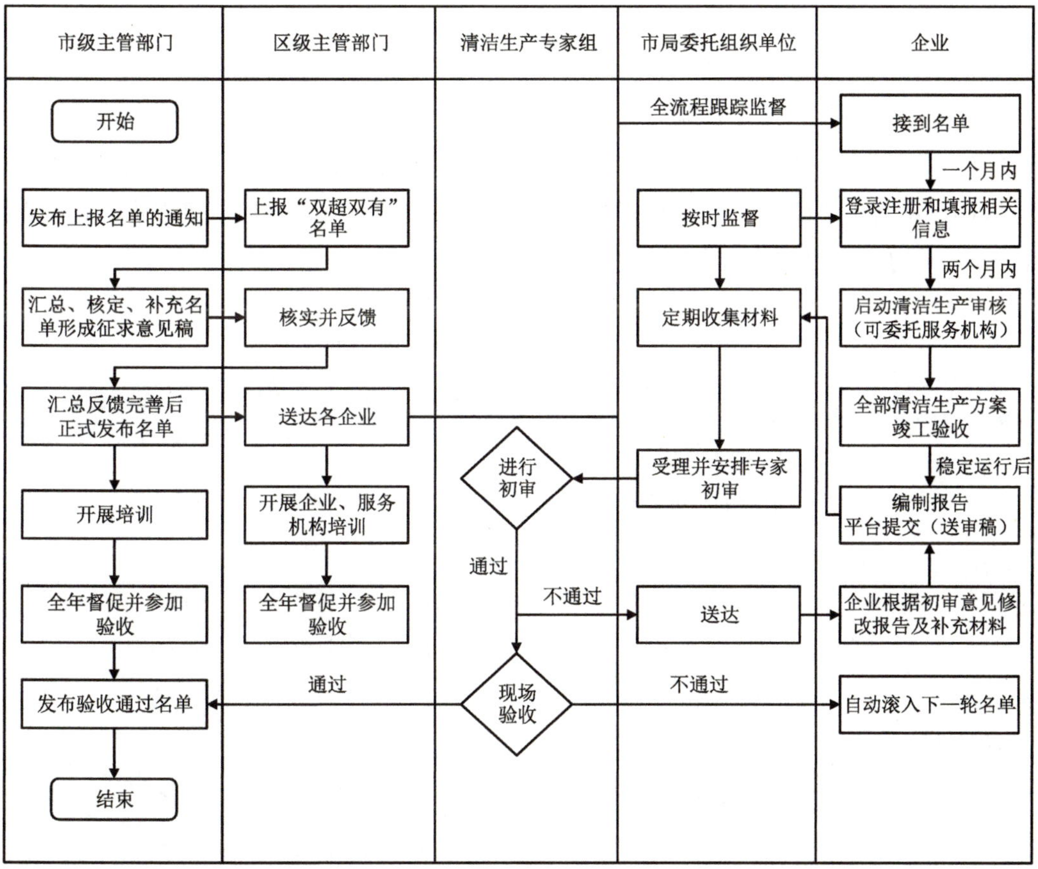

图 14-39 深圳市强制性清洁生产审核验收流程

3. 核心业务数据

清洁生产审核系统相关数据可分为企业基本信息数据、第一类污染物减排数据、取得突出减排效果的中/高费方案简介、基础绩效信息、主要产品及产量和审核过程数据，将这 6 种数据类型与 3 个特征因素进行对比，见表 14-17。

表 14-17 清洁生产审核系统核心数据类型

数据类型	共享性	价值性	关键性	分析结论
企业基本信息数据	符合	符合	不符合	是
第一类污染物减排数据	符合	符合	不符合	是
取得突出减排效果的中/高费方案简介	不符合	不符合	不符合	否
基础绩效信息	符合	符合	不符合	是
主要产品及产量	不符合	不符合	不符合	否
审核过程数据	符合	符合	符合	是

表 14-18 识别了清洁生产审核系统核心数据类型中的哪些字段属于核心业务数据。经分析，验收完成时间、重点行业名称、污染物名称、减排量、节油量、危险废物减排、氨氮减排、废水减排、节综合能耗量、节天然气量、节水量、CO_2 减排、NO_x 减排、废气减排、VOCs 减排、总磷减排、COD 减排、SO_2 减排、审核状态、开展审核方式、对企业评估得分（平均分）、审核截止时间为核心业务数据。

表 14-18 清洁生产审核系统核心业务数据

数据类型	主要字段	共享性	价值性	关键性	分析结论
企业基本信息数据	企业性质	不符合	不符合	不符合	否
	清洁生产负责人	不符合	不符合	不符合	否
	危险废物产生和处置情况	不符合	不符合	不符合	否
	验收完成时间	符合	符合	不符合	是
	重点行业名称	符合	符合	不符合	是
第一类污染物减排数据	污染物名称	符合	符合	不符合	是
	减排量	符合	符合	不符合	是
基础绩效信息	已实施中/高费方案—所需投资	不符合	不符合	不符合	否
	节油量	符合	符合	不符合	是
	危险废物减排	符合	符合	不符合	是
	粉尘减排	不符合	不符合	不符合	否
	氨氮减排	符合	符合	不符合	是
	废水减排	符合	符合	不符合	是
	节综合能耗量	符合	符合	不符合	是
	节煤量	不符合	不符合	不符合	否
	一般固体废物减排	不符合	不符合	不符合	否

数据类型	主要字段	共享性	价值性	关键性	分析结论
基础绩效信息	烟尘减排	不符合	不符合	不符合	否
	节天然气量	符合	符合	不符合	是
	节水量	符合	符合	不符合	是
	CO_2 减排	符合	符合	不符合	是
	NO_x 减排	符合	符合	不符合	是
	废气减排	符合	符合	不符合	是
	节蒸气量	不符合	不符合	不符合	否
	节电量	不符合	不符合	不符合	否
	VOCs 减排	符合	符合	不符合	是
	总磷减排	符合	符合	不符合	是
	COD 减排	符合	符合	不符合	是
	年产值	不符合	不符合	不符合	否
	SO_2 减排	符合	符合	不符合	是
审核过程数据	流程状态	不符合	不符合	不符合	否
	审核状态	符合	符合	符合	是
	评估验收意见表—附件 ID	不符合	不符合	不符合	否
	开展审核方式	符合	符合	不符合	是
	终审稿—绩效表盖章版附件 ID	不符合	不符合	不符合	否
	对企业评估得分（平均分）	符合	符合	符合	是
	审核截止时间	符合	符合	符合	是
	注册状态/生产情况	不符合	不符合	不符合	否

4. 数据质量规则

根据数据质量规则制定原则、数据质量指标等，结合清洁生产审核实际业务，对识别出的核心业务数据制定质量规则，见表 14-19。

表 14-19　清洁生产审核系统核心业务数据质量规则

数据类型	数据项	质量规则
企业基本信息数据	验收完成时间	• 不能为空； • 时间格式为 yyyy-mm-dd hh:mm:ss，年必须为 4 位，月必须为 2 位，日必须为 2 位，且年的值必须大于或等于 2007 且小于或等于当前年份值，月的值必须在 01～12 范围内，日的值必须在 01～31 范围内； • 时间不能穿越，即不能大于当前时间

数据类型	数据项	质量规则
企业基本信息数据	重点行业名称	• 不能为空； • 行业类别名称不超出《国民经济行业分类》规定的行业范围
第一类污染物减排数据	污染物名称	• 不能为空； • 填写内容应在规定范围内
	减排量	• 不能为空； • 只能为数字； • 只能出现小数点，不允许出现逗号、句号等干扰字符； • 不允许出现“无”“null”“/”等长度为 1 的干扰项
基础绩效信息	节油量	• 不能为空； • 只能为数字； • 只能出现小数点，不允许出现逗号、句号等干扰字符； • 不允许出现“无”“null”“/”等长度为 1 的干扰项
	危险废物减排	• 不能为空； • 只能为数字； • 只能出现小数点，不允许出现逗号、句号等干扰字符； • 不允许出现“无”“null”“/”等长度为 1 的干扰项
	氨氮减排	• 不能为空； • 只能为数字； • 只能出现小数点，不允许出现逗号、句号等干扰字符； • 不允许出现“无”“null”“/”等长度为 1 的干扰项
	废水减排	• 不能为空； • 只能为数字； • 只能出现小数点，不允许出现逗号、句号等干扰字符； • 不允许出现“无”“null”“/”等长度为 1 的干扰项
	节综合能耗量	• 不能为空； • 只能为数字； • 只能出现小数点，不允许出现逗号、句号等干扰字符； • 不允许出现“无”“null”“/”等长度为 1 的干扰项
	节天然气量	• 不能为空； • 只能为数字； • 只能出现小数点，不允许出现逗号、句号等干扰字符； • 不允许出现“无”“null”“/”等长度为 1 的干扰项
	节水量	• 不能为空； • 只能为数字； • 只能出现小数点，不允许出现逗号、句号等干扰字符； • 不允许出现“无”“null”“/”等长度为 1 的干扰项
	CO_2 减排	• 不能为空； • 只能为数字； • 只能出现小数点，不允许出现逗号、句号等干扰字符； • 不允许出现“无”“null”“/”等长度为 1 的干扰项

数据类型	数据项	质量规则
基础绩效信息	NO_x减排	• 不能为空； • 只能为数字； • 只能出现小数点，不允许出现逗号、句号等干扰字符； • 不允许出现“无”“null”“/”等长度为 1 的干扰项
	废气减排	• 不能为空； • 只能为数字； • 只能出现小数点，不允许出现逗号、句号等干扰字符； • 不允许出现“无”“null”“/”等长度为 1 的干扰项
	VOCs 减排	• 不能为空； • 只能为数字； • 只能出现小数点，不允许出现逗号、句号等干扰字符； • 不允许出现“无”“null”“/”等长度为 1 的干扰项
	总磷减排	• 不能为空； • 只能为数字； • 只能出现小数点，不允许出现逗号、句号等干扰字符； • 不允许出现“无”“null”“/”等长度为 1 的干扰项
	COD 减排	• 不能为空； • 只能为数字； • 只能出现小数点，不允许出现逗号、句号等干扰字符； • 不允许出现“无”“null”“/”等长度为 1 的干扰项
	SO_2减排	• 不能为空； • 只能为数字； • 只能出现小数点，不允许出现逗号、句号等干扰字符； • 不允许出现“无”“null”“/”等长度为 1 的干扰项
审核过程数据	审核状态	• 不能为空； • 填写内容应在规定范围内； • 不允许出现“无”“null”“/”等长度为 1 的干扰项
	开展审核方式	• 不能为空； • 开展审核方式包括自主开展和委托第三方技术服务单位两种方式，审核方式代码分别为“1”和“2”，故只能填写“1”或“2”； • 不允许出现“无”“null”“/”等长度为 1 的干扰项
	对企业评估得分（平均分）	• 不能为空； • 只能为数字； • 只能出现小数点，不允许出现逗号、句号等干扰字符； • 不允许出现“无”“null”“/”等长度为 1 的干扰项
	审核截止时间	• 不能为空； • 时间格式为 yyyy-mm-dd hh:mm:ss，年必须为 4 位，月必须为 2 位，日必须为 2 位，且年的值必须大于或等于 2007 且小于或等于当前年份值，月的值必须在 01～12 范围内，日的值必须在 01～31 范围内

此外，根据清洁生产审核业务的特点，制定以下业务质量规则：每家企业都有一个评估得分。

5. 数据质量检查方法

通用的数据质量检查规则的数据监控脚本见图 14-7，针对部分字段定制规则的监控脚本包括但不限于第一类污染物检查（图 14-40）、审核时间检查（图 14-41）。

```
first_kind_pollutant_name_list = ['总汞','烷基汞','总镉','总铬','六价铬','总砷','总铅','总镍','苯并芘','总铍','总银']
#first_kind_pollutant_name 为第一类污染物名称
def check_first_kind_pollutant_name(first_kind_pollutant_name):
    #第一类污染物检查
    if first_kind_pollutant_name is None or first_kind_pollutant_name == '':
        #空值的问题已通过 is_null 函数进行检查
        pass
    else:
        if first_kind_pollutant_name not in first_kind_pollutant_name_list:
            return False,'有效性',f"第一类污染物{first_kind_pollutant_name}不在 GB8978-1996《污水综合排放标准》规定的取值范围内"
    return True,'',''
```

图 14-40　第一类污染物检查

```
#operate_time 为审核时间，deadline_time 为审核截止时间
def check_audit_time(operate_time,deadline_time):
    #检查审核时间和审核截止时间的先后关系
    if operate_time is None or operate_time == '' or deadline_time is None or deadline_time == '':
        #空值的问题已通过 is_null 函数进行检查
        pass
    else:
        begin_date=datetime.datetime.strptime(operate_time,'%Y-%m-%d %H:%M:%S')
        end_date=datetime.datetime.strptime(deadline_time,'%Y-%m-%d %H:%M:%S')
        if begin_date > end_date:
            return False,'时序性',f"审核时间{operate_time}晚于审核截止时间{deadline_time}"
    return True,'',''
```

图 14-41　审核时间检查

14.3.7　移动执法

1. 业务介绍

移动执法系统是指以移动数据通信网络为传输通道，通过使用移动执法终端，依据生态环境执法流程，实现生态环境执法任务接收、执行、反馈、现场查询企业信息及往期执法情况、调查取证、笔录制作等业务功能的信息处理系统。移动执法终端是指移动执法系

统的专用终端设备，包括手机或平板、智能身份识别终端、通信卡及便携式打印机或指纹电子签名采集器等。深圳市从事生态环境执法检查、稽查工作的执法人员在开展生态环境执法检查、稽查等具体行政行为中均使用该系统。该系统已开发任务管理、查询统计、决策分析、基础数据、一企一档等模块，推动生态环境执法工作统一标准、统一尺度、统一程序、统一平台、统一数据库，进一步优化细化执法工作流程。

2．业务流程

移动执法系统的业务流程主要包括任务接收、任务执行和任务反馈 3 个阶段（图 14-42）。首先是任务接收，生态环境执法处罚一体化平台从指挥调度系统、信访系统、双随机系统等平台接收执法任务，并按行政区划、任务来源、任务状态等进行分类。然后是任务执行，一体化平台生成执法任务后，通过移动执法系统推送现场检查任务至移动端 App（平板、手机等），执法人员按要求进行现场执法。最后是任务反馈，执法人员现场执法时，在移动端 App 填写现场检查（勘察）笔录、调查询问笔录等，反馈现场执法情况，若发现违法行为，则开展立案调查，并将案件记录在行政处罚系统。

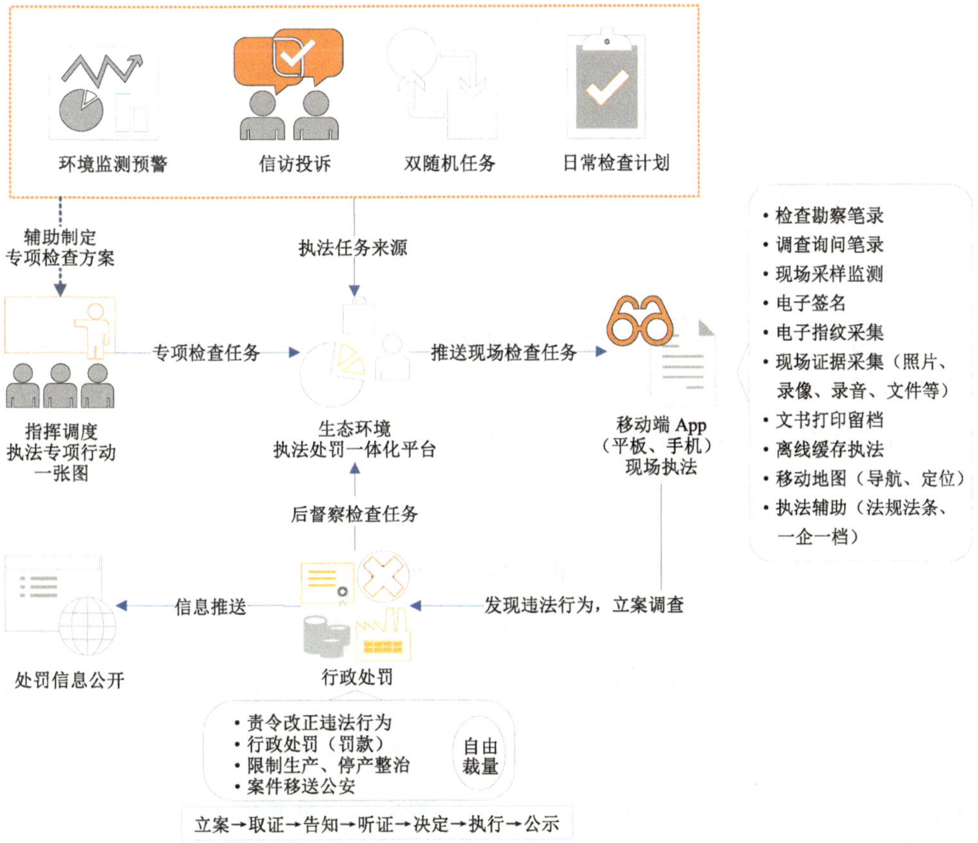

图 14-42　移动执法系统业务流程

3. 核心业务数据

移动执法系统相关数据可以分为任务接收、任务执行和任务反馈 3 类数据。其中，任务接收数据包括任务数据、省厅双随机任务数据、企业数据、任务与企业关联数据和任务与执法表单关联数据，任务执行数据包括执法人员数据和任务与执法人员关联数据，任务反馈数据包括调查询问数据。将这 8 种数据类型与 3 个特征因素进行对比，见表 14-20。经分析，任务数据、企业数据、执法人员数据和调查询问数据属于核心数据类型。

表 14-20　移动执法系统核心数据类型

数据类型	共享性	价值性	关键性	分析结论
任务数据	符合	符合	不符合	是
省厅双随机任务数据	不符合	不符合	不符合	否
企业数据	符合	符合	不符合	是
任务与企业关联数据	不符合	不符合	不符合	否
任务与执法表单关联数据	不符合	不符合	不符合	否
执法人员数据	不符合	不符合	符合	是
任务与执法人员关联数据	不符合	不符合	不符合	否
调查询问数据	符合	符合	符合	是

表 14-21 识别了移动执法系统核心数据类型中的哪些字段属于核心业务数据。经分析，任务编号、任务单号、任务名称、所属区域、所属计划、执法任务来源、执法企业数、任务描述、完成时间、双随机企业编码、环境执法证号、有效状态、双随机人员编码、是否上报省厅、污染源编号、监管事项、执法人员 ID、案由、处理结果为核心业务数据。

表 14-21　移动执法系统核心业务数据

数据类型	主要字段	共享性	价值性	关键性	分析结论
任务数据	任务编号	符合	不符合	符合	是
	任务单号	符合	不符合	符合	是
	任务名称	符合	不符合	符合	是
	所属区域	符合	符合	不符合	是
	所属计划	符合	符合	不符合	是

数据类型	主要字段	共享性	价值性	关键性	分析结论
任务数据	执法任务来源	不符合	符合	符合	是
	执法企业数	不符合	符合	符合	是
	任务描述	不符合	符合	符合	是
	完成时间	符合	符合	符合	是
企业数据	曾用名	不符合	不符合	不符合	否
	双随机企业编码	符合	符合	符合	是
执法人员数据	环境执法证号	符合	符合	符合	是
	有效状态	不符合	不符合	符合	是
	政府执法证号	不符合	不符合	不符合	否
	双随机人员编码	符合	符合	符合	是
	监察证号	不符合	不符合	不符合	否
	是否参与现场执法检查	不符合	不符合	不符合	否
	是否上报省厅	不符合	符合	不符合	是
调查询问数据	污染源编号	不符合	不符合	符合	是
	巡查执法编号	不符合	不符合	不符合	否
	住址	不符合	不符合	不符合	否
	监管事项	符合	符合	符合	是
	记录人 ID	不符合	不符合	不符合	否
	采集人	不符合	不符合	不符合	否
	执法人员 ID	符合	符合	符合	是
	工作单位	不符合	不符合	不符合	否
	被调查人姓名	不符合	不符合	不符合	否
	地点	不符合	不符合	不符合	否
	案由	符合	符合	符合	是
	处理结果	符合	符合	符合	是

4．数据质量规则

根据数据质量规则制定原则、数据质量指标等，结合移动执法实际业务，对识别出的核心业务数据制定质量规则，见表 14-22。

表 14-22　移动执法系统核心业务数据质量规则

数据类型	数据项	质量规则
任务数据	任务编号	• 不能为空； • 任务编号由 6 位数字组成； • 不允许出现小数点、逗号、句号等干扰字符； • 不允许出现“无”“null”“/”等长度为 1 的干扰项
	任务单号	• 不能为空； • 任务单号由数字组成； • 不允许出现小数点、逗号、句号等干扰字符； • 不允许出现“无”“null”“/”等长度为 1 的干扰项
	任务名称	• 不能为空； • 不允许出现逗号、句号等干扰字符； • 不允许半全角符号混合； • 不允许出现繁体字； • 不允许出现乱码
	所属区域	• 不能为空； • 不允许出现不规则符号； • 区域代码在深圳范围内，如罗湖区为 440303、福田区为 440304、南山区为 440305、宝安区为 440306、龙岗区（含大鹏新区，大鹏新区在行政区划上隶属龙岗区）为 440307、盐田区为 440308，根据深圳市政府在线官网公布信息，龙华区为 440309、坪山区为 440310、光明区为 440311、深汕特别合作区（行政区划隶属海丰县）为 441521
	所属计划	• 不能为空； • 不允许出现逗号、句号等干扰字符； • 不允许半全角符号混合； • 不允许出现繁体字； • 不允许出现乱码
	执法任务来源	• 不能为空； • 不能出现不规则符号； • 字符限定长度为 3； • 字符均为数字
	执法企业数	• 不能为空； • 填写内容为整数； • 整数数值大于零
	任务描述	• 不能为空； • 不允许出现繁体字； • 不允许出现不规则符号等； • 不允许出现“无”“null”“/”等长度为 1 的干扰项
	完成时间	• 不能为空； • 时间格式为 yyyy-mm-dd hh:mm:ss，年必须为 4 位，月、日、时、分、秒必须各为 2 位，且年的值必须小于或等于当前年份，月的值必须在 01～12 范围内，日的值必须在 01～31 范围内，时分秒的值必须在 01～60 范围内； • 完成时间晚于任务生成时间； • 时间不能穿越，即不能大于当前时间

数据类型	数据项	质量规则
企业数据	双随机企业编码	• 不能为空； • 企业编码由 6 位数字组成； • 不允许出现小数点、逗号、句号等干扰字符； • 不允许出现“无”“null”“/”等长度为 1 的干扰项
执法人员数据	环境执法证号	• 不能为空； • 执法证号由 6 位数字组成； • 不允许出现小数点、逗号、句号等干扰字符； • 不允许出现“无”“null”“/”等长度为 1 的干扰项
	有效状态	• 不能为空； • 填写内容只能是“是”或“否”
	双随机人员编码	• 不能为空； • 编码由数字组成； • 不允许出现小数点、逗号、句号等干扰字符； • 不允许出现“无”“null”“/”等长度为 1 的干扰项
	是否上报省厅	• 不能为空； • 填写内容只能是“是”或“否”
调查询问数据	污染源编号	• 不能为空； • 污染源编号和对应的名称应该是一一映射； • 不允许出现不规则符号等
	监管事项	• 不能为空； • 不允许出现逗号、句号等干扰字符； • 不允许半全角符号混合； • 不允许出现繁体字； • 不允许出现乱码
	执法人员 ID	• 不能为空； • 编码由数字组成； • 不允许出现“无”“null”“/”等长度为 1 的干扰项
	案由	• 不能为空； • 不允许出现逗号、句号等干扰字符； • 不允许半全角符号混合； • 不允许出现繁体字； • 不允许出现乱码
	处理结果	• 不能为空； • 不允许出现繁体字； • 不允许出现不规则符号等

此外，根据移动执法业务的特点，制定以下业务质量规则：①每个任务都必须有接收、执行和反馈 3 个步骤，即数据库中相关字段必不为空；②每次任务必对应检查一家污染源，每次检查的污染源必对应着一个任务；③一名执法人员只能有一个执法证号，一个执法证号必定对应一名执法人员。

5. 数据质量检查方法

通用的数据质量检查规则的数据监控脚本见图 14-7，针对部分字段定制规则的监控脚本包括但不限于所属区域代码检查（图 14-43）、执法任务来源检查（图 14-44）和执法任务创建、完成时间检查（图 14-45）。

```
county_code =
[440300000,440301000,440302000,440303000,440304000,440305000,440306000,440307000,440308000,440309000,440310000,440311000,440312000,440323000]
# RegionCode 为区域代码
def check_regioncode(RegionCode):
    # 区域代码不属于深圳
    if RegionCode is None or RegionCode == '':
        #空值的问题已通过 is_null 函数进行检查
        pass
    else:
        if RegionCode not in county_code:
            return False,'准确性',f"所属区域{RegionCode}不在深圳范围内"
    return True,'',''
```

图 14-43 所属区域代码检查

```
#LawTaskSource 为执法任务来源
def check_lawtasksource(LawTaskSource):
    if LawTaskSource is None or LawTaskSource == '':
        #空值的问题已通过 is_null 函数进行检查
        pass
    else:
        #执法任务来源字符限定长度为 3
        LawTaskSource = LawTaskSource.replace(" ","")
        if len(LawTaskSource) != 3:
            return False,'准确性',f"执法任务来源{LawTaskSource}不为 3"
        else :
            #执法任务来源字符均为数字
            if not LawTaskSource.isdecimal():
                return False,'准确性',f"执法任务来源{LawTaskSource}不为数字"
    return True,'',''
```

图 14-44 执法任务来源检查

```
# PublishedTime 为任务创建时间，FininshedTime 为完成时间
def check_task_time(PublishedTime,FininshedTime):
    # 判断任务完成时间是否大于任务创建时间
    if PublishedTime == '' or PublishedTime is None or FininshedTime == '' or FininshedTime is None:
        #空值的问题已通过 is_null 函数进行检查
        pass
    else:
        begin_date=datetime.datetime.strptime(PublishedTime,'%Y-%m-%d %H:%M:%S')
        end_date=datetime.datetime.strptime(FininshedTime,'%Y-%m-%d %H:%M:%S')
        if begin_date > end_date:
            return False,'时序性',f"任务创建时间{PublishedTime}大于完成时间{FininshedTime}"
    return True,'',''
```

图 14-45　执法任务创建、完成时间检查

14.3.8　行政处罚

1. 业务介绍

行政处罚是指行政机关依法对违反行政管理秩序的公民、法人或者其他组织，以减损权益或者增加义务的方式予以惩戒的行为。根据《生态环境行政处罚办法》，公民、法人或者其他组织违反生态环境保护法律、法规或者规章规定，应当给予行政处罚的，应当依照《中华人民共和国行政处罚法》和本办法规定的程序实施。同时，《生态环境行政处罚办法》规定了实施主体与管辖、一般程序、简易程序、执行、结案和归档、监督等内容，指导生态环境主管部门严厉打击各种环境违法行为。为规范环境行政处罚的实施，监督和保障环境保护主管部门依法行使职权，维护公共利益和社会秩序，保护公民、法人或者其他组织的合法权益，根据《中华人民共和国行政处罚法》及有关法律法规，开发行政处罚系统。该系统包括案件管理和统计分析2个板块，案件管理模块包括案件审批、案件查询、现场复核、复议诉讼、处罚决定和法规速览6项功能，实现行政处罚业务全过程管理。

2. 业务流程

根据深圳市生态环境局发布的行政处罚流程，主要包括立案、调查取证、处罚告知、申辩（听证）、决定、执行、结案7个阶段（图14-46）。第一阶段是立案阶段，通过检查、投诉、举报等途径发现案源，申请立案。第二阶段是调查取证，包括音像记录、制作现场检查笔录、调查询问笔录、视情况采样送检等，形成初步调查结果并制作案件调查报告，业务处室进行案件初审。必要时，开展现场复查和补充调查。第三阶段是处罚告知，已有初步的调查结果并制作案件调查报告后，制作并送达行政处罚（听证）告知书。第四阶段是申辩（听证），当事人陈述申辩，对申辩意见进行复核。对于拟作出较大数额罚款、没收较大数额违法所得、没收较大价值非法财物、降低资质等级、吊销许可证件、责令停产停业、责令关闭、限制从业、其他较重的行政处罚等情况，当事人享有听证权，依法举行

听证，并在听证会结束后7个工作日内形成听证结论和报告。第五阶段是决定，进行行政处罚决定法制审议，根据适用情况进行行政机关负责人审批决定或集体讨论决定，证据不足、违法事实不能成立的，撤销立案；违法行为轻微、依法可不予行政处罚的，作出不予行政处罚决定；违法事实清楚、证据确凿、理应受到行政处罚的，制作行政处罚决定书并送达；违法行为涉嫌环境污染犯罪的，应当及时移送司法机关；符合移送行政拘留条件的，作出处罚决定后将案件移送司法机关。第六阶段和第七阶段分别是执行阶段和结案阶段，收到行政处罚决定书的，当事人主动履行执行完毕的，形成结案报告并于3个月内结案归档；当事人到期不履行的，制作督促履行义务催告书并送达当事人，仍不履行的申请法院强制执行，执行完毕后形成结案报告并于3个月内结案归档。

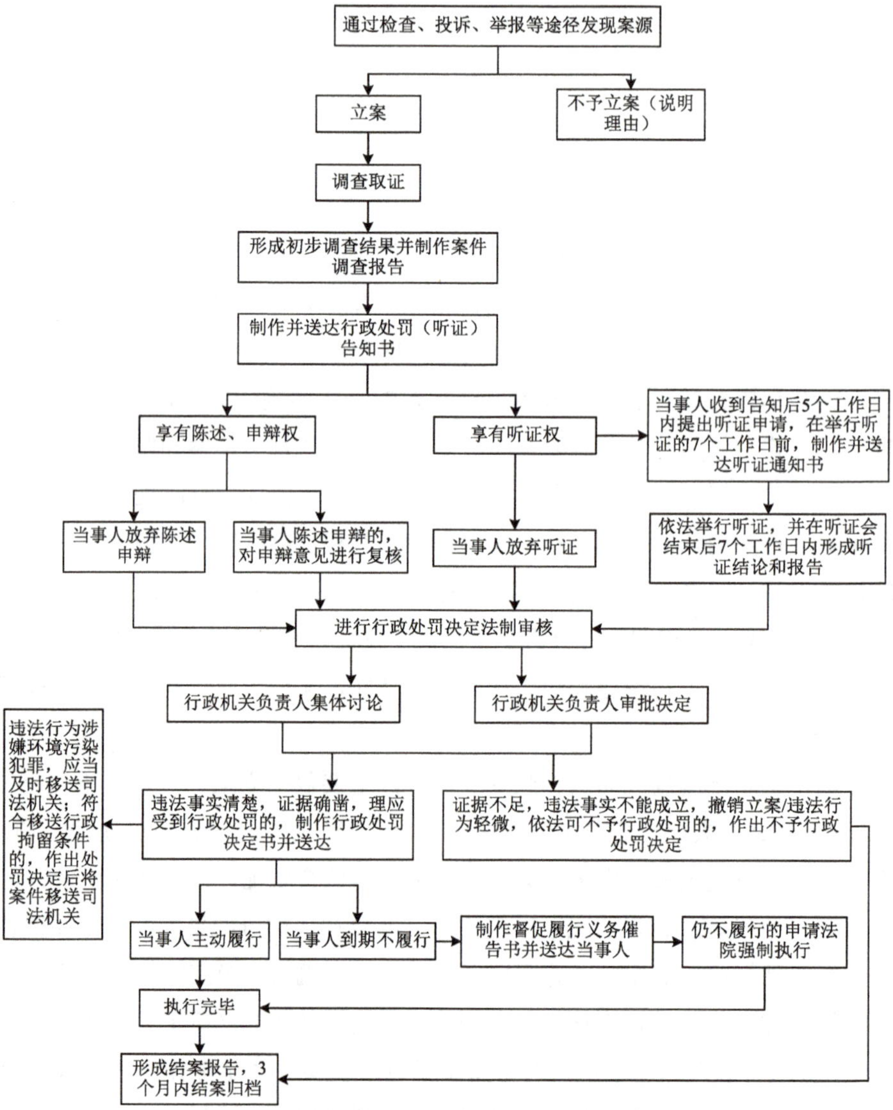

图 14-46　行政处罚业务流程

3. 核心业务数据

行政处罚数据可以分为立案、调查、审议、案件结果和公示五大类。其中，审议数据包括初审数据、内部审批数据和最终审议数据，案件结果数据包括责令改正数据、处罚数据、销案数据和结案数据，公示数据包括结果公示数据和公示内容数据。将这 11 种数据类型与 3 个特征因素进行对比，见表 14-23。经分析，立案数据、责令改正数据、处罚数据、销案数据和结案数据属于核心数据类型。

表 14-23　行政处罚系统核心数据类型

数据类型	共享性	价值性	关键性	分析结论
立案数据	符合	符合	不符合	是
调查数据	不符合	不符合	不符合	否
初审数据	不符合	不符合	不符合	否
内部审批数据	不符合	不符合	不符合	否
最终审议数据	不符合	不符合	不符合	否
责令改正数据	符合	符合	不符合	是
处罚数据	符合	符合	不符合	是
销案数据	符合	符合	不符合	是
结案数据	符合	符合	不符合	是
结果公示数据	不符合	不符合	不符合	否
公示内容数据	不符合	不符合	不符合	否

表 14-24 识别了行政处罚系统核心数据类型中的哪些字段属于核心业务数据。经分析，立案号、姓名、身份证号、违法行为、违法依据、处罚依据、责令内容、责改书文号、违法依据内容、处罚类别、处罚依据内容、处罚决定、处罚决定书文号、处罚金额、决定书内容、行政相对人类别、不予处罚文号、是否按日计罚、是否移交公安行政拘留、是否吊销许可证、销案理由、销案号、处罚结果和结案日期属于核心业务数据。

表 14-24　行政处罚系统核心业务数据

数据类型	主要字段	共享性	价值性	关键性	分析结论
立案数据	立案号	符合	不符合	不符合	是
	案件简要情况	不符合	不符合	不符合	否
责令改正数据	姓名	符合	不符合	不符合	是
	身份证号	不符合	符合	符合	是

数据类型	主要字段	共享性	价值性	关键性	分析结论
责令改正数据	违法行为	符合	符合	不符合	是
	调查证据	不符合	不符合	不符合	否
	违法依据	符合	符合	不符合	是
	处罚依据	符合	符合	不符合	是
	责令内容	符合	符合	不符合	是
	责改书文号	符合	不符合	符合	是
	责令书年份	不符合	不符合	不符合	否
	责改书编号	不符合	不符合	不符合	否
处罚数据	违法依据内容	符合	不符合	符合	是
	告知书名称文号	不符合	不符合	不符合	否
	处罚类别	符合	符合	不符合	是
	处罚依据内容	符合	不符合	符合	是
	处罚决定	符合	符合	不符合	是
	处罚决定书文号	符合	不符合	符合	是
	处罚金额	符合	符合	符合	是
	决定书内容	符合	不符合	符合	是
	违法条款 ID	不符合	不符合	不符合	否
	处罚依据 ID	不符合	不符合	不符合	否
	行政相对人类别	符合	符合	符合	是
	不予处罚文号	符合	符合	不符合	是
	不予处罚文号编号	不符合	不符合	不符合	否
	是否按日计罚	符合	符合	符合	是
	是否移交公安行政拘留	符合	符合	符合	是
	是否吊销许可证	符合	符合	符合	是
销案数据	申请理由依据和内容	不符合	不符合	不符合	否
	案件来源	不符合	不符合	不符合	否
	销案理由	符合	符合	不符合	是
	销案号	符合	符合	符合	是
结案数据	处罚结果	符合	符合	符合	是
	行政复议及诉讼情况	不符合	不符合	不符合	否
	处罚执行情况及罚没财物处置情况	不符合	不符合	不符合	否
	执行方式	不符合	不符合	不符合	否
	结案日期	符合	符合	符合	是

4. 数据质量规则

行政处罚业务环节中，各环节数据均由行政处罚管理平台录入和生成。共涉及 4 张业务表，其中以决定处罚表为主表。从数据库的主要字段中识别出核心业务数据，结合行政处罚实际业务，对识别出的核心业务数据制定质量规则，见表 14-25。

表 14-25　行政处罚系统核心业务数据质量规则

数据类型	数据项	质量规则
立案数据	立案号	• 不能为空； • 立案号不能重复； • 不允许半全角符号混合使用； • 立案号中的年份统一用中括号； • 当立案机关为深圳市生态环境局时，文号为深环立〔当前年份〕+×号（顺序号），当立案机关为深圳市生态环境局福田、罗湖、南山、宝安、龙岗、盐田、龙华、坪山、光明、大鹏或深汕管理局时，文号一一对应为深环福田、罗湖、南山、宝安、龙岗、盐田、龙华、坪山、光明、大鹏或深汕责立〔当前年份〕+×号（顺序号）
责令改正数据	姓名	• 不能为空； • 只能填写文字或字母； • 不允许出现逗号、句号等干扰字符； • 不允许出现“无”“null”“/”等长度为 1 的干扰项
责令改正数据	身份证号	• 不能为空； • 不允许出现分隔符等干扰字符； • 根据《公民身份号码》(GB 11643—1999)，居民身份证号码由 17 位数字本体码和一位数字校验码组成，包括第 1～第 6 位数字地址码、第 7～第 14 位数字出生日期码、第 15～第 17 位数字顺序码、第 18 位数字校验码 4 个部分； • 第 1～第 6 位数字地址码，编码对象常住户口所在县（市、旗、区）的行政区划代码，按照《中华人民共和国行政区划代码》执行； • 第 7～第 14 位数字出生日期码，表示编码对象出生的年、月、日，年、月、日代码之间不用分隔符，如某人出生日期为 1996 年 10 月 26 日，其出生日期编码为 19961026； • 第 15～第 17 位数字顺序码，表示在同一地址码所标识的区域范围内，对同年、同月、同日出生的人编定的顺序号，顺序码的奇数分配给男性，偶数分配给女性； • 第 18 位数字校验码采用 ISO7064：1983，MOD11-2 校验码系统，校验码为 0～9 其中一位数字或英文字母“X”
责令改正数据	违法行为	• 不能为空； • 不允许出现“无”“null”“/”等长度为 1 的干扰项； • 不允许出现繁体字； • 不允许乱码

数据类型	数据项	质量规则
责令改正数据	违法依据	• 不能为空； • 违法依据一般为法律法规，则违法依据中必定存在“书名号”（《》）； • 不允许出现“无”“null”“/”等长度为 1 的干扰项； • 不允许半全角符号混合使用； • 不允许出现繁体字； • 不允许乱码
	处罚依据	• 不能为空； • 处罚依据一般为法律法规，则处罚依据中必定存在“书名号”（《》）； • 不允许出现“无”“null”“/”等长度为 1 的干扰项； • 不允许半全角符号混合使用； • 不允许出现繁体字； • 不允许乱码
	责令内容	• 不能为空； • 不允许出现“无”“null”“/”等长度为 1 的干扰项； • 不允许半全角符号混合使用； • 不允许出现繁体字； • 不允许乱码
	责改书文号	• 不能为空； • 责改书文号唯一； • 不允许半全角符号混合； • 责改书文号中的年份统一用中括号； • 当检查机关是深圳市生态环境局时，文号为深环责改字〔当前年份〕+×号（顺序号），当检查机关是深圳市生态环境局福田、罗湖、南山、宝安、龙岗、盐田、龙华、坪山、光明、大鹏或深汕管理局时，文号一一对应为深环福田、罗湖、南山、宝安、龙岗、盐田、龙华、坪山、光明、大鹏或深汕责改字〔当前年份〕+×号（顺序号）
处罚数据	违法依据内容	• 不能为空； • 不允许出现“无”“null”“/”等长度为 1 的干扰项； • 不允许半全角符号混合使用； • 不允许出现繁体字； • 不允许乱码
	处罚类别	• 不能为空； • 处罚类别为罚款、没收违法所得、没收非法财物、暂扣许可证件、降低资质等级、吊销许可证件、限制开展生产经营活动、责令停产停业、责令关闭、限制从业、行政拘留的组合类型； • 不允许出现“无”“null”“/”等长度为 1 的干扰项
	处罚依据内容	• 不能为空； • 不允许出现“无”“null”“/”等长度为 1 的干扰项； • 不允许半全角符号混合使用； • 不允许出现繁体字； • 不允许乱码

数据类型	数据项	质量规则
处罚数据	处罚决定	• 不能为空； • 不允许只出现数字； • 不允许出现“无”“null”“/”等长度为 1 的干扰项； • 不允许出现繁体字
	处罚决定书文号	• 不能为空； • 处罚决定书文号唯一； • 不允许半全角符号混合； • 当处罚机关和数据来源单位均为深圳市生态环境局时，文号为深环罚字〔当前年份〕+×号（顺序号），当处罚机关为深圳市生态环境局、数据来源单位为深圳市生态环境局福田、罗湖、南山、宝安、龙岗、盐田、龙华、坪山、光明、大鹏或深汕管理局时，文号一一对应为深环（福田、罗湖、南山、宝安、龙岗、盐田、龙华、坪山、光明、大鹏或深汕）罚字〔当前年份〕+×号（顺序号），当处罚机关和数据来源单位深圳市生态环境局福田、罗湖、南山、宝安、龙岗、盐田、龙华、坪山、光明、大鹏或深汕管理局时，文号一一对应为深环福田、罗湖、南山、宝安、龙岗、盐田、龙华、坪山、光明、大鹏或深汕罚字〔当前年份〕+×号（顺序号）
	处罚金额	• 不能为空； • 只能为数字； • 处罚金额大于零，允许小数点的出现，不允许逗号或句号的出现； • 不允许出现“无”“null”“/”等长度为 1 的干扰项
	决定书内容	• 不能为空； • 不允许出现“无”“null”“/”等长度为 1 的干扰项； • 不允许出现繁体字
	行政相对人类别	• 不能为空； • 填写内容应在规定范围内，即“自然人”“个体工商户”或“法人及非法人组织”； • 不允许出现“无”“null”“/”等长度为 1 的干扰项
	不予处罚文号	• 不能为空； • 不予处罚决定书文号唯一； • 不允许半全角符号混合； • 处罚决定书文号中的年份统一用中括号； • 当处罚机关和数据来源单位均为深圳市生态环境局时，文号为深环不罚字〔当前年份〕+×号（顺序号），当处罚机关为深圳市生态环境局、数据来源单位为深圳市生态环境局福田、罗湖、南山、宝安、龙岗、盐田、龙华、坪山、光明、大鹏或深汕管理局时，文号一一对应为深环（福田、罗湖、南山、宝安、龙岗、盐田、龙华、坪山、光明、大鹏或深汕）不罚字〔当前年份〕+×号（顺序号），当处罚机关和数据来源单位深圳市生态环境局福田、罗湖、南山、宝安、龙岗、盐田、龙华、坪山、光明、大鹏或深汕管理局时，文号一一对应为深环福田、罗湖、南山、宝安、龙岗、盐田、龙华、坪山、光明、大鹏或深汕不罚字〔当前年份〕+×号（顺序号）

数据类型	数据项	质量规则
处罚数据	是否按日计罚	• 不能为空； • 填写内容只能是“是”或“否”
	是否移交公安行政拘留	• 不能为空； • 填写内容只能是“是”或“否”
	是否吊销许可证	• 不能为空； • 填写内容只能是“是”或“否”
销案数据	销案理由	• 不能为空； • 不允许出现“无”“null”“/”等长度为1的干扰项； • 不允许出现繁体字
	销案号	• 不能为空； • 销案号唯一； • 不允许全半角混合使用
结案数据	处罚结果	• 不能为空； • 不允许出现“无”“null”“/”等长度为1的干扰项； • 不允许出现繁体字
	结案日期	• 不能为空； • 时间格式为yyyy-mm-dd，年必须为4位，月必须为2位，日必须为2位，且年的值必须小于或等于当前年份，月的值必须在01～12范围内，日的值必须在01～31范围内； • 时间不能穿越，即不能大于当前时间； • 结案日期晚于立案日期、调查日期和审议日期，早于公示日期

此外，根据行政处罚业务的特点，制定以下业务质量规则：①系统中的每家单位均应有关联立案、案件调查、初审、案件处理内部审批和集体审议的信息；②受到行政处罚的单位在系统中均应有结案和公示信息；③受到行政处罚的单位数量、不予处罚的单位数量和销案的单位数量之和应等于立案单位的数量。

5．数据质量检查方法

通用的数据质量检查规则的数据监控脚本见图 14-7，针对部分字段定制规则的监控脚本包括但不限于填写内容为是或否的检查（图 14-47）、行政相对人类别检查（图 14-48）、处罚决定书文号检查（图 14-49）、责令改正书文号检查（图 14-50）。

```
#是否按日计罚、是否吊销许可证等内容是否为'是'或'否'
#val 是输入的数据，其内容可以是否按日计罚、是否吊销许可证等记录值
def is_y_n(val):
    #判断字段内容是否为"是"或"否"
    if val is None or val == '':
        #空值的问题已通过 is_null 函数进行检查
        pass
    else:
        if val != "是" and val != "否":
            return False,'有效性',f"{val}内容不为{'是'}或{'否'}"
    return True,'',''
```

图 14-47　填写内容为是或否的检查

```
#XZXDR 为行政相对人类别
def check_xsxdr(XZXDR):
    #判断行政相对人类别内容是否为‘自然人’、‘个体工商户’、‘法人及非法人组织’
    if XZXDR is None or XZXDR == '':
        #空值的问题已通过 is_null 函数进行检查
        pass
    else:
        if XZXDR not in ['自然人','个体工商户','法人及非法人组织']:
            return False,'有效性',f"行政相对人类别{XZXDR}不在规定的取值范围内"
    return True,'',''
```

图 14-48　行政相对人类别检查

```
#CFWH 为处罚文号，CFWHYEAR 为文号年
def check_cfwh(CFWH,CFWHYEAR):
    #检查处罚文号内容
    if CFWH is None or CFWH == '':
        #空值的问题已通过 is_null 函数进行检查
        pass
    else:
        CFWH = CFWH.replace(' ','')
        #检查处罚文号格式
        if not CFWH.startswith('深环',beg = 0,end = 2) or not CFWH.startswith('罚字',beg=4,end=6) or not
CFWH.startswith('[',beg=6,end=7) or not CFWH.startswith(']',beg=11,end=12) or not CFWH.endswith('号'):
            return False,"中规范性',f"处罚文号{CFWH}格式不规范"
        #检查处罚文号中处罚机关简称
        if CFWH[2:4] not in ['福田', '罗湖', '南山', '宝安', '龙岗', '盐田', '龙华', '坪山', '光明', '大鹏', '深汕']:
            return False,'规范性',f"处罚文号{CFWH}中处罚机关格式不规范"
        #对比处罚文号中年份与文号年
        if int(CFWH[7:11]) != CFWHYEAR:
            return False,'一致性',f"处罚文号{CFWH}中年份与文号年{CFWHYEAR}不一致"
    return True,'',''
```

图 14-49　处罚决定书文号检查

```
#ZGSWH 为责改书文号，ZGSYEAR 为责令书年
def check_cfwh(ZGSWH,ZGSYEAR):
    #检查责改书文号内容
    if ZGSWH is None or ZGSWH == '':
        #空值的问题已通过 is_null 函数进行检查
        pass
    else:
        ZGSWH = ZGSWH.replace(' ','')
        #检查责改书文号格式
```

```
        if not ZGSWH.startswith('深环',beg = 0,end = 2) or not ZGSWH.startswith('责改字',beg=4,end=7) or not
ZGSWH.startswith('[',beg=7,end=8) or not ZGSWH.startswith(']',beg=12,end=13) or not ZGSWH.endswith('号'):
            return False,"规范性',f"责改书文号{ZGSWH}格式不规范"
        #检查责改书文号中处罚机关简称
        if ZGSWH[2:4] not in ['福田', '罗湖', '南山', '宝安', '龙岗', '盐田', '龙华', '坪山', '光明', '大鹏', '深汕']:
            return False,'规范性',f"责改书文号{ZGSWH}中处罚机关格式不规范"
        #对比责改书文号中年份与责令书年
        if int(ZGSWH[8:12]) != ZGSYEAR:
            return False,'一致性',f"责改书文号{ZGSWH}中年份与责令书年{ZGSYEAR}不一致"
    return True,","
```

图 14-50　责令改正书文号检查

14.3.9　环境信用评价

1. 业务介绍

排污单位环境信用评价是指生态环境主管部门根据排污单位环境行为信息，按照规定的指标、方法和程序对排污单位环境行为进行综合信用评价，确定信用等级并向社会公开。业务管理对象包括参评企业、区级信用评价管理员和市级信用评价管理员。环境信用评价系统是信用评价业务的信息管理平台，通过与行政处罚、应急管理、在线监控、清洁生产、固体废物监管等业务系统衔接，对参评企业的环境信用各项指标进行自动动态评价，形成可视化图表。生态环境主管部门负责人可以通过系统开展企业异议申诉及审核、企业信用修复申请及审核等日常工作。环境信用评分主要由扣分项（85 分）与加分项（15 分）构成。根据评分结果，环境信用分为 4 个等级：环保诚信企业、环保良好企业、环保警示企业和环保不良企业，并依次以绿牌（得分≥90 分）、蓝牌（90 分＞得分≥75 分）、黄牌（75 分＞得分≥60 分）、红牌（得分＜60 分）标识。评价结果会公示在市生态环境主管部门官方网站并向业务相关部门推送。

2. 业务流程

市生态环境主管部门制定并发布排污单位环境信用评价工作通知后，各区生态环境主管部门根据通知要求上报参评企业名单。市生态环境主管部门负责审定并发布参评企业名单，制定评价须知，并通过评价管理系统将评价须知告知参评企业。参评企业根据评价须知在系统上提交加分申请及材料，区生态环境主管部门进行审核确认。评价管理系统根据企业的环境行为信息和提供的加分材料对参评企业进行自动记分评价，生成相应的环境信用评价结果，并通知企业信用评价结果。参评企业对环境行为信息、记分情况和评价结果有异议的，通过评价管理系统向区生态环境主管部门提出复核申请，提交相关证据材料，区生态环境主管部门进行核实，并将核实结果通过评价管理系统告知参评企业。参评企业对核实结果有异议的，通过评价管理系统向市生态环境主管部门提出申诉，提交相关证据材料，市生态环境主管部门进行复核，并将复核意见通过评价管理系统告知参评企业。生态环境主管部门将评价结果在评价管理系统及其官方网站上公开，并根据排污单位环境信用评价结果实施分级分类监管，分别采取激励性、约束性和惩戒性措施。相关流程如图 14-51 所示。

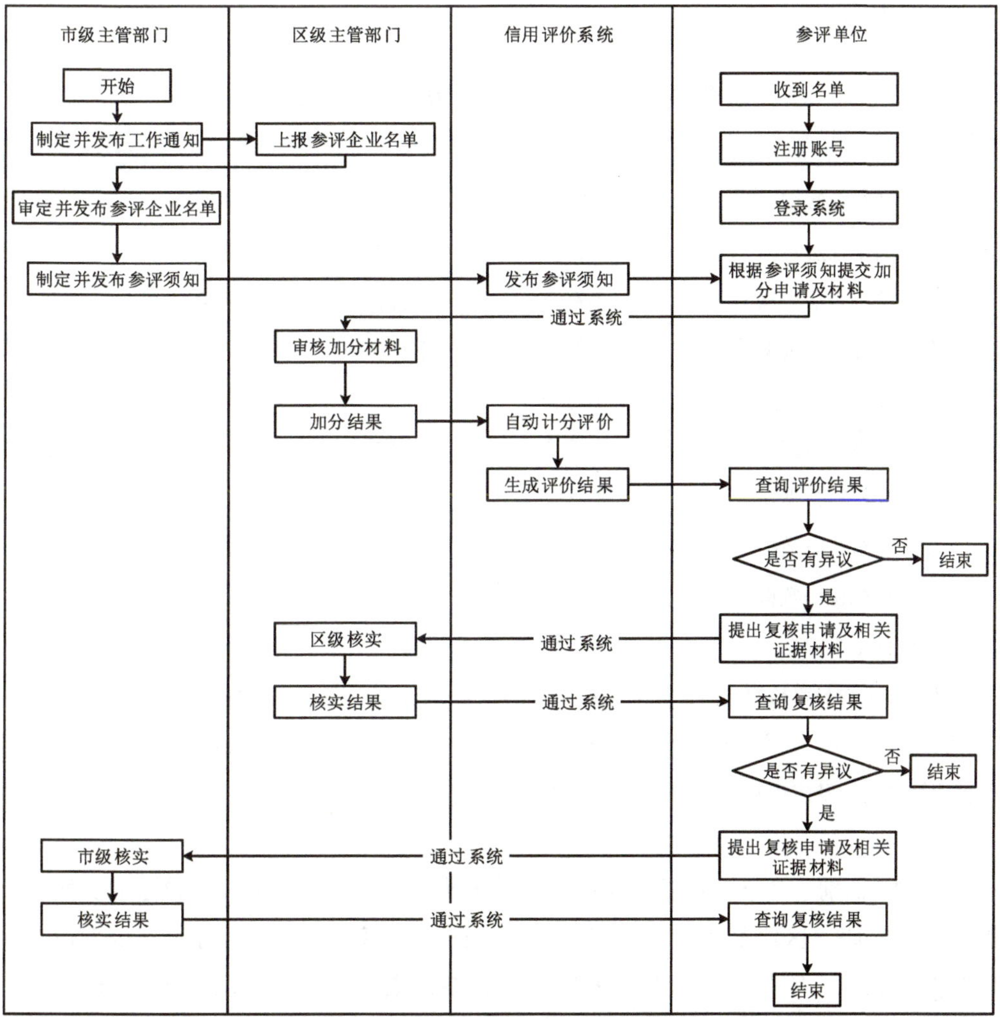

图 14-51　深圳市排污单位信用评价流程

3. 核心业务数据

环境信用评价系统中的相关数据可以分为确定参评名单、企业加分材料维护及审核、信用评价、异议申诉申请与审核、信用修复的提交与核实、评价结果公示及应用六大类数据。其中，确定参评名单相关数据包括参评企业数据、参评名单筛选数据、自愿参评企业数据、自愿参评审核数据、退评企业数据、退评审核数据，企业加分材料维护及审核相关数据包括加分材料数据和加分材料状态数据，信用评价相关数据包括评价指标说明数据和评价结果数据。将这 13 种数据类型与 3 个特征因素进行对比，见表 14-26。经分析，参评企业数据、评价结果数据、异议申诉申请与审核数据、信用修复的提交与核实数据属于核心数据类型，其他数据类型均不属于。例如，参评企业名单筛选、自愿参评企业及审核、退评企业及审核均属于确定参评企业的过程，其他业务或系统不会取用过程数据，也没有统计或辅助决策的价值。

表 14-26 环境信用评价系统核心数据类型

数据类型	共享性	价值性	关键性	分析结论
参评企业数据	符合	符合	符合	是
参评名单筛选数据	不符合	不符合	不符合	否
自愿参评企业数据	不符合	不符合	不符合	否
自愿参评审核数据	不符合	不符合	不符合	否
退评企业数据	不符合	不符合	不符合	否
退评审核数据	不符合	不符合	不符合	否
加分材料数据	不符合	不符合	不符合	否
加分材料状态数据	不符合	不符合	不符合	否
评价指标说明数据	不符合	不符合	不符合	否
评价结果数据	符合	符合	符合	是
异议申诉申请与审核数据	符合	符合	符合	是
信用修复的提交与核实数据	符合	符合	符合	是
评价结果公示及应用数据	不符合	不符合	不符合	否

表 14-27 识别了环境信用评价系统核心数据类型中的哪些字段属于核心业务数据。经分析，企业编码、区级是否参评、市级是否参评、入库时间、更新时间、是否退评、是否自愿参评企业、审核状态、参评名单名称、参评数量、评价日期（yyyy-mm-dd）、参评年份、评价分数、信用等级、评价发牌、评价记录时间和重新评分规则分数为核心业务数据。

表 14-27 环境信用评价系统核心业务数据

数据类型	主要字段	共享性	价值性	关键性	分析结论
参评企业数据	企业编码	不符合	不符合	符合	是
	区级是否参评	符合	不符合	符合	是
	市级是否参评	符合	不符合	符合	是

数据类型	主要字段	共享性	价值性	关键性	分析结论
参评企业数据	入库时间	不符合	不符合	符合	是
	更新时间	不符合	不符合	符合	是
	是否退评	符合	符合	不符合	是
	是否自愿参评企业	符合	符合	不符合	是
	审核状态	不符合	不符合	符合	是
	参评名单名称	符合	符合	不符合	是
	参评数量	符合	符合	不符合	是
评价结果数据	评价日期（yyyy-mm-dd）	符合	符合	不符合	是
	评价方案编码	不符合	不符合	不符合	否
	评价方案版本号	不符合	不符合	不符合	否
	参评年份	符合	符合	不符合	是
	评价分数	符合	符合	不符合	是
	信用等级	符合	符合	不符合	是
	评价发牌	符合	符合	不符合	是
	评价记录时间	不符合	不符合	符合	是
异议申诉申请与审核数据	申诉版本号	不符合	不符合	不符合	否
	证明材料列表	不符合	不符合	不符合	否
	审核人姓名	不符合	不符合	不符合	否
	审核时间	不符合	不符合	不符合	否
	审核状态	不符合	不符合	不符合	否
	审核备注	不符合	不符合	不符合	否
信用修复的提交与核实数据	重新评分规则编码	不符合	不符合	不符合	否
	重新评分规则分数	符合	符合	不符合	是

4．数据质量规则

根据数据质量规则制定原则、数据质量指标等，结合环境信用评价实际业务，对识别出的核心业务数据制定质量规则，见表 14-28。

表 14-28　环境信用评价系统核心业务数据质量规则

数据类型	数据项	质量规则
参评企业数据	企业编码	• 不能为空； • 不允许出现不规则符号等； • 编码必须由数字和字母组成； • 不允许出现“无”“null”“/”等长度为 1 的干扰项
	区级是否参评	• 不能为空； • 填写内容为“是”或“否”； • 不允许出现“无”“null”“/”等长度为 1 的干扰项
	市级是否参评	• 不能为空； • 填写内容为“是”或“否”； • 不允许出现“无”“null”“/”等长度为 1 的干扰项
	入库时间	• 不能为空； • 时间格式为 yyyy-mm-dd hh:mm:ss，年必须为 4 位，月、日、时、分、秒必须各为 2 位，且年的值必须大于或等于 2020 且小于或等于当前年份，月的值必须在 01～12 范围内，日的值必须在 01～31 范围内，时分秒的值必须在 01～60 范围内； • 时间不能穿越，即不能大于当前时间； • 入库时间早于更新时间
	更新时间	• 不能为空； • 时间格式为 yyyy-mm-dd hh:mm:ss，年必须为 4 位，月、日、时、分、秒必须各为 2 位，且年的值必须大于或等于 2020 且小于或等于当前年份，月的值必须在 01～12 范围内，日的值必须在 01～31 范围内，时分秒的值必须在 01～60 范围内； • 时间不能穿越，即不能大于当前时间； • 更新时间晚于入库时间
	是否退评	• 不能为空； • 填写内容为“是”或“否”； • 不允许出现“无”“null”“/”等长度为 1 的干扰项
	是否自愿参评企业	• 不能为空； • 填写内容为“是”或“否”； • 不允许出现“无”“null”“/”等长度为 1 的干扰项
	审核状态	• 不能为空； • 审核状态包括待审核和已审核 2 种，这 2 种审核状态的编码为 0 和 1，故审核状态的填写内容只能为 0 或 1
	参评名单名称	• 不能为空； • 不允许出现逗号、句号等干扰字符； • 不允许半全角符号混合； • 不允许出现繁体字； • 不允许出现乱码
	参评数量	• 不能为空； • 填写内容为数值； • 数值均为整数； • 不允许出现“无”“null”“/”等长度为 1 的干扰项

数据类型	数据项	质量规则
评价结果数据	评价日期（yyyy-mm-dd）	• 不能为空； • 日期格式为 yyyy-mm-dd，年必须为 4 位，月必须为 2 位，日也必须为 2 位，且年的值必须大于或等于 2020 且小于或等于当前年份，月的值必须在 01～12 范围内，日的值必须在 01～31 范围内； • 时间不能穿越，即不能大于当前时间； • 评价日期应大于或等于参评日期
	参评年份	• 不能为空； • 年份必须为 4 位； • 年份的值必须大于或等于 2020 且小于或等于当前年份； • 参评年份的值小于或等于评价日期的年分值
	评价分数	• 不能为空； • 值必须是数值； • 评价分数大于或等于 0 且小于或等于 100； • 只能出现小数点，不允许出现逗号、句号等干扰字符； • 不允许出现“无”“null”“/”等长度为 1 的干扰项
	信用等级	• 不能为空； • 信用等级包括环保诚信企业、环保良好企业、环保警示企业和环保不良企业，这 4 个等级代表的数字分别为“1”“2”“3”“4”，故填写内容只能为“1”“2”“3”“4”； • 评价分数决定信用等级，其中环保诚信企业 X（得分）≥90 分，环保良好企业 90 分>X（得分）≥75 分，环保警示企业 75 分>X（得分）≥60 分，环保不良企业 X（得分）<60 分
	评价发牌	• 不能为空； • 评价发牌包括绿牌、蓝牌、黄牌和红牌，这 4 个发牌的颜色代表的数字分别为“1”“2”“3”“4”，故填写内容只能为“1”“2”“3”“4”； • 评价分数决定评价发牌的颜色，其中绿牌 X（得分）≥90 分，蓝牌 90 分>X（得分）≥75 分，黄牌 75 分>X（得分）≥60 分，红牌 X（得分）<60 分； • 评价发牌颜色与信用等级一一对应，绿牌的信用等级为环保诚信企业，蓝牌的信用等级为环保良好企业，黄牌的信用等级为环保警示企业，红牌的信用等级为环保不良企业
	评价记录时间	• 不能为空； • 时间格式为 yyyy-mm-dd hh:mm:ss，年必须为 4 位，月、日、时、分、秒必须各为 2 位，且年的值必须大于或等于 2020 且小于或等于当前年份，月的值必须在 01～12 范围内，日的值必须在 01～31 范围内，时分秒的值必须在 01～60 范围内； • 时间不能穿越，即不能大于当前时间； • 评价记录时间应大于或等于参评日期

数据类型	数据项	质量规则
信用修复的提交与核实数据	重新评分规则分数	• 不能为空； • 填写内容均为数值； • 评价分数大于或等于 0 且小于或等于 100； • 只能出现小数点，不允许出现逗号、句号等干扰字符； • 不允许出现“无”“null”“/”等长度为 1 的干扰项

此外，根据环境信用评价业务的特点，制定以下业务质量规则：①信用评价系统中各指标的数据与行政处罚、应急管理、在线监控、清洁生产、固体废物监管等数据来源系统中的数据保持一致；②参评企业的得分状态及得分逻辑必须正确，即满足指标扣分项的必须扣分，满足指标加分项的必须加分；③各项指标的扣分项和加分项之和应等于总分。

5. 数据质量检查方法

通用的数据质量检查规则的数据监控脚本如图 14-7 所示，针对部分字段定制规则的监控脚本包括但不限于信用等级与评分对比检查（图 14-52）、评价发牌与评分对比检查（图 14-53）。

```
# score 为评价分数，credit_level 为信用等级
def check_credit_level(score, credit_level):
    #信用等级与评分对比
    if credit_level is None or credit_level == '':
        #空值的问题已通过 is_null 函数进行检查
        pass
    else:
        if score >= 90 and credit_level == 1:
            pass
        elif 90 > score >= 75 and credit_level == 2:
            pass
        elif 75 > score >= 60 and credit_level == 3:
            pass
        elif 60 > score and credit_level == 4:
            pass
        else:
            return False,'准确性',f"评价分数{score}与信用等级{credit_level}不匹配"
    return True,'',''
```

图 14-52　信用等级与评分对比检查

```
# score 为评价分数，evaluate_sign 为评价发牌
def check_evaluate_sign(score, evaluate_sign):
    #评价发牌与评价分数对比
    if evaluate_sign is None or evaluate_sign == '':
        #空值的问题已通过 is_null 函数进行检查
        pass
    else:
        if score >= 90 and evaluate_sign == 1:
            pass
        elif 90 > score >= 75 and evaluate_sign == 2:
            pass
        elif 75 > score >= 60 and evaluate_sign == 3:
            pass
        elif 60 > score and evaluate_sign == 4:
            pass
        else:
            return False,'准确性',f"评价分数{score}与评价发牌{evaluate_sign}不匹配"
    return True,","
```

图 14-53　评价发牌与评分对比检查

14.4　数据质量提升

基于数据质量检查结果，从数据质量分析报告编制、数据质量整改和整改结果跟踪 3 个环节对数据质量进行管理，推动数据质量稳步提升。

1. 数据质量分析报告编制

数据治理专业技术服务单位每个月使用数据质量检查方法对污染源监管业务系统数据库的数据质量进行监控；同时，登录污染源监管业务系统使用端查看是否存在数据缺失、逻辑缺失、不同功能板块同一数据属性值不一等问题，再将发现的问题形成数据质量分析报告，报告的内容包括系统数据库问题、系统使用端问题、业务部门解决建议、技术部门解决建议等。此外，数据治理专业技术服务单位将每个业务系统数据库表中发现的问题清单作为报告的附件提供，以便于数据生产单位查找和修改。

2. 数据质量整改

数据生产单位收到数据质量分析报告后，首先将数据问题分为 3 类，第一类是必须修改的数据问题，第二类是可改可不改的数据问题，第三类是不作修改的数据问题；其次，按照工作需求的轻重缓急将问题分为 3 个等级，第一个等级是急需使用的数据，第二个等级是需要使用的数据，第三个等级是暂不需要的数据；最后，将数据问题分级分类反馈至业务系统运维单位，业务系统运维单位的工作人员根据分级分类结果对问题数据进行修

改、删除或停用等操作。同时，追溯问题根源，阻断异常数据产生，推及同类模型数据是否存在相同问题或隐患。

3．整改结果跟踪

数据治理管理单位对数据质量问题的整改进度和整改质量进行跟踪，督促业务系统运维单位及时对数据问题进行整改。同时，数据治理专业技术服务单位定期对已发生问题进行分析归类，优化监控规则、数据模型、业务流程。

14.5 数据质量评估

根据数据质量管理技术指标评估方法（表 8-4）对各污染源监管业务系统的数据质量进行评估，通过定期的评估加强各数据生产单位、数据使用单位及业务系统运维单位履行数据质量相关责任和贯彻数据相关标准。

第 15 章
结 语

15.1 治理成果

深圳市持续推动生态环境污染源数据治理实践工作，在元数据管理、数据标准管理、主数据管理、数据质量管理 4 个方面均取得了一系列成果。

1. 元数据管理

截至 2023 年 3 月，深圳市通过具有元数据采集、存储、查询、编辑等功能的污染源元数据管理工具，管理着 17 个污染源监管业务系统内的约 55 万个元数据，为业务人员和技术人员提供了污染源数据“DNA”，帮助业务人员理解数据。此外，从污染源监管业务系统的设计阶段和运行阶段入手，在源头对技术元数据、业务元数据和管理元数据进行规范定义，在业务开展过程中对元数据的采集、发布、使用、变更全流程进行管理。

2. 数据标准管理

按照数据标准管理工作的实施步骤，构建覆盖污染源监管业务的“一数一标准”的数据标准体系，夯实污染源监管业务系统统一管理、统一标准、高效协同的基础。

3. 主数据管理

截至 2023 年 3 月，深圳市通过制定主数据治理流程，规范了主数据治理的各个操作步骤，实现了对污染源主数据的集中管理。通过编写主数据质量规则和质量监控代码，使用自动监控方式管理了 30.4 万条生态环境主数据，成功解决了 3 万项数据问题，极大地提升了主数据质量，有效提升了主数据的一致性和应用效果，初步解决了核心数据的共享和协同问题，减少了主数据治理的人力、资源和时间，提升了主数据治理效率。

4. 数据质量管理

截至 2023 年 3 月，深圳市通过制定核心业务数据质量规则和数据质量监控代码，使用自动监控方式检查了 412.4 万条核心业务数据，成功解决了 39.6 万项数据问题，极大地提升了核心业务数据质量。例如，环境信用评价系统和重点污染源综合管理系统的数据经过治理后有效提升了业务监管的范围和效率。

（1）环境信用评价系统

环境信用评价制度实施后，深圳市为了进一步加快建立环境保护“守信激励、失信惩戒”的机制，推动全社会信用体系建设，建设了企业环境信用评价综合管理系统。该系统在使用之初主要存在以下问题：①由于信用评价涉及多方指标的计算，信用评价管理系统需要从排污许可管理、行政处罚、固体废物监管等系统获取数据，原系统的数据不准确导致信用评价结果出错；②信用评价管理系统评价结果的准确率难以达到 100%，生态环境主管部门需要投入大量的人力和物力去校核信用评价的得分和评级，导致信用评价的周期较长、成本较高；③由于信用评价管理系统无法准确做到自动评价，环境信用评价的评价范围较窄、评价企业较少，无法覆盖所有污染源。开展数据治理后，原系统的数据质量有所提升，数据错误率有所降低；信用评价管理系统的评价结果可信度增强，评价周期缩短，人工校核的时间和成本降低；信用评价的范围得以扩大，分类分级逐步将所有污染源及第三方服务单位纳入信用评价管理，力争做到信用评价的覆盖率达到 100%。

（2）重点污染源综合管理系统

重点污染源监管是改善区域环境质量的有效途径，深圳市建设了重点污染源综合管理系统，实现了与环境影响评价信息平台、污染源监测信息管理平台、重点污染源在线监测系统、移动执法系统信息平台等现有平台数据的对接融合，支撑了生态环境部门实施现代化污染源综合监管。重点污染源综合管理系统在使用之初存在以下问题：①重点污染源的部分基础数据和业务数据不完善且不准确，数据质量不高，难以有效辅助业务部门对污染源进行精细化、科学化监管；②重点污染源管理系统中的数据无法实时更新，导致业务部门无法查看最新数据，无法使用最新数据对污染源进行监管，如系统中仅展示上个月的监测数据，业务部门无法判断近一个月内污染源是否超标排放污染物；③重点污染源管理系统中数据出错时难以找到责任部门和责任人员，可能导致该错误数据一直被重复使用，影响污染源监管的精准度。实施数据治理后，重点污染源综合管理系统的数据质量提升，准确、完整、及时、有效的污染源数据有效辅助了重点污染源监管业务，以数据信息打通了重点污染源的管理协同，强化了重点污染源对环境保护职责的履行。

15.2 成果应用

1. 数据质量规则及自动监控脚本的应用

业务系统开发方根据数据质量规则增加了数据填报的约束条件，将约束条件从简单的“数据不为空”拓展至对数据类型、数据长度、数据值域范围、数据分类、数据去重、数据单位、数据权限等的自动化校验，对于不符合要求的数据填报内容进行提醒、拒绝保存或强制审核不通过等，从源头提升了业务系统的数据质量。其中，数据类型包括数字、整数、文本、日期、参照和附件等；数据长度校验指数据需满足系统预设的字段长度，如统一社会信用代码的长度只能为 18 位；数据域值范围包括最大值、最小值、可接受的值和不可接受的值等；数据分类用来确定数据属于正确的分类，如污染源根据污染的主要对象可分为涉气污染源、涉水污染源和土壤污染源等，污染源“对号入座”，便于业务人员对污染源进行分类监管；数据去重校验指系统对完全重复的数据项、疑似重复的数据项等进行提醒，防止数据重复录入；数据单位校验指数据需满足系统预设的字段单位，如废水污染物浓度单位一般为 mg/L；数据权限校验指检查数据新增、修改、查看、删除、使用等权限是否受控，如系统公开使用端的数据字段中是否包含仅局内使用的专有信息。

同时，根据业务需求，数据质量规则不断优化，自动监控脚本持续更新。业务系统开发方将定义好的数据质量规则用于监控业务数据，以实现对系统数据质量的常态化检查，减少人力的投入和人为过程的干预，并及时发现数据问题，确定改进方案。

数据质量规则及相应的自动监控脚本可为其他省市的污染源数据质量管理提供参考，其他省级或市级污染源监管单位可根据排污单位的特点调整污染源数据的质量规则及相应的自动监控脚本，以适应本省市的数据质量检查，提升本省市的污染源数据质量。例如，污染源统一社会信用代码、行业名称及代码等均遵守国家标准，数据质量规则可以直接使用；行政区划及代码、经纬度、所属流域等不同，数据质量规则需要按照具体地址进行修改。

2．“一数一标准”的应用

“一数一标准”建立完成后，将数据标准的要求融入污染源监管业务系统的建设中，系统开发方严格按照数据标准进行需求编写和需求分析，并结合元数据管理、数据质量管理串联整个系统的生命周期。同时，在业务系统的需求、开发和上线的整个阶段贯穿对数据标准的检查，实现全生命周期的数据管控。

3．数据治理报告的应用

通过定期推送数据治理工作月报和业务系统数据质量情况通报等形式，提升领导和业务部门对数据治理工作的认知，培养数据治理工作氛围，让数据生产者、数据使用者和数据管理者都更多地参与到数据治理工作中，提高相关人员的“数据主人翁”意识，形成数据治理的强大合力。

15.3　未来展望

根据 2023 年的《国务院机构改革方案》，组建国家数据局，负责协调推进数据基础制度建设，统筹数据资源整合共享和开发利用，统筹推进数字中国、数字经济、数字社会规划和建设等，组织实施国家大数据战略，数字化发展进入“体系化”推进阶段。国家数据局的组建彰显了我国对数据治理和利用的重视，为数据要素基础制度提供了组织保障，有利于国家重要信息资源的开发利用与共享、信息资源的跨行业跨部门互联互通。

为更好地发挥数据要素的价值，持续挖掘污染源数据价值，提升数据综合分析和应用能力，未来污染源数据治理领域将大有可为。一是贯彻国家、省级、市级发布的数据管理政策，持续完善深圳市污染源数据管理制度体系，内容覆盖数据治理的各个过程和数据全生命周期，进一步夯实数据治理基础，助力污染源数据的互联互通、共享共治。二是通过5G、大数据、人工智能等信息化技术与污染源数据治理实践深度融合，构建数据治理平台，覆盖数据接入、数据整合、数据分析、数据挖掘全流程，具备元数据管理、数据标准管理、主数据管理、数据质量管理等完备功能，推进数据治理的数字化、网络化和智能化，提高网络空间数据采集、传输、存储、开发和利用等环节态势感知监测水平，提升实时应急响应和协同联动能力。三是基于数据治理平台，有效整合上下游污染源数据，打通污染源数据全生命周期的各个环节，以数字化、智能化推动污染源精细化监管，提升生态环境治理体系和治理能力现代化水平。